トンボの生態学

渡辺 守──[著]

東京大学出版会

Ecology of Odonata
Mamoru WATANABE
University of Tokyo Press, 2015
ISBN 978-4-13-060196-2

はじめに

　わが国に約200種生息している蜻蛉目昆虫は，現在，世界で5500種を超える種が記載され，その中には，熱帯雨林の樹冠部で一生を過ごして地上へはめったに降りてこない種や，切り株や樹洞などというファイトテルマータとその周辺のみで一生を過ごしてしまう種，海岸近くの塩性湿地に生息する種も知られてきた．このような特異な場所で生活している種は，たぶん，産卵習性や飛翔習性，繁殖時の雌雄の振る舞いなど，われわれの身近で観察できる種とは大きく異なっているにちがいない．このようなトンボの生活史のおもしろさと奥深さは，世界中の多くの愛好家によって語り継がれてきている．しかし本書では，めずらしい習性や生態をほとんど紹介せず，われわれの身近なトンボの「興味深い」行動学や生態学を解説し，他分野への発展性を秘めた「蜻蛉目の生態学」を論じた．「生態」と「生態学」という言葉の意味についての違いは，すでにいろいろなところで述べてきたので，ここでは繰り返さない．ただし，それぞれの学問分野の理解を助けるため，種特異的なおもしろい「生態」には随所で触れるようにした．

　というようないいわけを書いたのは，じつは，私，わが国に産する蜻蛉目のうち，実際に手に取ってみたことのある種はその一割にも満たないからである．外国産の種など，国際学会のエクスカーションのときに見せてもらったくらいで，まったく知らないといってまちがいではない．野外で捕まえた個体の名前は，みなさんと同様に，図鑑と首っ引きで同定している．もっとも，近ごろは歳をとったせいか，一度同定しただけではなかなか覚えられなくなってしまった．しかし，これまでに研究対象として扱ったことのある種なら，「生態学」という視点で解析した生活史を「おもしろく」紹介できると考えている．「蜻蛉目の生態」ではないことに，再度ご注意いただきたい．

　従来の「＊＊の生態学」という本では，「生態（≒振る舞い）」の紹介が多かったり，構成されている章の独立性が強くて枚挙主義的となっていたり，生態学の基礎的説明なしに解析結果が紹介されていたりと，その本を1冊読

むだけでは学問として理解しにくい面があった．そこで，本書では，基礎となる理論的背景も可能な限り簡潔に紹介するようにしている．とくに第1章では，教科書的な生態学のアウトラインを，蜻蛉目の生活史の特徴に触れながら紹介したので，「蜻蛉目の生態学」というタイトルからは違和感をもたれるかもしれない．しかし，理論的背景があるからこそ「蜻蛉目の生態学」は「現代の生態学」であり，ゴキブリの生態学やヒトの生態学と同等といえ，「夏休みの宿題」ではないのである．

近年，「生態学」はさまざまな分野に分かれて研究されるようになり，人によって，さまざまに定義されるようになってしまった．また，基礎だけでなく応用面においても，さまざまな異分野との接点が生じてきたため，ひょっとすると，「生態学」は鵺のように見られるかもしれない．この傾向は「蜻蛉目」という分類群についての「生態学」でも同様であった．われわれ日本人の認識によると，トンボは身近な生き物であることになっており，詩に詠われ絵に描かれ，時候の挨拶となってきた．わが国の気候風土に染みついたトンボたちは文化生態学の格好の対象である．そもそもアカトンボの黒焼きは……．

わが国が豊葦原瑞穂の国と呼ばれた古代より，またの名を秋津島（あきずしま）（秋津州，蜻蛉州）といわれたほど，トンボは日本人にとって身近な昆虫類の代表だったようである．ユーラシア大陸の辺縁部に位置した温帯モンスーンのおかげで，南北に長い日本列島の大部分は水に困らず湿潤であった．急峻な地形は，湖や池，川，沼などというさまざまな水環境をつくりだし，その結果として，多様な植物群落がモザイク的に拡がるという景観を呈している．水量や水深，流速，そして周囲の植生がさまざまであればあるほど，蜻蛉目昆虫にとっての生息場所の種類は多様となり，成虫の飛翔可能な空間は物理的に複雑となり，多種の種が生息できるようになってきたといえる．しかし，その結果として，トンボが身近な昆虫となったわけではない．稲作が行なわれるようになった弥生時代から，水田といういっぷう変わった水環境が出現したからである．わが国においてトンボが隣人となったのは，このときからといえよう．

トンボが身近な隣人であるなら，その振る舞いは折に触れて観察され，さまざまに解釈されていたにちがいない．幼虫を，たんなる「ムシ」ではなく

「ヤゴ」と名付けたということ自体が，昔の日本人は，他の水生昆虫から蜻蛉目幼虫を区別し，トンボはヤゴから羽化することを知っていたことを示している．幼虫も成虫も，他の小動物をとらえて食べるという捕食者の役割をもっていることにも気がついていたであろう．トンボを「勝ちムシ」と考え，「勝ち」にあやかろうとした武士たちはトンボの姿を兜の形の中に取り入れた．現在でも，各種美術工芸品の意匠に使われている．

　トンボの体が漢方薬として利用される一方，詩に詠われ，知らぬ者のない童謡さえつくられてきた．日本人の大人は，子どもたちに，枝先に止まっているアカトンボの目の前で指をクルクル回して捕まえるワザを教えている．結果的に，捕まえたトンボの翅や腹をちぎって殺してしまったとしても，子どもたちにとって，トンボはよき身近な遊び相手であったといえよう．「トンボ釣り」も，成虫の習性を知らなければ行なえない遊びである．しかしその結果，わが国の大人はトンボのすべてを知ったつもりになってしまった．あるいは，子ども時代の隣人とは，子どもの玩具であって，「崇高な学問」にはなじまないか，「お金にならない趣味の研究」の対象と見なされるようになったのである．

　近年，都市化の進展により身のまわりの野生動植物は激減し，児童・生徒は，学校教育でも，日常の体験でも，自然に直接触れる機会が少なくなってきた．それにもかかわらず，小学校から高等学校に至るまで，自然環境にかかわる教科の教科書では，田園地帯や山村部でなければ見られなくなってしまった動植物を扱った教材が多く呈示されている．そこでは，具体的な生き物に触れることができず，絵や写真を見るだけで想像し，理解しなくてはならない．そのような現状において，「トンボ」は，「身近な環境指標」として，また，「身近な理科の教材」として注目を集めるようになってきている．

　本書では，伝統的な生態学の分野に沿って章を並べた．すなわち，個体の生きざまの概観（＝個生態学）から，個体群生態学，群集生態学，そして応用生態学へ，である．いいかえれば，トンボたちの具体的な振る舞いを解析する学問から，頭の中で想像力を働かせねばならない抽象的な学問へ徐々に移っていくといえよう．したがって，抽象的な学問になればなるほど，説明には数式が必要となってくる．本書では，数式での説明をできるだけ避けた．読者によっては，数式なしの説明における日本文の難解さにびっくりするか

もしれないが，いい方を変えれば，もっと数式を扱えばもっとすっきりと「蜻蛉目の生態学」を説明できると考えていただきたい．

目　　次

はじめに……………………………………………………………………… i

第1章　生態学における蜻蛉目——教科書の中のトンボ …………… 1
1.1　学問の出発 …………………………………………………………… 1
1.2　個体群 ………………………………………………………………… 4
　　（1）個体群の定義　4　（2）個体群変動　6　（3）種内関係　8
1.3　数理モデル …………………………………………………………… 11
　　（1）指数関数的増加　11　（2）ロジスティック的増加　13
1.4　適応戦略 ……………………………………………………………… 16
　　（1）子孫の繁栄　16　（2）雌雄の立場　17
1.5　種間関係 ……………………………………………………………… 19
1.6　多様性と絶滅 ………………………………………………………… 23

第2章　習性学——多様な生き方 ……………………………………… 28
2.1　生活環 ………………………………………………………………… 28
　　（1）水域　28　（2）陸域　30
2.2　卵と幼虫 ……………………………………………………………… 36
　　（1）卵の発生　36　（2）幼虫の発育　37　（3）化性　39
2.3　成虫の振る舞い ……………………………………………………… 44
　　（1）飛翔　44　（2）渡り　49
2.4　雄と雌 ………………………………………………………………… 52
　　（1）出会いから交尾へ　52　（2）産卵場所　55　（3）産卵習性　58
2.5　寿命 …………………………………………………………………… 61
　　（1）雄性先熟　61　（2）生存率　63

第 3 章　生理生態学——環境への適応 ……………………………………… 66

3.1　非生物的環境要因 ……………………………………………………… 66
3.2　体温調節 ………………………………………………………………… 68
　　（1）温度環境　68　　（2）成虫の対応　71　　（3）体温測定　74
3.3　光環境 …………………………………………………………………… 77
　　（1）視界　77　　（2）樹林　78
3.4　蔵卵数 …………………………………………………………………… 81
　　（1）卵成熟　81　　（2）人為産卵　84
3.5　耐塩性 …………………………………………………………………… 87
　　（1）水界における塩　87　　（2）汽水域　88
3.6　摂食の生理学 …………………………………………………………… 91
　　（1）摂食量　91　　（2）糞の排出⇒同化量　93
　　（3）成熟卵の生産　96

第 4 章　行動生態学——種内関係 …………………………………………… 98

4.1　性選択 …………………………………………………………………… 98
　　（1）交尾成功 ≠ 繁殖成功　98　　（2）交尾行動　100
4.2　なわばり制 …………………………………………………………… 103
　　（1）攻撃　103　　（2）雌の確保　105　　（3）なわばり　106
4.3　産卵 …………………………………………………………………… 112
　　（1）産卵警護　112　　（2）単独産卵　115　　（3）産下卵数　115
4.4　精子競争 ……………………………………………………………… 117
　　（1）精子置換　117　　（2）生理と形態　118
4.5　多型 …………………………………………………………………… 121
　　（1）擬態　121　　（2）ハラスメント　122

第 5 章　個体群生態学——数の変動 ……………………………………… 127

5.1　生活史戦略 …………………………………………………………… 127
　　（1）生存と死亡　127　　（2）r-K 戦略　129
5.2　分布構造 ……………………………………………………………… 132
　　（1）分布様式　132　　（2）幼虫の分布　134　　（3）成虫の分布　137

5.3 個体群動態……………………………………………………………………141
     （1）個体数推定の理論 141　（2）標識再捕獲法 143
     （3）個体群パラメーター 146
   5.4 移動・分散………………………………………………………………152
     （1）長距離移動 152　（2）日常の移動 154

第6章 群集生態学——食う-食われる関係…………………………………159
   6.1 群集構造…………………………………………………………………159
     （1）種数の推定 159　（2）食物網 165　（3）群集の変遷 168
   6.2 優占種……………………………………………………………………170
   6.3 餌…………………………………………………………………………172
     （1）採餌成功 172　（2）餌昆虫 176

第7章 景観生態学——生息環境のレベル観…………………………………179
   7.1 複合生態系………………………………………………………………179
   7.2 里山………………………………………………………………………183
     （1）雑木林 183　（2）溜池 187
   7.3 水田………………………………………………………………………190
     （1）水環境 190　（2）春-夏 192　（3）秋 193
   7.4 プール・人工池…………………………………………………………197

第8章 保全生態学——自然の恵み……………………………………………202
   8.1 人為の影響………………………………………………………………202
     （1）保護政策 202　（2）身近な蜻蛉目 206
     （3）都市部の蜻蛉目 208
   8.2 侵入と帰化………………………………………………………………211
   8.3 ミチゲーション…………………………………………………………214
     （1）ヒヌマイトトンボの発見 214　（2）生活史の解明 217
     （3）プロジェクトの経過 220

第9章 蜻蛉目の生態学——トンボの存在意義………………………………224
   9.1 教材としての蜻蛉目……………………………………………………224
   9.2 研究としての蜻蛉目……………………………………………………228

9.3 心の中の蜻蛉目 ……………………………………………………… *231*

引用文献 …………………………………………………………………… *234*
おわりに …………………………………………………………………… *247*
事項索引 …………………………………………………………………… *251*
生物名索引 ………………………………………………………………… *254*

第 1 章　生態学における蜻蛉目
―― 教科書の中のトンボ

1.1　学問の出発

多くの日本人にとって，トンボ（蜻蛉目(せいれいもく)）とは身近な生き物であり，水田や池沼，小川で普通に飛んでいる生き物と見なされている．秋になれば，アカトンボの群れなどがニュースとして放映されたり，夕焼け小焼けのアカトンボと歌われたり，実際に手に取ったことはなくても，蜻蛉目について知った気になっている現代人は多いかもしれない．現在，蜻蛉目の生態学的研究は，ゴキブリやヨトウムシのような害虫に関する研究と同様の方法論をもつとともに，精子間競争の研究の出発点となった矜持をもって行動生態学の最先端を走ったり，陸域と水域を併せた複合生態系の概念を発展させて，景観生態学や保全生態学の一翼を担ったりしてきた．すなわち，われわれ人間と直接的な利害関係を生じさせる害虫研究のような学問分野ではないものの，前者では基礎的な繁殖生態学の，後者では地球環境＋生物多様性保全の方法論的主柱になっているのである．

　教科書における基礎的な生態学の定義はかなり広く，個体の振る舞いの記載から出発する習性学や行動学は「動物の反応と行動」という分野で神経生理学を基礎として積み上げられた結果として扱われてきた．伝統的な博物学においてさまざまな種類の動物の振る舞いが記載され，蓄積され，その解発機構の解析が発展してきたからである．すなわち，外界から個体へ与えられるさまざまな刺激を，どのような受容器でどのように受容し，どのように反応したかという行動の解発機構の解明が主要な研究になっているといえよう．

　昆虫類は刺激に対する反応が1対1に生じることが多いため，刺激-反応系を研究するのに都合のよい実験動物と見なされてきた．たとえば光刺激の

場合，蜻蛉目は大きな複眼でそれを受け，とくに成虫の場合，昆虫類の中ではわれわれ人間にもっとも近い解像度で詳細に外界を認識できるらしいことが明らかにされている．動体視力はわれわれよりも発達しているようで，われわれの肉眼では気づけないような飛翔中の小昆虫に飛びかかり，餌としてしまう．一方，極端な場合を除き，匂い（≒化学物質）や音，圧力などに対する適切な受容器を蜻蛉目はもっていないようで，それらに対する特定の振る舞いは観察されていない．重要なのは外界の温度で，他の昆虫類と同様に，気温の高低は成虫の活動に大きな影響を与えるので，体温調節機構の研究には蜻蛉目がしばしば用いられ，温度環境に対応した振る舞いが興味深く記載されている．すなわち，広義の生態学に含まれる習性学の研究材料として，蜻蛉目は用いられてきたのである．

　生物の外界を環境という言葉で表現するようになったのは，フランス語のmilieuという言葉が出発点だといわれている．18世紀，フランスの唯物論はmi-lieu（ラテン語の*medius*「中心の」と*locus*「場」を併せて「中心に置かれたもの」を意味する）という言葉をつくり，物理学上の概念として「物質が運動に際して通過するところの物質的な空間」と規定したという．この概念が「生存に必要ななんらかの種類の外部的条件の全体」として生物学に導入され，ドイツに渡ってUmgebungとなり，イギリスでenvironmentとなったのである．ただし，初期のころはcircumstanceと同義語に用いられたこともあったらしい．これが日本に入り「環境」という専門用語として用いられるようになった．したがって，「環境」という言葉の歴史から見れば，生き物が存在してはじめて環境という概念が成立することになるので，生き物の反応を通じてとらえる主体的環境と，「主体」としての生き物が強調されなければならない．ここで，「生き物」とは，具体的な個体でなくとも，地域個体群や種，群集という生物単位であってもよいと考えられてきた．現在では，これらの生物単位になんらかの影響を与えたり与えられたりする生物的・非生物的要因のすべてが「環境」と定義されている．

　主体あっての環境という定義にしたがうと，主体と環境はたがいにさまざまな影響をおよぼし合っていることになる．このような環境は非生物的環境要因と生物的環境要因に分類でき，前者はさらに3つに細分されるようになった（図1.1）．たとえば，酸素という環境要因は，陸上動物にとってほと

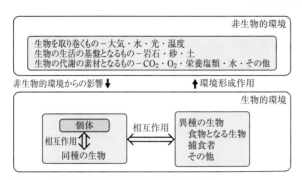

図 1.1 環境要因の種類とそれらの相互関係.

んど考慮しなくてよいものの，ある種の水生生物にとっては生存にかかわる要因となり，対象とする生物によって，重要な環境要因は異なっている．一方，主体から非生物的環境に与える影響を環境形成作用という．サンゴ礁の形成はその1つの例である．後者の生物的環境要因に相当するのは，食う-食われる関係や共存・共生など，生物界に見られるさまざまな「生命の営み」で，普通，さらに2つに細分されている．そのうち，種内関係とは「生活に必要なあらゆる資源をめぐる直接的競争相手」と定義されることで明らかなように，ライバルとの関係といえ，行動生態学や個体群生態学などの研究の出発点となってきた．

1970年代後半は，今から考えると，生物の生活史に関する理解の大きな転換点であった．動物行動学を中心として「戦略」や「戦術」という人間社会の戦争にかかわる言葉が頻繁に使用されるようになったり，「ゼロサムゲーム」というような実験心理学の概念が導入されたりしたからである．このような研究の旗手であり「利己的遺伝子」の概念の普及に努めたドーキンスが必死に否定しようとも，これらの変化は，巷で従来信じられていたダーウィンの進化学説をひっくり返したといっても過言ではない．個々の生き物の生きる意味は自己の遺伝子を拡げるためであって，その種の繁栄のためではないということがさまざまな種で明らかにされ，枚挙主義的に羅列されてきた動物の行動は統一的に解釈できるようになってきたからである．とくに，1970年代に明らかにされた交尾中の蜻蛉目の成虫に見られる精子置換現象

は，どの個体も「自己の繁殖成功度を高めることが究極の目標」という前提をもつ行動生態学や進化生態学という分野の発展に大きく寄与した．そして，それまで枚挙主義的に記載され，分類されてきた蜻蛉目の多様な繁殖行動も，精子置換を基礎として，統一的に解釈されるようになったのである．

1.2 個体群

（1）個体群の定義

　個体群とは「ある限られた空間に棲み，多少ともまとまりを有する1種類の生物の個体の集合」と定義されている．ここで，「空間」とは「出生率と死亡率を問題にできるほどの大きさ」をいう．いいかえれば「ある程度の個体数を維持できるだけの大きさ」となり，したがってその空間の「上限」は種全体となる．

　「個体群」とは，非日常的な言葉といえる．たぶん，明治時代の先達者たちは，そもそものpopulationという英語の語源が「人間の数」を意味していても，生態学では，虫の数や魚の数，植物の数も扱うので，「人口」と訳すべきではないと考えたらしい．この慧眼のおかげで，現在，われわれはすべての生き物に対して普遍的に「個体群」という非日常的な言葉を用いて説明することができるのである．

　1つの個体群を構成する個体は，なわばり形成をはじめとする雄間闘争を示したり，雌雄間における求愛や交尾拒否などの繁殖行動を示したりと，個体間で密接な相互作用をもっている．逆にいえば，地形的・地理的にやや離れているなどと，なんらかの原因でそれぞれの場所に棲む個体の間で相互関係が希薄になっている場合は，それぞれを「異なる個体群」と定義せねばならない．このときの各個体群を「地域個体群」あるいは「局所個体群」と呼ぶ．集団遺伝学では，個体群を進化の単位とするために交配可能性が強調されていたが，生態学でも，個体群は交配集団ととらえることが主流になってきた．

　地域個体群はある程度隔離され，その中で個々の個体の生活が完結できるとはいえ，地域個体群の間で細々とした「個体の移動交流」は存在すること

3つの地域個体群が独立している．これはメタ個体群ではない．

3つの地域個体群間で相互交流のあるもっとも単純なメタ個体群．

1つの大きな中核となる地域個体群とその周囲に3つの地域個体群をもつメタ個体群

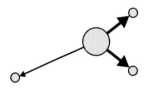

複雑な相互交流を示すメタ個体群．

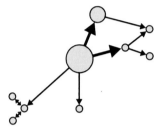

図1.2 メタ個体群のいろいろな型．地域個体群の大きさは円の大きさで表わしてある．矢印は地域個体群間の移動方向を，その太さは移動個体数の量を示している（Primack, 2004より改変）．

が多い．このような移動交流で結ばれれば，地域個体群はネットワークを形成していることになり，一段高いレベルから見たとき，個体群とは「地域個体群のネットワークから成り立つ」といえる．これをメタ個体群という．この考えをさらに拡大すれば，「種」とは，「一定の分布域をもつ個体群」であり，その個体群とは，具体的な地域個体群のネットワークであるということになる．

近年，地域個体群の動態がそれぞれ関連づけて調べられるようになり，1つの地域個体群がなんらかの理由で絶滅したとしても，いずれか後に，別の地域個体群から少数の個体が移動してきて再び定着する場合のあることがわかってきた．具体的な目先の個体群動態だけでなく，メタ個体群という観点で，個体群の長期的変動を評価するようになったのである（図1.2）．

メタ個体群の構造は，近縁種との種間関係にも影響している．たとえば，競争関係にある2種が同一地域に生息すると競争排除則によりどちらかが絶滅するが，生息地が多くのパッチに分かれていたりして，両種ともにメタ個

体群を形成しているとき，競争には強いが分散力の劣る種と競争には弱いが分散力に優れる種という2種なら，共存は可能となる場合が理論的に予測され，野外例も報告されるようになってきた．

（2）個体群変動

野外に生息している昆虫を対象とした伝統的な個体群生態学の研究では，1つの地域個体群の時間変動に対して，その機構や要因を解析することが目的の1つとされてきた．変動の幅が極端に大きかったり，変動によってわれわれ人間の生活を脅かしたりするような種の場合，古来，人々は次の大変動を予測するために，さまざまな根拠を探し出して仮説をつくりだしている．トノサマバッタ類の大発生の変動と太陽黒点の周期が検討されたこともあった．一方，トウヒノシントメハマキやキクイムシ類などという林業害虫の長期間にわたった個体群変動の機構解明も試みられている．これらの昆虫の大部分は植食性で，個体数の増減の指数として幼虫期の個体数を用いることが多い．したがって，操作的な研究範囲は，寄主となる植物が優占している多様性の低い植物群落，すなわち人工林のようなやや永続性のある群落内であり，対象種はしばしば大発生して人間生活に影響を与える害虫に限られることになる．

蜻蛉目の場合，成虫期の移動性が強いので，生息範囲を限定しにくく，特定の生息地において長期にわたって調べた個体群変動の研究例はきわめて少ない．一方，限定的な移動しかできない幼虫期では，若齢期の個体は小さすぎて捕獲しにくいばかりか，同所的に同時期にさまざまな種の幼虫が存在するために同定も困難で，幼虫期の個体群変動の研究例は，蜻蛉目相の単純な高緯度地方に生息する種群に限られている．

雌によって産下された卵が成虫になるまでにどのような原因でどれくらいの割合で死亡するかをまとめ，表にしたものを「生命表」といい，それをもとに描いたグラフを「生存曲線」という（図1.3）．本来は生命保険会社が掛け金の算定根拠として各年齢における人々の期待寿命を計算する道具であった影響を受け，初期の生命表作成の研究は，比較的寿命が長く齢構成が多様で1回あたりの産仔数の少ない哺乳類の解析に限られていたようである．しかしこの解析方法は，農耕地の鱗翅目害虫のように，いっせいに卵が産下

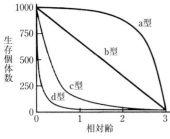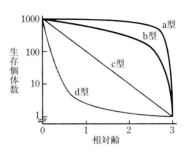

図 1.3 生存曲線の 4 つの型.
a 型：死亡が老齢期に集中する場合，b 型：齢ごとの死亡個体数が一定である場合，
c 型：齢ごとの死亡率が一定である場合，d 型：死亡が若齢期に集中する場合．

されて発育段階がそろっている種のほうが調査しやすく，よりくわしい解析が可能となるのはいうまでもない．各発育段階における死亡要因を特定でき，密度維持制御機構を明らかにすることは，害虫防除に欠かせない武器となったのである．その結果，各種の蛾類の生命表が農耕地や造林地で作成されてきた．

　生命表から得られた生存曲線はいくつかのパターンに分類されてきた．とくに有名なのは，縦軸の個体数を対数で表わしたときの分類である（図 1.3 右）．すなわち，初期死亡が少なく平均寿命前後に大部分の個体が死亡する晩死型（a 型）と，1 雌あたりの産卵数が多くて初期死亡は大きいがその後の死亡率は比較的小さい早死型（d 型），それらの中間となる型（b 型や c 型），である．晩死型の例としては，胎生で出産後も長期間母乳で子を育てる哺乳類やヒトがあげられ，卵生だが大型の卵を少なく産み，ときには子育てもする鳥や爬虫類などは，死亡率が一定の型（c 型）を示すとされる．昆虫類は一般に多産で初期死亡率が高いので，早死型と考えられてきた．しかしこのようなパターン分けは，大きな分類群どうしで比較して解説するような場合には有効でも，実際の具体的な種どうしを比べる研究には使えない．たとえば，鱗翅目を代表とするような完全変態で植食性の昆虫類の幼虫期では，それぞれの齢期に特有の捕食者が存在するので，それらの捕食圧によって生存率は変動し，スムーズな生存曲線は描けないからである．もっとも，この点を逆手にとって，鱗翅目害虫の生命表や生存曲線の解析結果から，ど

の齢期が防除に重要かなどが明らかにされ，総合防除の技術の発展に貢献している．しかし蜻蛉目の場合，ここでも，幼虫期の個体の採集・同定法に難があるため，幼虫期の生命表解析はほとんど行なわれていない．

近年，害虫の幼虫期の生命表解析だけでは対症療法にすぎず，その害虫という種の包括的生活史戦略を解明しなければ，害虫防除には役立たないと考えられるようになってきた．すなわち，卵から出発して成虫の羽化を終点とするのではなく，生息地内における成虫の移動や生息地外との移出入，地域個体群間の交流を考慮すべきなのである．また，動物の場合，雌の体の大きさやもっている栄養の量に限りがあるので，1回の産卵で産み出す卵の数と大きさにはトレードオフの関係が生じ，多量の卵を生産する雌の卵は小さく，大きな卵を産む雌の産卵数は少ない．その結果は生命表から描かれる生存曲線の形に影響を与え，小卵多産（＝r-戦略者）と大卵少産（＝K-戦略者）という生活史戦略の進化の研究の出発点となってきた（第5章参照）．このような比較研究は陸上生活を行なう植食性の害虫類で発展している．一方，水中生活する肉食性小動物の場合，食う-食われる関係は体の大きさに依存しているので，種を問わず，小さな個体は大きな個体の餌となりやすい．したがって，卵の大きさの変異が生活史戦略に与える影響は，陸上の植食性昆虫に対するよりも小さくなる．蜻蛉目の場合，生命表解析に関連した蔵卵数や生活史の進化の研究は未発達といえよう．

（3）種内関係

個体群を構成する個体の分布様式は，非生物的環境要因の分布だけでなく，その生物の個体間相互作用や種間関係を反映している（図1.4）．ほとんどすべての生物は，生息地内に均等に分布しているのではなく，ある程度集まって生活しており，その分布様式の解明は，個体群生態学の重要な目的となってきた．すなわち，まず，分布の基本単位が単独の個体であるか，複数の個体であるかが判断されねばならない．次いで，個体の集中度合いが検討されることになる．このような分布様式の解析のために，たくさんの数理モデルが提案され，それぞれのモデルについての一長一短が議論されてきた（第5章参照）．

集中分布の対極にある一様分布を示す例として，なわばり行動のあげられ

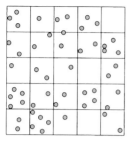 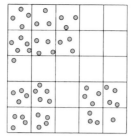 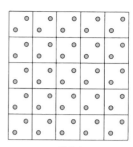

ランダム分布　　　　　集中分布　　　　　一様分布
（機会的分布）

図 1.4　空間分布の 3 つの型.
総個体数が等しくても，この図のように格子をあててみると，集中分布の場合は 1 つの格子内の個体数が大きく異なり，一様分布では 1 つの格子内の個体数がほぼ変わらない.

ることが多い．理想的には，環境要因がほぼ一定で均等に拡がっている範囲内で，ほぼ同じ大きさのなわばりが隙間なくつくられていたとしたら，その分布様式は，一様分布かランダム分布となるはずである．このようななわばりの分布様式の研究は，哺乳類や鳥類，そして昆虫類を対象として行なわれてきた．とくになわばり行動を示す蜻蛉目の成虫の場合，多くの種で，水域の産卵場所を中心とした一帯を雄が占有し，排他的振る舞いを示すので，なわばりの面積は比較的小さく，人間の目で確認しやすい（図 1.5）．

　なわばり行動の解析をはじめとする種内関係の研究は，現在，行動生態学や進化生態学を基礎として発展している．動物の個体群では，個体群密度が高くなくとも，それぞれの個体はある程度まとまった集団をつくり，相互にさまざまな影響をおよぼし合いながら，外見上，統一的な行動を示すことが多い．空間的に密な集団として認められるとき，その集団は「群れ」と呼ばれ，群れの構成員はほぼ同調して移動したり採餌したりするのが普通である．群れの効果として，これまで，採餌効率や天敵からの逃避確率，繁殖確率の上昇などがあげられてきた．一方，群れの生活圏内における食物不足や排泄物などによる汚染，天敵の誘因など，群れることによる負の側面もある．したがって，このような益と不利のバランスにより，結果的に，最適な群れの大きさになっているというのが現在の生態学の考え方で，哺乳類や鳥類にお

図 1.5 アオハダトンボ属のなわばりの例.
a は水辺から離れた草むらの中で過ごす性的に未熟な成虫を表わしている. b は性的に成熟した雄が産卵場所を中心としてなわばりをつくり,静止して侵入者を見張っている様子を示す. c は交尾中である. d は産卵中の雌を警護している雄を示す (d'Aguilar *et al.*, 1985 より改変).

ける研究例は多い.

　昆虫類における密な集団は,高密度個体群と認識されてきた.個体群密度の上昇は,構成員としての個体の発育や生理・形態などに影響をおよぼし,昆虫類の場合,それらが目に見える形質として生じてくるからである.とくに大発生するような種では,密度に対応して孤独相から群生相へと移り変わる相変異の例が,バッタ類やカメムシ類,蛾の幼虫などさまざまな分類群で明らかにされてきた.ただし,このように研究されてきた種は,害虫をはじめとして,高密度になることで人間生活になんらかの害をおよぼしてきた種である.水田の上空をアカトンボの群れが飛び回っていたとき,秋という季節を感じても,群れの構造や群れる機構はまだ充分に解明されていない.鳥類が示す群れの渡りや一部の魚類が示す群れの回遊と同様な振る舞いが一部の蜻蛉目に認められるといわれるものの,それらの機構も未解明である.

1.3 数理モデル

（1）指数関数的増加

　自然界の個体群は，時の経過とともに無限大に増加するわけではなかった．絶滅したり大発生したりしない限り，長期間を通じてみると，ヒトを除くすべての生物の個体群において，環境が安定していれば，あるレベルにおいて個体数も比較的安定していることがわかってきた．このようなときは，単位時間あたりの出生数と死亡数がほとんど同じ値をとることになる．しかしそうはいっても，われわれの目の前における具体的な個体群密度はけっして同じ値を示し続けることはない．季節や年によって非生物的環境はつねに変動しているので，それらに応じて，植物個体群は変動し，「食う-食われる関係」で動物個体群は変動するからである．このような変動は「出生」と「死亡」，「移入」と「移出」によって生じ，これらのバランスによって，その時々の個体群密度は決定されていく．

　野外個体群では移入と移出が個体群動態に重要な影響を与えることが多いものの，個体群動態をモデル化する際には，移出入を無視できる理想個体群（≒実験個体群）を出発点とするほうが考えやすい．すなわち，単位時間あたりの出生数と死亡数の差し引きのみで個体数の変動を解析するのである．個体群変動を数理モデルにあてはめたり実験的に解析したりする研究は，室内実験を行ないやすい貯穀害虫などの昆虫類を用いて，100年ほど前から発展を始めた．

　ある1つの個体群における「単位時間あたりの出生数（死亡数）」とは，「出生率（死亡率）」にそのときの個体数を掛け算したものである．すなわち，出生率と死亡率の「差し引き」にそのときの個体数を掛け算すれば「個体群の増減」の数を求めることができる．この「差し引き」を「増加率」と呼び，減少する場合はマイナスの値をもつ．

　ここで出生率を b，死亡率を d，そのときの個体数（密度）を N とすると，一定時間内の出生数は bN で，死亡数は dN となる．この間の個体数の変化を $\frac{\Delta N}{\Delta t}$ とすると

$$\frac{\Delta N}{\Delta t} = bN - dN$$

と表わせる．出生率と死亡率の「差し引き」である増加率を r とすれば，

$$r = b - d$$

と定義できる．したがって，

$$\frac{\Delta N}{\Delta t} = rN$$

となる．ここで「一定時間（Δt）」を限りなくゼロに近づけると簡単な微分方程式が成立する．

$$\frac{dN}{dt} = rN$$

　この式が得られた以降，b や d の「出生率（あるいは死亡率）」や r の「増加率」には〈瞬間〉という言葉が頭に付けられることになる．この微分方程式の解を「個体群の指数関数（的増加）曲線」という．これは高校数学で簡単に解くことができ，出発点となる個体数を N_0 とおくと，時刻 t における個体数 N_t は

$$N_t = N_0 \, e^{rt}$$

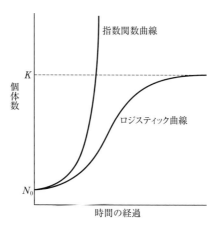

図 1.6　個体群の成長曲線．
個体数が増加するにつれて食物や生活空間が不足したり排出物が増加したりするため，個体群の成長が抑制される．

となり,「単調増加」の曲線である(時刻 $t=0$ のときの個体数を N_0 としている).したがって,瞬間増加率 $[r]$(=「瞬間出生率」マイナス「瞬間死亡率」)が大きければ早く増え,小さければ増え方が遅いという違いはあるものの,いずれにしても,この式では,個体群が無限大に増殖することになってしまう.すなわち,閉鎖空間の中で出生と死亡しか生じないという理想個体群において,単位時間あたりの個体数変化がつねに正の一定数であると仮定すると,個体群密度は単純な指数関数的な成長曲線を示すことになったのである(図1.6).

もちろん,地球上のすべての生き物は,自己の子孫を可能な限りたくさん残そうとしているので,すべての環境条件が最適であれば,結果的に,無限大に向かって個体数は増えていくかもしれない.しかし,生活場所という物理的空間は地球上において有限である.そもそも環境条件は時により場所により変動し,生き残る数はつねにそれらに影響を受けてきた.気候要因のような非生物的環境が良好だったり,生物的環境である餌が多かったり天敵が少なかったりすれば,個体群密度は上昇し,その逆も生じるであろう.したがって,指数関数的増加というのは野外の生物の生活実体を表わしてはいないのである.

(2) ロジスティック的増加

個体数が増えれば増えるほどなんらかの要因により個体群の増殖率がどんどん抑えられ,最後には「増えも減りもしない」安定した個体数に落ち着くという経験則が受け入れられている.たとえば,餌を入れた瓶の中でキイロショウジョウバエの雄と雌1頭ずつを飼育すると,成虫の個体数は増加するが,食物や生活空間には限りがあるので,だんだんと餌や空間をめぐる個体間の競争(種内競争)が激しくなって,1雌あたりの産下卵数が減少したり,死亡率が上昇したりして,差し引きの増加率は低下し,最終的にはゼロになってしまう.野外の場合なら,個体数が増えれば,天敵が集まってきて捕食圧も上昇するにちがいない.このように,個体数の上昇に伴って生じる瞬間増加率の低下を「密度効果」という.単純な密度効果のモデルは「瞬間増加率は個体数の関数で,密度の増加とともに直線的に減少する」という仮定である.瞬間増加率がゼロになるときの個体数は「環境収容力(carrying capacity)」といい K と定義され，個体数が限りなくゼロに近い点（$N=0$ のときの Y 切片）を r_0（内的自然増加率）と定義し，これを瞬間増加率のもっとも高い値とすると，

$$r = f_{(N)} = r_0 - hN$$

という式が得られる．ここで，h は Verhurst-Pearl 係数と呼ばれる．これを K で書き直せば，

$$r = r_0 - \frac{r_0}{K} \cdot N$$
$$= r_0 \frac{K-N}{K}$$

となる．これを指数関数的増加の微分方程式の r に代入すると，

$$\frac{dN}{dt} = r_0 \left(\frac{K-N}{K}\right) N$$

となる．この解が

$$Nt = \frac{KN_0 e^{r_0 t}}{K + N_0 (e^{r_0 t} - 1)}$$

で，S 字型の曲線，いわゆるロジスティック曲線である．なお，これを 2 回微分してゼロと置けば変曲点が得られ，$N = \frac{1}{2}K$ となる．変曲点とは曲線の接線の傾きが最大値の場所なので，個体群の増殖率が最大になる場所を示している．したがって，増殖率は，個体数が増え始めたころは低く，環境収容力の半分ごろでもっとも高くなり，その後再び減少して，最後にゼロとなる変化を示す．一方，瞬間増加率は個体群密度が限りなくゼロに近いときが最大となって，個体群密度の増加に伴って単調に減少していく．このように「増加率」と「増殖率」の 2 種類の「率」は本質的に異なっているが，しばしば混同されて使用されるので注意が必要である．

そもそもロジスティック的増加のモデルは，生物の生活の実体とは異なる前提の上に成り立っている．個体群密度の瞬間増加率（r）は密度（N）の増加に対して直線的に減少すると仮定したが，密度効果が「直線的」に生じているという保証はまったくない．直線式を仮定したほうが，計算上都合がよいからであった．また，密度効果の直線式は，個体群密度（N）が瞬間増加率（r）におよぼす効果を瞬間的（連続的）で時間的な遅れのないことを

示しているが，生物がこのような反応を示すことは絶対にない．たとえば，ある1頭の雌がある数の卵を産むと考えたとき，卵を産んだまさにその瞬間にNが変わり，同時にrが変わるので，隣にいた雌はそれに対応した数の卵を産まねばならないことを意味しているからである．

齢構成が安定していること（＝世代の重なり合いが完全であること）や環境条件がつねに一定であるという前提は，とくに温帯以北に生息する昆虫類を扱う場合にはあてはまらないことが多い．また，Nが非常に低い値をもつようになったとき（＝個体群が事実上絶滅に瀕しているとき），rが最高のr_0になるのは非現実的である．このような個体数の激減状況になれば，繁殖期に交尾相手を見つけにくいばかりか，近親交配の危険性も増加するにちがいない．したがって，ある一定の個体群密度より低下した場合，瞬間増加率は，r_0に向かって上昇するのではなく，低下していく．この現象をアリー（Allee）効果という．

与えられた前提条件を1つずつ検討していくと，野外の生物個体群ではありえない条件ばかりといえ，ロジスティック式は理想化された単純な状況下の個体群成長式にすぎないといえそうである．しかし，さまざまな生物の個体群において，条件さえ整えてやればこのモデルと似た個体群成長を見られることがわかってきた．また，環境変動によって増加率が変動したり，密度効果に時間の遅れが生じたりする場合，この式のいろいろな部分を修正し複雑な式をつくりだすことが可能である．その点で，この式は，個体群成長モデルの発展の出発点といえ，生態学のモデルの中で，もっとも広範囲に利用されてきた．そして，その基礎となるのは密度効果である．

密度効果は，捕食圧が高くなって死亡率を高めたり，産卵（子）数が減って出生率を低めたりすることだけではない．小型化して死亡率が高くなったり，1雌あたりの産卵数が減少したりする場合もあるだろう．すなわち，密度効果とは「個体数の増加に伴う悪影響」を指し，「個体数の減少に伴う良い効果」ではない「一方向性の効果」なのである．したがってr_0が出発点となり，とくに「内的自然増加率」と呼ばれるようになった．r_0はその個体群の生息環境が同じであればつねに同じ値をもつことから，種特異的な値と考えられている．すなわち，内的自然増加率の大小は個体群の増殖の速さの大小を示すので，種間の比較に都合のよい指数なのである．

1.4 適応戦略

（1）子孫の繁栄

　生命が誕生して以来，生き物たちは，子どもをつくって自己の遺伝子を次世代に伝えていくという営みを続けてきた．そこでは，繁殖に有利な形質を発現する遺伝子をもつ個体が，そうでない個体よりも多くの子どもをつくり育て上げてきたはずである．したがって，世代が何回も何回も繰り返されていくうちに，そのような遺伝子は個体群全体に拡がり，ついには個体群のすべての個体の中に固定されたにちがいない．すなわち，個体群は過去から現在まで連綿と続いてきた環境によって自然選択を受け，結果的に「環境にもっとも適合した形質」をもつ個体で構成されるようになってしまったのである．ここで，環境によって選択されて遺伝的に固定された形態や生理，習性などの諸形質と環境との適合を，「生態学」は「適応」と定義してきた．

　環境とは，もちろん，生物的環境要因と非生物的環境要因の両者を指している．前者においては，配偶者の獲得能力や餌の発見効率，捕食者からの逃避行動能力を高めることなどが重要であり，これまでに記載されてきた多種多様な動物の行動や植物の形態のほとんどは，「いかに自己の遺伝子を次世代へ伝えるか」という問題に対するそれぞれの種の進化的な解答であると考えられるようになった．その結果，われわれの目の前で繰り広げられる生き物の営みは，よりよく成長し，よりたくさん子どもを産み，より生残確率が高くなるように生き物たちは努力している，という前提で解釈されるようになったのである．これを適応戦略という．

　生き物が生まれ成長し，繁殖後死に至る過程を生活史という．これが進化生態学の研究テーマとして取り上げられるようになったのは，個体群の齢構成に着目した生命表解析の理論化が進んだ 1930 年以降で，さかんになったのは，MacArthur and Wilson（1967）による r–K 選択概念の提出がきっかけとなっている．1970 年ごろから，生活史の進化の研究では「生活史戦略」という言葉が用いられるようになってきた．ある任意の個体群において，繁殖開始の齢や寿命，繁殖にまわすエネルギー分配量などの生活史の諸形質が相互に関連し，1 つの環境条件の下で諸形質がセットとなって進化すること

から，そのセットを戦略（strategy）という言葉で表わしたのである．

　生態学において，「戦略」という言葉は，従来，個体群生態学の分野で用いられることが多かった．多産多死なのか少産少死なのかは，結果的に，その種の生活史の進化における適応戦略として重要な問題だからである．当然，前者では内的自然増加率が高く，後者では低い．昆虫類をはじめとする比較的小型の種が前者の範疇に入り，哺乳類などの比較的大型の種は後者に入る．また，後者では，親による子の保護行動が発達しやすい．

　「戦術」という言葉は，はじめ，動物の行動記載に用いられていた．ライバルの雄どうしが出会って闘争を始めるとき，すぐに相手に噛みつこうとする振る舞いも，自慢の尾羽を見せびらかそうとする振る舞いも，戦術である．ただし，相手によって，闘争の開始前に逃げたり，別の振る舞いを示したりするようなら，その個体は，時と場合によって戦術を変えるという戦略をもつことになる．すなわち，戦術は具体的な一戦一戦を指し，戦略は生涯にわたって最適な繁殖成功度を得るための方策といえよう．しかし，現在でも，戦術と戦略を混同している参考書があるので注意が必要である．

（2）雌雄の立場

　高密度になればなるほど1雌あたりの産下卵数を減少させるという密度効果が生じるとはいえ，個々の生き物は，結果的に，自らの子孫を可能な限り増やそうとしているという行動生態学的概念は変わらない．雌は，個体群密度が高いから，個体群全体のためと慮って産下卵数を減らしているのではなく，結果的に，子どもが成長して次代の親になっていくためのもっとも効率のよい数（≒最適数）を産んでいるのである．しかし，それは雌の立場にすぎない．

　雌が自らの子どもの生残を目的に産下卵数を調節しているなら，雄は，精子という比較的小さな配偶子を多量に生産できるため，多くの雌と交尾して雌の卵に受精させ，自らの子孫を増やすことが目的となる．すなわち，雄にとって，産み出された子どもの生残確率は二の次になっているといえよう．その結果，雌雄が生産する配偶子の大きさや量，質の差異などと，産み出された子どもの生残確率を高めるという関係のバランスによって，動物界にさまざまな婚姻関係が生じたのである．一部の昆虫類において見られる子の保

護を発達させた種や,哺乳類に見られる単婚性(≒一夫一婦制的になる場合もある)の種の存在も,このようなバランスで説明されるようになってきた.

　昆虫類の多くは,産卵しても子の保護を行なえないので,最適と思われる採餌場所や隠れ家の近くに産んでやった卵や幼虫といえども天敵に襲われたり,気象条件などの環境悪化によったりして,死亡率が上昇する可能性は高い.そこで雌は,一生の間に何回もいろいろな雄と交尾を行なうことで,結果的に,子孫の生存に少しでも有利な形質をもつ遺伝子を雄から求めて卵に受精させようとしてきた.したがって,雄ばかりか,雌も多回交尾を行ないがちとなって,乱婚制の繁殖システムが生じてきたらしい.とくに蜻蛉目は卵期から幼虫期を水中で,成虫期を陸上で過ごすので,親による子どもの保護は不可能となり,雌は,自己の卵の遺伝形質を可能な限り多様にして,多様な水環境の変動に対応させ,子孫の生残確率を上昇させられるように進化してきたといえる.その結果,雌は生涯に何回も交尾を受け入れるようになったと説明されてきた.そうなれば,雌の生殖器官である交尾嚢や受精嚢には複数の雄の精子を貯蔵できる仕組みが生じてきてもおかしくない.

　多回交尾する雌に対抗した雄の戦略は,交尾後,その雌が次の雄と交尾するまでの間に,自己の精子で受精した卵を可能な限り産ませることしかない.その方法の1つとして,精包などを利用した再交尾抑制物質の注入が蝶類で知られてきた.しかし,蜻蛉目では,多くの種で,雌は毎日のように交尾を受け入れている.したがって,雌が産卵するまでに,複数の雄の精子が交尾嚢や受精嚢に注入される可能性が高く,もしそうなるなら,受精に成功できる雄の精子とは,貯蔵されている精子全体の中に高い割合で存在している精子となるにちがいない.すなわち,結果的に,多量の精子を雌に注入できた雄が有利となる.ところが,雌の精子貯蔵器官の大きさには限りがあるので,ある程度の量の精子が貯蔵されているときに,さらに多量の精子を注入しても溢れてしまい,自分の精子は貯蔵されなくなる危険性が高くなってしまう.それを避けるには,貯蔵されていた前の雄の精子を掻き出して,それから自らの精子を注入するのが手っ取り早い.これを精子置換という.蜻蛉目ではじめて明らかにされた精子置換という現象は,その後,多くの昆虫類で知られるようになり,その機構が分類群によってさまざまであることも明らかになってきた.そして,これらの知見の影響は,蜻蛉目の繁殖行動の研究に戻

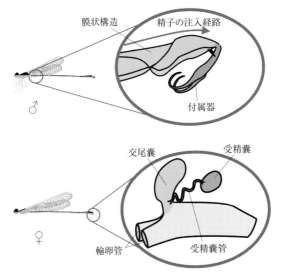

図 1.7 アジアイトトンボの雌雄の生殖器の構造と配置（Tajima and Watanabe, 2009 より改変）．

ってきて，蜻蛉目の精子置換の機構は再検討され始めている（図1.7）．

1.5 種間関係

　個体群間に生じるさまざまな相互関係として，古くから捕食者と被食者の関係が解析されてきた．捕食者や被食者という現実の個体どうしでは，被食者が一方的に食われてしまうという関係であり，捕食効率がよくなるような振る舞いや，隠蔽色などを含めた逃避技術の発達を解析する神経生理学や習性学とともに，個体群レベルにおける密度変動は野外調査で報告され，同所的に存在する捕食者-被食者系として室内実験でさまざまに研究されている．すなわち，被食者は存在できても捕食者の到達できない隠れ家などのような場所があると，被食者と捕食者の密度は一定のずれをもって周期的に変動することがあり，どちらも絶滅しない（図1.8）．このような2種の個体群変動は，寄生者と宿主との関係でも見られている．さらに近年になって，直接的な捕食-被食の関係が，間接的に他の生物の個体群変動に影響を与えてい

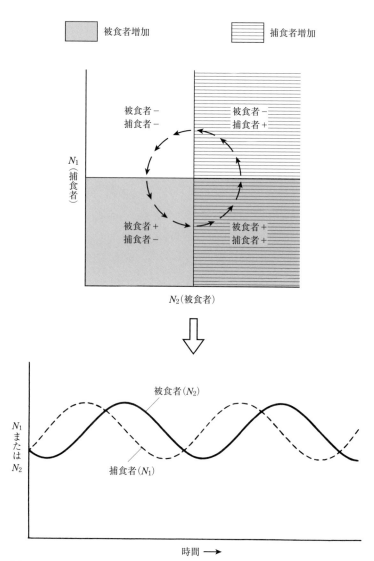

図 1.8 ロトカ・ヴォルテラ式から予測される捕食者-被食者の相互作用. 上のグラフは相互作用する両種の個体数の関係を示す. 下のグラフは 2 種の個体数を時間に対してプロットした結果を示す (Wilson and Bossert, 1971 より改変).

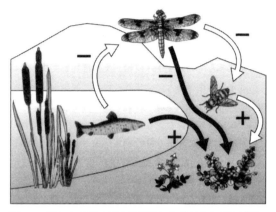

図1.9 陸上と水界の複合生態系におけるトンボの影響．トンボは肉食動物なので，アブをはじめとする花粉媒介者を襲って食べれば，結果的に植物の繁殖を制限して増加を抑制する場合がある．このとき，池の中にやや大型の魚を入れると，ヤゴが食べられてしまい，羽化するトンボの数が減り，花粉媒介者となるアブの数は減らないので，植物は拡がっていく．図中の白矢印は直接的効果を，黒矢印は間接的効果を示す（Cordero Rivera, 2006より改変）．

るという多くの例が報告されるようになってきた．たとえば，植物の花粉を媒介するハナアブをトンボが捕食し，そのトンボのヤゴは魚が捕食するという系では，魚が多ければヤゴの数が減り，そうなればトンボが減るのでアブが増え，植物の結実率が増えるという．すなわち，蜻蛉目とアブの捕食-被食系が植物個体群の変動に影響を与えているのである（図1.9）．

捕食者-被食者相互関係とともに，異なる種類の生物が密接なつながりをもって生活していることを示す共生関係は，たがいに利益を得る相利共生や，一方のみが利益を得る片利共生，一方が不利益を受ける寄生などに分類されてきた．ボルバキアなどを含む共生細菌による宿主の生殖への影響は，主として，昆虫類において，雄殺しや雌化などの現象が発見され，個体群の質の進化として研究が進められている．

いくつもの種類の個体群がたがいに関係をもちながら集まって形成される

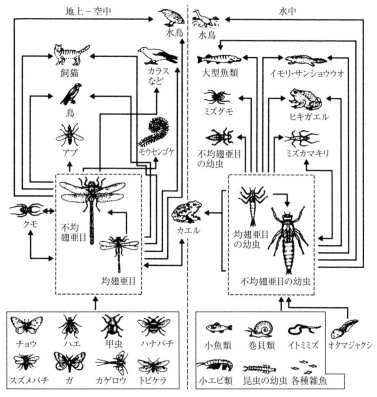

図 1.10 蜻蛉目を中心とした食物網（O'Tool, 1988 より改変）.

集団は，群集と名付けられている．これらの種のすべてにおいてなんらかの捕食-被食関係が存在し，かつては食物連鎖といわれ，生食食物連鎖と腐食食物連鎖に分けられてきた．しかし，実際には，1つの種の生物が2種以上の生物を捕食し，2種以上の生物に捕食されているので，連鎖は複雑な網目状になっているのが普通である．これを食物網という．蜻蛉目のような種を出発点として，食う-食われる関係をたどっていくと，食物網は水域と陸域にまたがることになり（図1.10），複合生態系という概念が必要となり，さらにさまざまな生態系が含まれるようになると，景観と呼ばれるようになる．捕食-被食系はエネルギーの流れや物質循環と深くかかわっており，食物網

が複雑になるほど生物群集は安定すると考えられてきた．

　同所的に似たような生活史をもつ種が存在した場合，生活上の要求が似ている近縁種であればあるほど，種間競争は激しくなり，競争に負けた種はその場からは消滅し，勝った種だけが生き残ることになる．これを競争排除則という．この競争はコンテスト型とスクランブル型に分けられ，ゾウリムシ類や貯穀害虫類などにおいて多くの実験例が示されてきた．また，数学モデルが発展し，2種が共存するための条件も明らかにされている．野外では，多くの種の分布の重複度合いから，微小な生活環境や活動時間などが異なるために競争の回避されている例が示され，わが国では「すみわけ」という言葉が用いられてきた．

1.6　多様性と絶滅

　多数の種で構成されている生物群集において，食物網に占める位置や物理的な生活空間，活動時間などは，それぞれの種で異なるのが普通で，生物群集内における位置づけは生態学的地位と呼ばれている．この地位を，エルトンは捕食-被食関係を表わす生態学的ピラミッドの各栄養段階と定義したが，ハッチンソン以来，さまざまな尺度で測定された環境要求の範囲を総合的に判定した「生態学的地位」と考えられるようになってきた（図1.11）．したがって，2種の間の生態学的地位に類似点が少ないほど種間競争は弱くなり，同じ生態系の中で生活できるようになるといえる．

　生態系の中では，物質生産の大半が植物の光合成によって行なわれ，生産された有機物は，捕食-被食の関係をたどって順々にさまざまな栄養段階の動物へと移動していく．1つの生態系を閉鎖した系と考えると，有機物の移動はその系の中で完結し，最終的には無機物へと還ってしまう．これが物質循環の基礎であり，有機物の結合エネルギーとして植物に固定された太陽エネルギーは，時間の長短はあるものの，いずれは熱エネルギーとなって宇宙空間へと放出されていく．このような植物の光合成を基礎とした生産生態学は，1つの生態系を全体として把握するのに有効な方法論であるものの，構成要素となる個々の種を物質の動態の中で位置づけた研究は少なかった．したがって，蜻蛉目のように生涯を通して複数の生態系を利用している種を対

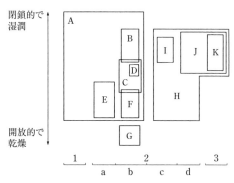

図 1.11 幼虫の寄主植物と生息場所の無機的環境から見たモロッコに生息するシロチョウ科の生態学的地位.
縦軸は生息場所の無機環境要因を，横軸には寄主植物が示してある．1はモクセイソウ科 (Resedaceae)，2はアブラナ科 (Cruciferae)，3はフウチョウソウ科 (Capparidaceae)．幼虫が食べる部位は，ロゼット (a)，花序 (b)，若い葉 (c)，展開しきった葉 (d) と分けてある．A：チョウセンシロチョウ (*Pontia daplidice*)，B：クモマツマキチョウ (*Anthocaris cardamines*)，C：*Euchloe ausonia*，D：*Zegris eupheme*，E：*Elphinstonia charlonia*，F：*Euchloe belemia*，G：*Euchloe falloui*，H：モンシロチョウ (*Pieirs rapae*)，I：エゾスジグロシロチョウ (*Pieris napi*)，J：オオモンシロチョウ (*Pieris brassicae*)，K：*Colotis evagore*（New, 1997より改変）．

象とした生産生態学的研究はほとんど存在しない．

　現在，生物多様性は，種の多様性，種内における遺伝的多様性，生態系の多様性という3つの階層に分けて認識されてきた（第8章参照）．これらのうち，生物多様性を容易に実感できるのが種の多様性であり，さまざまな種が存在することはさまざまな種間関係が存在すると想像させるのはむずかしくない．また，生物の生息できる物理的空間だけを取り出してみても，草地より背の高い森林のほうが大きく複雑であり，種多様性は高くなる．そもそ

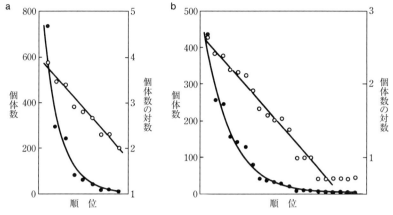

図 1.12　個体数の順位と個体数の関係.
a：青木湖の湖底生物相，b：ノルウェーの陸産貝類相．●印は左側，○印は右側の縦軸目盛を適用している（木元，1993 より改変）．

も，1つの栄養段階に属する種が1種のみであることはまれであり，生産者となる植物の種多様性は，草地よりも森林で高い．植食動物のうち，とくに昆虫類は特定の植物と対応して生活する種が多いので，植物の種多様性が高くなれば一次消費者の地位を占める昆虫類の種は増加する．すなわち，植物の種多様性が高くなれば，生態系内の栄養段階の数が増加し，それぞれの栄養段階の中での種多様性も高くなって，全体としての種多様性は高くなっていく．

　これまで，種多様性の尺度としてさまざまなモデルが提案されてきた．古くは元村による等比級数則があり（図 1.12），現在は，シャノン・ウィーナーの多様性モデルが野外データに対して用いられている．それは

$$H' = -\sum_{i=1}^{S} pi \log pi$$

と定義され，H' を多様性指数（多様度指数）といい，S は群集を構成する種数，pi は全体の総個体数に対する i 番目の種の個体数の割合（$0 < pi \leq 1$）である．log の底は研究目的により，2 か e か 10 が用いられており，注意が必要である．マイナスの記号があるのは H' をつねに正の値にしたいために

すぎない．この指数の本質は情報量指数であり，任意に取り上げた1個体がどの種に属しているかの不確実性の度合いともいえる．したがって，もし群集が1種類から成り立っているなら任意の1個体は確実にその種といえるわけで，H' を計算すればゼロとなってしまう．すなわち，多様性指数は必ずゼロ以上と計算され，理論的には無限大まで増加することができる．

多様性を表わす指数としては，このほかにシンプソンやマルガレフ，マッカーサーなどが提案しているが，これらのモデルの多くは，1つの空間に同時に生活する似たような生活史をもつ種群を解析するという前提をもっているため，現実には，1つの栄養段階や1つの分類群などにおける種数と個体数の関係から解析されてきた．したがって，幼虫期の蜻蛉目のように，1つの池から得られた多様性指数は計算され，さかんに研究されている．逆に，成虫期のように，複数の生態系を含んだ生息場所を考慮しなければならない場合，多様性指数の計算には都合が悪い．

同種であっても，それぞれの個体のもつ遺伝子の塩基配列がすべて同じというわけではない．世代が繰り返されていくとともに，突然変異により塩基配列が少しずつ変化していくので，種内の遺伝的多様性は増加していき，結果的に，構成する個体の形態や機能に差が生じてくる．この多様性は，種個体群がさまざまな環境条件に適応して存続するための保険のようなものといえよう．したがって，種内の遺伝的多様性が増加すれば，絶滅確率は減少することになる．現在，個体数が激減し絶滅に瀕している多くの種において，この概念が検討されるようになってきた．ただし，このような遺伝解析には時間や労力とともに金銭的な負担もかかるので，蜻蛉目のように，人間生活に直接的積極的なかかわりはないと考えられている種に対する研究はほとんどなされていない．

地球上にはさまざまな気候帯が存在し，さまざまな地形が存在し，これらの組み合わせによってさらにさまざまな環境条件が生じ，それに対応したさまざまな生物群集が構成されている．このようにして生じたさまざまな生態系から恩恵を受けて存続しているのが人類であるというのが，現在の生態系多様性の考え方であり，この恩恵を生態系サービスと呼ぶようになってきた．すなわち，生態系サービスが持続しなければ人類の生残はおぼつかないのである．好適な大気などという非生物的環境の維持や食糧などの資源の供給，

レクリエーションなどの文化的利益の提供は，生態系サービスの直接的な項目といえよう．それらを持続させるためには，生態系を構成するすべての種個体群の存続が必要であり，議論は，具体的な地域個体群の保護・保全の必要性に戻ってくるのである．

　非生物的環境条件も生物的環境条件もつねに変動しているので，地域個体群はつねに同じ密度で存続することができず，つねに増減を繰り返している．たいていの場合，その増減は一定の範囲内に収まっており，極端な増加（≒大発生）や極端な減少は生じないが，なんらかの原因でこのような状況に陥ったとき，種の絶滅確率は高くなってしまう．とくに生息地の極端な分断化は地域個体群の個体数を減少させるばかりか，地域個体群間の移動・交流を阻み，種の絶滅の危険性を高めている．すなわち，メタ個体群が機能しなくなるといえよう．逆にいえば，蜻蛉目の成虫のように移動能力が高ければ，種の絶滅確率は低いことになる．しかし，蜻蛉目の場合，人間による幼虫期の生息場所・水域の消滅は致命的である．さらに，水田のような水域における農薬散布などの攪乱は，生息場所の悪化を招いており，絶滅を危惧されている種は多い（第7章参照）．

　在来の生態系に存在しなかった種が意識的・無意識的に導入された場合，その種の競争力が高いと，種間競争によって，在来種の地域個体群の動態が不安定になったり，絶滅が引き起こされたりする例が知られるようになってきた．これらは外来生物と呼ばれ，在来の生態系の種多様性を脅かす種と認識されている．そのため，わが国では，いわゆる「外来生物法」が制定されるようになってきた．しかし，近年の自然保全意識の高まりなどによって行なわれる自然再生にかかわる市民活動は，充分な生態学的基礎知識をもたないためか，「外来種でなければ可」とばかりに，無思慮に国内における在来種の移動を行なってしまいがちである．蜻蛉目の場合，自然とのふれあい目的でつくったトンボ池に導入された水草にくっついて，分布域を拡大してしまった種さえ知られている（第8章参照）．

第2章　習性学
——多様な生き方

2.1　生活環

(1) 水域

　一般に，昆虫類の生活様式は幼虫期と成虫期で大きく異なっていることが多い．前者は比較的狭い空間を生活範囲としながら摂食に専念し，体に栄養をため込む時期であり，得られる餌の質と量の安定さによって幼虫の振る舞いや幼虫期の長さは決まってくる．すなわち，蝶類のように寄主植物（＝食草）上で生活する種の場合，餌の量は充分に確保できるので，幼虫の移動活性は低く，幼虫期間は日長や温度などの非生物的環境要因に左右されやすい．一方，成虫期は，活発に広範囲を飛び回り，雌雄が出会い，交尾・産卵する時期といえ，個々の個体レベルから見れば自らの子孫の繁栄を目的とする時期である．そのため，雌となかなか出会えないような種の場合，雄は雌を探して広範囲を飛び回ることになり，雌が交尾相手の雄をしっかりと見極める種であればあるほど，雌の交尾受け入れやすさの度合いに対応して，雄はさまざまな求愛の振る舞いを進化させてきた．一方，雌にとっては，雄との交尾後，産卵しなければならないので，好適な産卵場所の出現期間や分布，拡がりなどは重要な問題となってくる．雌は産卵場所を探して飛び回らねばならない．したがって，個体群や種というレベルで見れば，結果として，成虫期とは遺伝子の交流の期間であり，成虫の飛翔範囲が地域個体群の分布範囲となる．これらの地域個体群のすべてを網羅した範囲は，種の分布域と認識されてきた．
　蜻蛉目は，幼虫期を水中で，成虫期を陸上（≒空中）で過ごすという極端

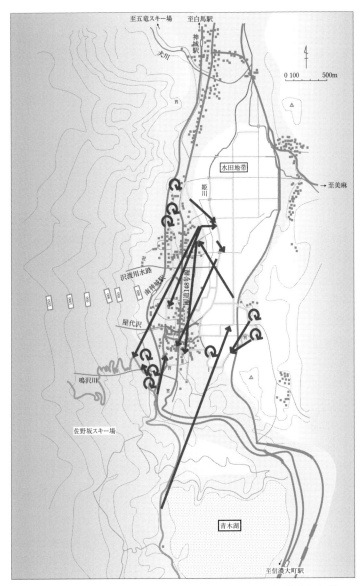

図 2.1 標識再捕獲調査から明らかにされたノシメトンボの成熟した雄の1日の移動.
中央部が幼虫の生息場所となる水田で約 $1.5\,\mathrm{km}^2$ の広さがある.その周囲に集落や畑があり,さらに,その外周をスギの人工林が占めている(Watanabe *et al.*, 2004 より改変).

に生活場所を変える生活史をもつものの，他の昆虫類と同様，幼虫の活動範囲は狭く，成虫が利用する植物群落の種類や飛翔範囲は広いことが知られている（図2.1）．幼虫の生息場所である水域とは，汽水域を生息場所とする少数の種を除き，水質が淡水でさえあれば，湖や池，沼などの止水でも，渓流や小川，用水路などの流水でもかまわない．広大な水田や人工的につくった都市の修景池，庭に置いた水を張った小さなプランターの中でも，それぞれの環境に適応した種が飛来・産卵し，幼虫は生活している．ただし，生息場所の水深は1m以内の浅い水域に限られ，それよりも深い水底での生息はむずかしいらしい．幼虫と同所的に生息している水生動物のほとんどすべては餌となりうるが，逆に，これらの水生動物の餌ともなっている．

　一時的に生じる水たまりを幼虫の生息場所にできるように適応してきた種は，雨季と乾季をもつような熱帯地域に多い（Suhling et al., 2004）．わが国は温帯モンスーン地帯に位置するため，比較的水が豊富で，自然に生じた陸水環境は安定的であり，「水のない乾季を乗り切る」ように適応した生活史をもつ種はほとんど生じなかったらしい．ところが，弥生時代になって水田耕作が全国に拡がると状況は一変した．平野部の池沼や湿地は可能な限り水田へと変貌させられ，1年を通して特定の時期に「田面水」という一時的な水たまりが生じる場所となったのである．春に水が入れられ，田植えが行なわれたとき，水田は開放水面となり，成虫の産卵場所として，また幼虫の生活場所として好適な水環境となった．しかし，稲の成長とともに開放水面は短期間で閉ざされてしまう．そして夏，水落としが始まる．成虫にとって，水田は乾燥した草地としか認識されないであろう．秋の収穫時にもほとんど水がなく，収穫後には放置されて裸地となり，乾田化して冬を迎える．したがって，水田耕作が毎年続けられていれば，この季節変化に適応できる生活史をもった種しか水田を生息場所とできないのである（第7章参照）．

（2）陸域

　空中生活者となる成虫は，羽化直後，「処女飛翔」と呼ばれる飛翔によって水域から離れていく（図2.2）．その距離は，アキアカネに見られるような水田から高地への長距離移動から，マユタテアカネのように羽化場所周辺の雑木林，アオモンイトトンボのように水域に隣接した藪の中という短距離，

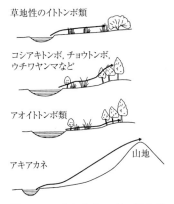

図 2.2 羽化したトンボの処女飛翔先.
草地性のイトトンボ類は羽化場所近くの草地や藪へ移動し,性的に未成熟な期間(前繁殖期)を摂食に専念して過ごす.これらの種の期間は1週間にも満たないのが普通である.コシアキトンボやウチワヤンマなどは,羽化場所から離れた樹林の林間部で前繁殖期を過ごし,アオイトトンボ類は樹林の林床部を利用している.もっとも長距離の処女飛翔を行なう種はアキアカネといわれ,前繁殖期は1カ月を優に超している(江崎・田中,1998より改変).

と変異は大きい.ミヤマアカネやヒヌマイトトンボのように,羽化場所に留まって処女飛翔を示さない種も少数ではあるが知られるようになってきた.いくつかの例外を除き,処女飛翔先で,成虫は交尾・産卵などの繁殖活動を開始できるようになるまでの「前繁殖期(＝未熟期)」と呼ばれる性的に未熟な期間を過ごす.この期間も,2-3日で終了してしまう種から半年以上もかかる種まで,種によって変異は大きい.アキアカネのように,この間は生殖休眠の時期であると明らかにされた種もある.いずれにしても,わが国のような温帯域において,処女飛翔先で雌雄は同所的に過ごし,繁殖活動は行

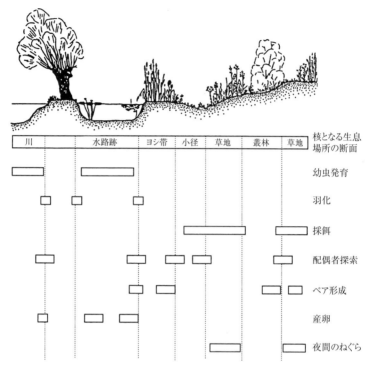

図 2.3 *Platycnemis pennipes* の生活環の進行に伴う生息場所内での利用場所の変化（Corbet, 1999 より改変）.

なわず，摂食活動に専念している．生殖器官や筋肉が発達し，「繁殖期（＝成熟期）」になると，多くの種は，水域へ戻り繁殖活動を行なう．したがって，成虫が利用する陸域の植物群落の種類は，処女飛翔先と繁殖期の成虫が生活する場の2種類は必要となる．さらに，繁殖期に利用される植物群落は，種によって重複することもあるが，一般に，採餌場所と寝場所，産卵場所の3種類が存在する（図2.3）．

処女飛翔後，性的に成熟する過程は体色の変化で判断することができる．どの種でも，羽化直後の個体の体色は灰色や黄土色で，翅にはみずみずしい光沢があり，体は柔らかい．このような個体は「テネラル」と呼ばれる．この期間はどの種でも半日から1日程度にすぎない．処女飛翔を始めるころに

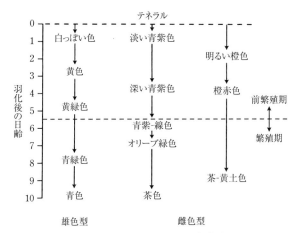

図 2.4　*Ischnura graellsii* の雌の異なる色彩表現型における胸部の色と日齢の関係（Corbet, 1999 より改変）．

は，その種本来の体色に移行し始めているが，まだ体色は薄く，体は柔らかく，翅も柔らかいのが普通である．水域から離れた処女飛翔先で，翅と体は硬くなっていくが，前繁殖期の間は種特異的な鮮やかな体色を呈することはない（図2.4）．体内の生理学的な性成熟と体色変化はほぼ一致しているので，種本来の体色を呈した個体は性成熟した個体（＝繁殖期の個体）といえ，彼らは水域へ戻っている．McVey（1985）は飼育下におけるトンボ科の *Erythemis simplicicollis* の腹部と胸部の色彩変化を体内の生理状態の変化と対応させて15段階に分けたが，Watanabe and Adachi（1987a, 1987b）は，野外で生活している成虫（アオイトトンボ属やモノサシトンボ）に対して，前繁殖期の個体を4段階に分類した（T，Ⅰ，Ⅱ，P）．一方，繁殖期に入った個体は，色彩がだんだん褪せていき，翅は乾燥して硬くなるとともに汚れたり着色したり破損したりしていくので，3段階（M，MM，MMM）に分けている．この分類方法は野外で採集したさまざまな種の個体のエイジ判定に適用可能であった．ヒヌマイトトンボにおけるエイジ判定の例を表2.1に示す．

　羽化直後のテネラルと見なされる個体は，飛び方が弱々しいので，鳥たちの餌となることが多い．蜻蛉目の羽化が夜明け前に始まるのは，鳥たちが活

表 2.1 ヒヌマイトトンボの加齢に伴う色彩変化(Watanabe and Mimura, 2003 より改変).

加齢段階	雄	雌
T	羽化当日で,体色は灰色,翅はみずみずしい光沢,体は柔らかい	雄と同じ
I	胸部に淡い緑色の斑紋,複眼は灰色	胸部が黄-橙色
II	複眼が緑色	腹部第1節が橙色
P	胸部の斑紋が明るい緑色	胸部が赤みの強い橙色
M	胸部の4つの斑紋と腹部第8節の輪が緑の蛍光色,翅に傷はない	胸部がくすんだ赤茶色,翅に傷はない
MM	翅に傷が認められる	胸部が茶から深緑色,翅に傷が認められる
MMM	体色が褪せ,翅が不透明な黄土色でボロボロ	体色が褪せ,翅が不透明な黄土色でボロボロ,産卵のため,腹部先端に泥が付着

動を開始するころまでには翅を展開し,体をある程度硬くして,飛び立つことができるようにするためと考えられている.しかし,夏季に,都市公園の噴水池などでは,日の出直前の黎明期に羽化するタイリクアカネを捕食しようと,多くのツバメが集まってくるという(松良ら,1998).また,羽化当日のテネラルの個体は,クモの網に引っかかったり,他種のトンボに襲われたりすることも多く,死亡率は比較的高いといわれている.たとえば,水田で羽化してまもないアカネ属成虫に対する捕食者として,シオカラトンボやオオシオカラトンボ,シオヤアブなどが記載されてきた.これらの危険を無事にやり過ごし,処女飛翔を終えて,樹林などに定着した成虫の死亡率は低く,その後の死亡過程は晩死型を示すと考えられている(図2.5).

性成熟した成虫が鳥やカエル,ムシヒキアブ,カマキリ,クモなどに捕食されたという観察例は多い.また,水面や水中で産卵中の雌が魚に襲われた例も数多く報告されてきた.しかし,Van Buskirk (1987) はアカネ属の *Sympetrum rubicundulum* において,Michiels and Dhondt (1989a) はムツアカネにおいて,老齢個体でない限り,これまでに記録されてきた多くの捕食者は成虫の重要な死亡要因にならないと述べている.ノシメトンボの場合も,乾燥した水田において,稲の10 cmから20 cm上で連結打空産卵を行なうため(Watanabe et al., 2005),水に落ちて溺れることもなく,鳥の飛行高度よりも低いので,襲われる危険性は低い(Watanabe et al., 2004).

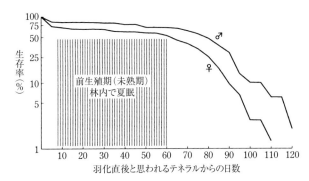

図 2.5 オオアオイトトンボの生存曲線（Cordero Rivera, 2006 より改変）．

　羽化直後の個体は体や翅が弱々しいので標識を施しにくく，調査・実験を行なう場合，標識技術の工夫がそれぞれの種について必要である．テネラルの個体を不注意に手でもつと，翅がくっついてしまい，正常に飛翔することができなくなってしまう．また，処女飛翔先が遠ければ遠いほど，同じ羽化場所に戻ってくる個体が少なくなるので，再捕獲率は低くなり，結果として，野外の成虫の前繁殖期の長さを正確に知ることはむずかしいと Corbet (1999) は述べている．そもそも処女飛翔先の局地的な気象条件が異なれば摂食量や体温への影響が異なり，結果として，同種であっても処女飛翔先が異なれば，前繁殖期の長さは変わってくるにちがいない．逆にいえば，処女飛翔の距離が比較的短い種であれば，どの個体も似たような気象条件の下で生活しているはずなので，前繁殖期の長さは一定になりやすくなる．これまでに，前繁殖期の期間は，アカネ属では 1-2 カ月の種が多く，均翅亜目では数日以内という種が多いことがわかってきた．ただし，ホソミオツネントンボのように成虫越冬する種では，夏に羽化して，未成熟のままで冬を越し，翌春，成熟して繁殖活動を行なうので，前繁殖期の長さは 6 カ月を優に超えている．三重県の谷戸水田で調べられたシオヤトンボでは，丘陵域で過ごす前繁殖期（＝未熟期）が約 10 日，水田域で過ごす繁殖期（＝成熟期）が約 20 日であったという（Watanabe and Higashi, 1989）．

2.2 卵と幼虫

(1) 卵の発生

　蜻蛉目の幼虫は原則として水中生活するので，それに対応した場所に適正に卵が産下されるように進化してきたとはいえ，多くの種の産下卵はある程度の耐乾性をもち，極端な温度変化にも耐性をもつ．また，産卵場所として捕食者から見つかりにくい場所が選ばれ，均翅亜目では植物組織内産卵が一般的である．一方，不均翅亜目のように，水中や泥の中に直接産下される場合，卵の周囲はゼリー状物質で覆われることが多く，水面近くの水草などに引っかかって水底まで落ちていかない仕組みをもつことも知られてきた．水深の深い水底は，水圧が高く，溶存酸素量は少なく，水温が低く，暗いので，幼虫の生存には適さないからである．また，水流に乗れば下流に流されてしまう．Corbet (1999) は，そのような悪条件にもかかわらずに生息できる種の記録は10種程度にすぎないとし，これらの種も，脱皮の際には水圧の低い浅い水域へ移動していると予測している．野外における卵期の死亡率はほとんど調べられていないが，イトトンボ科の *Pyrrhosoma nymphula* では25%を超えたという報告がある (Bennett and Mill, 1995)．なお，アオハダトンボの一種 *Calopteryx splendens* の卵は流れの速い川の水草に産下されているが，もし川の流れが遅いと，産下卵のまわりにラン藻が繁茂して卵は死んでしまうからであるという (Siva-Jothy *et al.*, 1995)．

　水中に産み落とされた直後の卵は，一般に白色をしているが，翌日には，褐色に変化するのが普通である．その後，卵黄分割が生じ，胚が認められるようになって，ヤゴのような形になっていく．休眠や越冬をしない場合，これらの卵の発育は水温に依存するので，卵期間は20℃なら長く，30℃なら短くなることが多くの種の飼育実験で確かめられ，この温度範囲が卵発生に最適と考えられている．なお，10℃以下と32℃以上では，ほとんどの種の卵発生は停止するという (Brooks, 2002)．

　水田に産下されたアカネ属の場合，秋の終わりまでに卵の中の胚がヤゴの形になっても孵化しなかったり，ヤゴの形になる前の段階で発育停止状態となったりして冬を越している．これらの卵は，春になると，いっせいに発生

を再開して孵化することになる．卵期間として半年を超える種も多い．このような卵発生経過は，卵休眠と考えられてきたが，休眠を打破する刺激が明確に特定された種は少なく，むしろ冬という季節（多くの場合は低水温であるが，乾燥と低気温の場合もある）が発育を停止させているらしいことがわかってきた．

春から秋まで，通常に産卵された場合，蜻蛉目の卵のほとんどは受精しているので，非生物的環境要因が適していれば，順調に発生して孵化することができる．逆にいえば，卵期間が長期化すれば極端に変動する気象条件と出会う確率が高くなり，卵期の死亡率は高まるといえよう．なお，植物組織内産卵を行なう均翅亜目の卵に対する卵寄生蜂は，ヒメコバチ科やホソハネコバチ科，タマゴバチ科などが記載されてきた（Corbet, 1999）．ミズダニ類や小魚たちも卵の天敵である．また，ヤドリバエ類やアリ類により捕食されたという記録もある．

（2）幼虫の発育

一般に，蜻蛉目の幼虫は水中生活をする捕食者である．幼虫（＝ヤゴ）の餌として，これまでに，水生昆虫やミジンコ，小エビ，イトミミズ，ユスリカの幼虫，ボウフラ，オタマジャクシ，小魚などという同所的に生息している水生動物のほとんどがあげられてきた．卵から孵化したばかりの幼虫は主としてワムシやミジンコなどを食べて成長し，大きくなるにしたがって，他の水生昆虫やオタマジャクシ，小魚などを襲って食べるようになる．しかし，幼虫が獰猛で，水中の王者（＝食物網の頂点）であるというわけではない．水生動物の一般則といえるサイズ依存性から逃れられないからである．すなわち，種にかかわらず，大きな水生動物は小さな水生動物を捕食できるので，孵化したばかりの小さな幼虫は，メダカをはじめとする小魚の格好の餌となり，大きくなった幼虫はメダカや大きな魚の稚魚をも餌とし，大きな魚は大きくなった幼虫を餌としている．ザリガニやカエルも幼虫の捕食者であり，浅い池や浅くなった水たまりへはさまざまな鳥類が飛来して幼虫を捕食することが多いという（井上・谷，1999）．さらに，異なる種の幼虫どうしの食い合いや，種内での共食いも起こっている．一般に，捕食者としての魚が生息している水域では，不活発な幼虫ほど生存確率が高いと Stoks and

Córdoba-Aguilar（2012）は指摘した．

　孵化が遅れたり平均よりも小さな個体として孵化したりした幼虫は捕食される危険性が高く，とくに，先に孵化していたり平均以上の大きさの同種他個体によって共食いされたりすることが多い．このような捕食の危険性を低める方法として，結果的に，孵化後の幼虫の発育速度を高めている種が知られるようになってきた．その極端な例がウスバキトンボで，Johansson and Suhling（2004）は，少しでも早く大きくなって生存確率を上昇させるために，この種の幼虫は共食いを利用している可能性があると指摘している．確かに，生息場所となる水域自体が狭いと，共食いによって個体群密度が低下すれば，幼虫1頭あたりの餌量は増加するので発育は早まるであろう．さらに，栄養価の視点で考えると，同種の幼虫を食うほうが摂取効率は高いかもしれない．ミジンコやユスリカの幼虫を餌とする場合，幼虫にとって都合のよい栄養分だけを選んで蓄積し，残りは排出しているはずだからである．したがって，共食い形質があれば，一時的にできた水たまりなどに産卵しても，短期間で成長し，干上がる前に羽化できる可能性が高くなるにちがいない．このような生活史は，熱帯雨林の樹冠部の幹や枝の窪み（あるいは樹洞）にできた一時的な水たまりを幼虫の生息場所としているイトトンボの仲間 *Megaloprepus caerulatus* でも知られてきた（Fincke, 2011）．この種の雌は，すべてが生息するには過剰な数の卵を1つの水たまりに産下し，最初に孵化した幼虫が残りのすべての孵化幼虫を共食いするという．

　水環境として，流水か止水かは幼虫の生活にとって重要な問題である．前者を生活場所とする種では，下流に流されずに一定の場所に留まるための適応として，流れの速さに対応した形態的特性や定位の仕方，習性が進化してきた．そもそも河床の地形は複雑な凹凸をもつのが普通なので，自然につくられた流れでは，流速も流量もつねに一定であることはない．ときとして大出水となったり渇水となったりする大変動も生じるので，幼虫が流水中のどこを生活場所に選択しているかは，蜻蛉目の生活史を理解するのに重要な項目となる．一方，流水と比べれば，止水の環境は，水の流れがないという点においてマイルドであり，安定した環境といえる．しかしその結果，流水中よりも生息している水生生物の種類は多くなり，同所的に生息する種の多様性は高く，蜻蛉目の幼虫が組み込まれることになる食う-食われるという食

物網も複雑に入り組んでいる．ただし，湖や池という止水は，普通，中央部がもっとも深くなっているため，幼虫の生息場所は浅い沿岸部に限られてしまう．水深が 1 m を超えると，ほとんどの種の幼虫は生息できないからである．したがって，湖や池がどんなに大きくても，その面積すべてが幼虫にとっての生息場所ではないので，「幼虫の生息場所」となりうる水域の広さは思いのほか狭い．もっとも，自然の湖や池であればあるほど，陸域との境界には植物が生い茂り，浅瀬には抽水植物や浮葉植物，そして水中植物が繁茂しているので，生物多様性の高い場所で幼虫が暮らしているという説明にまちがいはないといえる．

　われわれの身近にある流水や止水の質は，直接われわれの健康に害をおよぼさなくても，匂いや色，音，周囲の状況などによってわれわれの五感に影響を与えている．「春の小川のせせらぎ」と「薄汚れたコンクリートのビルの間をよどんで流れる川」とでは，前者が好まれないわけがない．現在，水質の評価基準は大きく 4 段階に分けられ，BOD や COD などとともに指標生物を調べて総合的に判断するようになってきている．これまでに，カゲロウ類やカワゲラ類，トビケラ類，ハナアブ類，ゴカイ類などの 30 種程度の水生動物が水質汚濁の指標生物として指定されてきたが，その中に蜻蛉目は含まれていない．もちろん，第 4 段階のもっとも汚れた水をあえて選んで棲んでいる種はいないが，他の 3 段階の水質に生息する種は，それぞれの水質と比較的よい対応関係にあることが示されている（図 2.6）．したがって，蜻蛉目を水界の生物指標の 1 つにすべきという議論には一理あるが，成虫時代の飛翔習性を考慮すると，水環境だけでなく，周囲の陸域の環境を含めた複合生態系，あるいは景観の生物指標にすべきと考えられるようになってきた（第 7 章参照）．これまでに指定されている水質汚濁の指標生物と比べて，蜻蛉目成虫の生活空間は明らかに広く，複雑だからである．

（3）化性

　わが国のような温帯域に生息する昆虫類では，冬の寒さを乗り切るために進化させてきたさまざまな生活様式が認められる．卵期や蛹期での越冬は，たいてい，しっかりした休眠が行なわれ，光周期や温度によらねば打破されない．一方，幼虫や成虫で越冬する蜻蛉目の種は，活動が不活発になるだけ

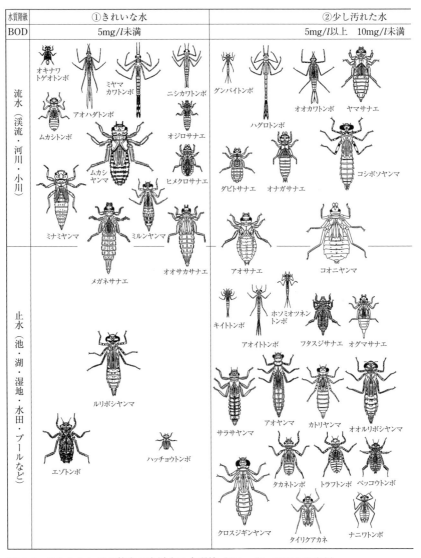

図 2.6 おもなトンボの幼虫が生活する水環境（井上・谷, 1999 より改変）.

	③汚れた水	④大変汚れた水
	10mg/l以上　20mg/l未満	20mg/l以上

ホンサナエ
オニヤンマ
コヤマトンボ
ウチワヤンマ
ギンヤンマ
カオジロトンボ
ネキトンボ

ヒヌマイトトンボ

アジアイトトンボ
アオモンイトトンボ
セスジイトトンボ
クロイトトンボ
モノサシトンボ
ネアカヨシヤンマ
ヤブヤンマ

マルタンヤンマ
オオヤマトンボ
ハラビロトンボ
シオヤトンボ
シオカラトンボ
オオシオカラトンボ

ヨツボシトンボ
ショウジョウトンボ
コフキトンボ
アキアカネ
ナツアカネ

ノシメトンボ
コシアキトンボ
チョウトンボ
ウスバキトンボ

の場合も多く，ホソミオツネントンボの成虫は，冬の雑木林の日だまりにおいて，天気がよければ飛翔活動を行なっているという．しかし，冬季に成虫の餌が豊富に存在するとはいいがたく，大多数の種は，そもそも活動が不活発で長期間の飢えに耐えられる卵や幼虫の発育段階で越冬している．

　1個体にとって，自己の子孫を最大限に増やそうとするなら，成虫になったとき，雌なら蔵卵数を増加させて産下卵数を増やすことが，雄ならライバルの雄との競争に勝ち抜くことが結果的な目標とならねばならない．そのためには，体を大きくするのが出発点となり，幼虫期における摂食量の多少は重要な要因となっている．したがって，摂食に専念できる幼虫期間を長くできれば大型の成虫になることができるので，幼虫たちは，餌を豊富に得られる期間を目いっぱい使いながら，羽化のタイミングを計っているといえよう．肉食動物である蜻蛉目の幼虫の場合，餌とする小型の水生動物の量の変化も水温に依存しがちなので，同種であっても，春から秋までの期間の長い南日本では大型化し，期間の短い北日本では小型化することになる．

　餌が豊富で，幼虫の成育できる期間が長いとき，1年1世代を守って大きな成虫となるよりは，その途中でもう1回繁殖したほうが，自己の子孫を増やす確率は高くなる場合がある．均翅亜目イトトンボ科のように，成虫の体が本来小さい種は幼虫期の成長に比較的時間がかからないので，1年に2世代以上の種が多い．もっとも，春に羽化した第1化成虫よりも夏に羽化した第2化成虫のほうが，幼虫期間が短いという理由で体は小さくなってしまうのが一般的ではある（Tajima and Watanabe, 2014）．一方，北方に行くほど幼虫の成育できる期間は短くなるので，逆に，幼虫期間を2年以上かけて充分な大きさになってから羽化する種が多くなっている．

　同じ種の中に見られる化性や体の大きさの地理的変異も，緯度に沿って生じる有効温度の地理的勾配と関係している．Corbet（1999）は，18科240種の化性をまとめ，年1化性の種から数年の幼虫期を必要とする種まで，幼虫期の長さと発育状況が1世代の長さに影響を与えていることを明らかにした．アメリカのカワトンボ科の一種 *Calopteryx maculata* は低緯度地方で年1化性であるものの，北へ向かうと小型化するが，さらに緯度が高くなると逆に大型化するのは，光周期と気温（＝水温）により幼虫期が2年かかるようになったためであるという（Hassall, 2013）．すなわち，幼虫期の温度環

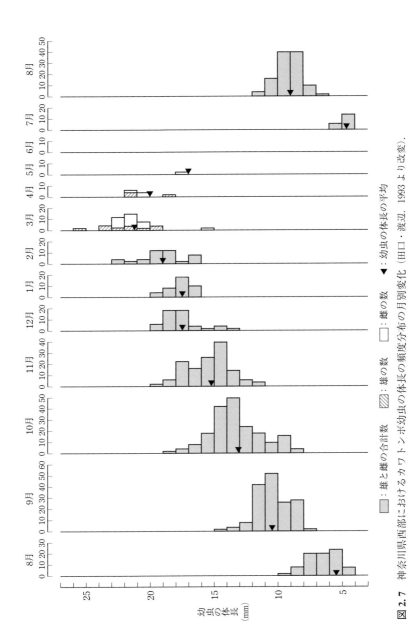

図 2.7 神奈川県西部におけるカワトンボ幼虫の体長の頻度分布の月別変化 (田口・渡辺, 1993 より改変).

■: 雄と雌の合計数　◨: 雄の数　☐: 雌の数　▼: 幼虫の体長の平均

境などによって幼虫期の長さには可塑性があり，その結果として，同一種でも，化性の地理的変異が存在するのである．同様の傾向は日本産のカワトンボでも明らかにされた．

　かつて，カワトンボは原則として1世代に2年，生息地によっては3年を要するとされていた．しかし神奈川県西部の丘陵地帯を流れる小川では，1世代を1年で経過することが明らかにされている（田口・渡辺，1993）．そこでは，産卵季節の初夏を過ぎたころ，調査場所の小川で発見された幼虫のほとんどが孵化幼虫となり，その後，個体数は減少しながらも，個々の幼虫は大きくなり，翌年の羽化期を迎えている（図2.7）．12月と1月に幼虫の成長は停滞するが，休眠は行なわない．4月の幼虫の体長が減少した理由は，体の大きな個体から順次羽化していくので，4月の結果は飛翔季節の後半に羽化する予定の幼虫（=小型の成虫となる）が採集されたためといえる．一方，分布の北限といわれる北海道では，成長のための年間の有効積算温量はかなり少なくなるので，本種の幼虫に休眠性がなくとも，神奈川県西部の個体群とほぼ同等の大きさの体に成長するためには，餌条件が同等であるなら，少なくとも1世代に2年以上の期間が必要と推定されている．

2.3　成虫の振る舞い

（1）飛翔

　羽化した成虫は，それまでの水中生活者から一転して空中生活者となる．幼虫期と比べれば，生活空間ははるかに大きい．これまで，蜻蛉目の成虫はある程度の制約はあるものの「自由に」空を飛び，「自由に」移動していると考えられてきた．しかし近年，成虫の生理学や生態学がくわしく研究されるようになって，成虫は，従来考えられていたような「自由生活者」ではなく，特定の景観と密接に結びついて生活していることが明らかになっている．

　蛹から羽化し，翅が展開するとただちに繁殖活動を行なえる蝶類との大きな違いは，蜻蛉目の成虫期には前繁殖期（未熟期）が存在することである．蝶類の場合，雄は羽化後1日ぐらいは飛び回らないと求愛活動をできないが，雌は羽化して翅が展開するころには交尾を行なうことができ，その翌日には

産卵を開始してしまう．雌雄ともに，幼虫時代に摂取した栄養を脂肪体として腹部にため込んで羽化してくるので，日齢の若い個体の腹部は比較的膨れているのが普通である．その後，多くの蝶類の成虫は花の蜜しか摂取しないので，羽化時にもっていた脂肪体の量が成虫の寿命や産下卵数を左右しているといえよう．ところが蜻蛉目の場合，羽化後，雌雄ともに，体内に脂肪体がほとんど見られず，腹部は細い．雌の卵巣はまったく発達しておらず，蜻蛉目の成虫は，羽化後，ただちに摂食を開始して栄養を取り入れねばならないのである．羽化直後の成虫は，おしなべて飢餓状態にあると Stoks and Córdoba-Aguilar（2012）は指摘した．処女飛翔の開始ごろから，すでに成虫の摂食行動は始まっている．

　成虫の飛翔習性の観察から，蜻蛉目は伝統的に「percher」と「flyer」に分けられてきた（Corbet, 1999）．日中の活動時間帯で，前者は草の先端などで静止していることの多い種，後者はつねに活発な飛翔活動を行なっている種を指している．この分類方法は，主として前後の翅の形態学的差異を基準とした系統と対応していると考えられてきた．すなわち，均翅亜目は前後の翅の形が似ているため，同じような大きさと形の団扇を4枚打ち振るようなものといえる．その結果，比較的単純な羽ばたき飛翔しかできず，長時間飛翔はむずかしい．一方，不均翅亜目の場合，漢字のとおり，前後の翅の形が異なっているので，均翅亜目と同様に翅を上下に打ち振ったとしても，それによってつくりだされる気流ははるかに複雑になり，均翅亜目よりも飛行姿勢や飛行速度，飛行経路は細かく制御でき，滑空飛翔したり，空中で停止飛翔できるばかりか，種によっては宙返りさえ可能であるという．

　成虫の飛翔習性は，外部形態の空力学特性からも明らかにされてきた（東，1986）．飛行のための翅は，進行方向に対して後ろ向きに働く抗力より，直上に働く揚力がはるかに大きくなるような形をもちながら動かねばならない．これには翅の幅と翅の長さが関係し，アスペクト比という翅の性能の目安となる指数で評価することができる（一般的には，翼幅の2乗/翼面積で表わす）．この比が大きければ翅の形態の特性が飛翔特性に対応する傾向が強くなるという．蜻蛉目の翅のアスペクト比は大きいので，翅の外観の特徴から想定された飛翔特性と実際の飛翔様式はかなり一致している．ただし，翅以外の付属物である頭部や胸部，腹部の形態や質量が翅の抗力に追加されるの

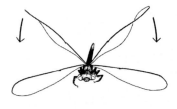 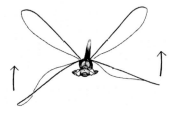

図 2.8 均翅亜目の成虫が飛翔中の翅の動き．
どの翅も 8 の字にひねりながら動かしている．左：後翅を振り下ろすとき，右：前翅を振り上げるとき (Brooks, 2002 より改変)．

で，計算上のアスペクト比が大きくても揚力は低下せざるをえない．しかも，体が小さいほど空気の粘性が効いてくるので，摩擦抵抗は増加する．したがって，これらに対抗するためには羽ばたきを強めねばならず，その際には幅の小さな翅（≒アスペクト比が小さい）が有利となり，均翅亜目はヘリコプターのように翅を振り回すことが適応的といえる（図2.8）．一方，体を大きくして空気の粘性の影響を低下させた不均翅亜目は，翼面荷重が上昇したので，それを補うだけの強力な羽ばたきを行なわねばならない．結果的に，失速しないための飛行速度は大きくなってしまった（図2.9）．いいかえれば，不均翅亜目は flyer にならざるをえなかったといえる．

不均翅亜目の flyer は，オニヤンマなどのように，休まずに飛翔し続け，飛んでいる小昆虫を飛翔しながら襲って摂食している．これまでに，カやアブ，ハエなどとともにハチや小型の鞘翅目などが記載されてきた．このような採餌行動が成虫の生活にとって重要であることがわかっていても，flyer の示す活発な飛翔活動のため，特定個体を連続して追跡することはむずかしく，採餌頻度や個々の餌昆虫を定量的に調べることは困難である．

Percher の採餌行動は「待ち伏せ型」であり，静止場所近くを飛翔して通過しようとする小昆虫に飛びかかって捕食することが多い．均翅亜目の場合，6本の脚の脛節をほぼ直角に曲げ，L字型に前へ突き出して虫籠のような形をつくり，その中に小昆虫を絡め取ってから摂食している．一方，不均翅亜目では，静止場所からの唐突な離陸と突進で直接餌昆虫に嚙みつくことが多い．採餌頻度は日周変化し，性別や生活場所の温度環境などにより異なることが明らかになってきた．

2.3 成虫の振る舞い　47

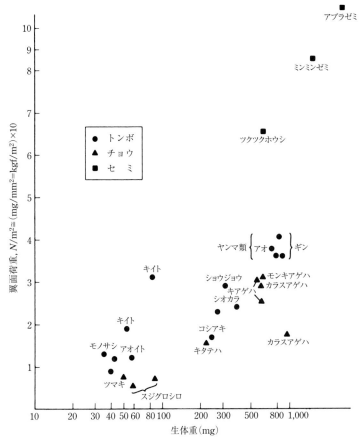

図 2.9　翼面荷重と生体重の関係.
縦軸の目盛りの間隔に注意（東，1986 を改変）.

　林内のギャップにおいて採餌するノシメトンボの飛翔を観察した岩崎ら（2009）は，目的によって，飛翔を移動と干渉，採餌の 3 種類に分けている．移動とは，ギャップ内における静止場所の変更である．干渉飛翔とは，同種他個体や，他種の蜻蛉目昆虫，蝶類，蜂類などが静止場所へ向かって飛来し，それに対して退避したり対峙したりした飛翔である．干渉相手が同種の個体であっても，複雑な相互干渉飛翔はめったに行なわなかったという．ただし，ギャップ内に限った飛翔では，原則として，どのような飛翔でも 5 秒以内で

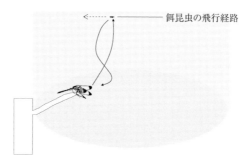

図 2.10 林内ギャップで静止しているノシメトンボの採餌飛翔の経路.

終わっている．もっとも，再び静止した直後の個体の大あごの動きから捕獲成功の有無を判断しているので，捕獲した餌昆虫が小さすぎて，帰途の飛翔中に食べ終わってしまったときには，捕獲成功と判断できなかった場合のあることは否定できない．ノシメトンボの採餌飛翔の経路は，静止場所の上空を通過しようとする小昆虫に向かってほぼ一直線に飛翔し，捕獲成功の有無にかかわらず空中で反転し，もとの静止場所に戻ってくるという8の字型である（図2.10）．

Percherであるアオハダトンボの終日観察によると（渡辺ら，1998），夜間，川の周囲の草の上で休息して（寝て）いた雄は，夜明けとともに活動を開始し，日の出から午前7時ごろまでは小昆虫の摂食を目的として静止場所から舞い上がってはすぐに戻ってしまう短い飛翔が多かったという．雄のこのような小飛翔は午前8時を過ぎると少なくなり，以後は，川の水面すれすれをすばやく飛ぶ「なわばり確保」のための巡回飛翔が主体となっていく．そのピークは正午前後となり，繁殖行動（連結と交尾，産卵の時間あたり頻度）の日変化と対応している．午後になると，このような「なわばり行動」に起因する活発な飛翔は減少し，午後3時を過ぎるころにはほとんど見られなくなったという．これに代わって，午後4時を過ぎたころから穏やかでゆっくりとした飛翔が多くなり，これらはねぐらを探す行動と考えられている（図2.11）．Watanabe *et al.* (1987) は同様の飛翔行動の日周パターンをなわばり性をもつアマゴイルリトンボで明らかにした．

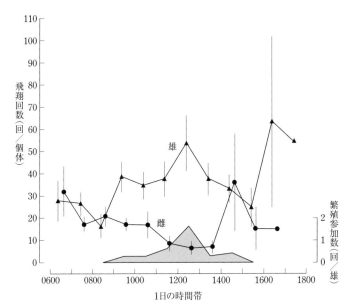

図 2.11 アオハダトンボの時間あたり飛翔回数と繁殖行動の頻度の日変化(渡辺ら,1998 より改変).

極端な percher の例としてヒヌマイトトンボがあげられる.Watanabe and Mimura (2004) によると,未成熟期の成虫も成熟期の成虫も,静止場所は水面(あるいは地表)から約 20 cm の高さで,活動がピークとなる日中でも,静止場所の移動は 20 回/時間に満たず,1 回の移動距離は 20-30 cm で,飛翔時間は 1 秒も続かないという.採餌飛翔や雌雄間の干渉などによる飛翔も認められたものの,合計で,1 時間あたり多くても 50 回程度しか飛翔せず,この種は「つねに静止している種」と見なされたのである.

(2) 渡り

幼虫期の生息場所が大きな湖や池,川など安定した水域であればあるほど,雌にとって,どこに産卵場所が存在するかという予測可能性は高いといえ,処女飛翔先で繁殖期に入った成虫は再びもとの水域に戻ってくることが多い.結果的に,このような種は処女飛翔先と水域の 2 カ所を利用して定住している種といえる.逆にいえば,不定期に生じる一時的な水たまりや,しばしば

干上がってしまう池や沼を幼虫期の生息場所としている種は，産卵場所がどこに出現するかという予測可能性は低いので，広範囲を飛び回って新しくできた水域を探さねばならない．このように変化する水域は主として熱帯の雨季と乾季をもつ地方で多く生じており，そこを生活場所とする種は，乾季にはるか彼方へ移動し，雨季に戻ってくるという移動を繰り返している．この移動を季節移動と呼ぶ．たいていの場合，雨季の終わりごろに羽化した成虫が乾季を前に移動していくので，温帯における処女飛翔先と羽化場所の水域という関係と本質的には変わらない．ただし，その移動を行なうためには強力な飛翔能力が必要なので，季節移動を行なう種は flyer の形質をもつ不均翅亜目に限られている．とくに，ヤンマ科とトンボ科のいくつかの種についてはさらに長距離を飛行し，結果的に「渡り」を行なうことが知られてきた（Brooks, 2002）．

渡りをする種は前翅よりも後翅の大きいことが特徴である．それを用いて，成虫は羽ばたきながらの飛翔は行なわず，上昇気流を利用して高空まで舞い上がって滑空飛行を行ない，エネルギー消費の削減に努めていることが明らかにされてきた．移動の際に温暖前線や寒冷前線を利用する種も多く，結果的に，群れとなって数千 km も無着陸で渡り，ウスバキトンボのように，しばしば大洋を航行中の船を休息場所として着陸し，乗組員を驚かすことがあるという．なお，温帯域を生息中心とする渡りをする種は，主として寒冷前線を利用するといわれている．

渡りの群れを構成する個体は，繁殖期の個体だけ，前繁殖期の個体だけ，両者の混合と，種により，場所により，季節により変化しているが，いずれの種でも，ほとんどの渡りは一方通行であるという．たとえば，ヤンマ科の *Hemianax ephippiger* は，シロッコ（サハラ砂漠から地中海北部へと吹いてくる高温の季節風）を利用して処女飛翔を行ない，その飛行がそのまま渡りになって，アフリカからヨーロッパへ到達している（Brooks, 2002）．ただし，この群れはヨーロッパの寒い冬を越せずに死に絶えてしまう．類似例は，わが国に南方から渡ってくるウスバキトンボで知られている．夏季の日本において，この種の幼虫期は1カ月ほどしかなく，春に南日本にやってきた成虫は，産卵し，世代を繰り返しながら北上し，秋には，稚内からカムチャツカまで達するという（井上・谷，1999）．しかし，成虫も幼虫も耐寒性が弱

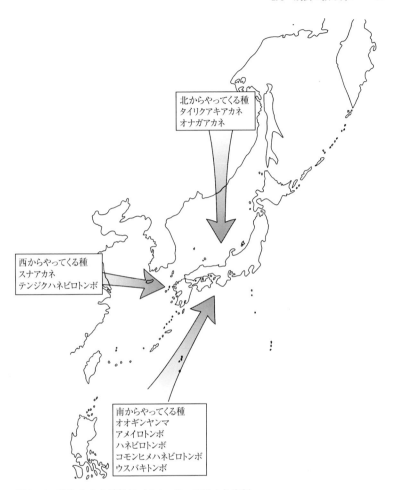

図 2.12 渡りをする蜻蛉目（井上・谷, 1999 より改変）.

く，さまざまな水域に産下された卵や幼虫は冬の寒さで全滅し，翌春，再び渡ってきた成虫が，世代を繰り返しながら北上する，という繰り返しを行なっている．

近年，熱帯からの北上（南半球では南下）だけではなく，温帯を発生中心とする種による熱帯への渡りも知られるようになってきた．これらの渡りは，本来の生息場所が寒さなどで不都合になったり，体内寄生虫の罹患率が上昇

した場合に生じるといわれているが，詳細は不明である．ただし，このような渡りを構成する個体は，すべて繁殖期に入った個体であることは興味深い．
　わが国に渡ってくる種は，ウスバキトンボなど熱帯起源の5種に加えて，中国大陸やシベリアからの種も知られてきた（図2.12）．近年では，さらに南方から飛来した種が記録されるようになり，定着が確認されたり消滅したりを繰り返す種も存在する．しかしこれらの種が，真の渡りを行なう種なのか，本来の飛翔範囲や飛翔季節が少しずれてわが国までやってこられるようになった種なのか，たまたま気象要因によってわが国まで連れてこられてしまった種なのか，まったくわかっていない．

2.4 雄と雌

（1）出会いから交尾へ

　蜻蛉目の場合，どの種でも羽化成虫は多少とも前繁殖期を経ねばならない．羽化直後の雌は性的に未熟なので，雄の求愛を受け入れることはないが，そもそも，交尾を受け入れる体色になっていない．したがって，前繁殖期の雌は，雄にとって「雌」と認識されないことが多く，雄による干渉なしに，雌雄が同所的に生活していることが多い．
　種特異的な体色に変化し繁殖期（＝性的に成熟）に入った成虫は，処女飛翔先を摂食場所や休息場所，寝場所などに利用して，産卵場所である水域と往復するようになる．また，移動した水域に留まって繁殖活動を行なっている種もある．繁殖システムとしては，なわばり制，乱婚制，擬似レック制などが知られてきた．これらの繁殖活動は，水域の産卵場所や水域の近傍，樹林内で行なわれ，種によって異なっている．なお，同一の種内でも，個体によって異なる繁殖習性を示すことができる可塑性の高い種も存在することがわかってきた．いずれの場所でも，出会いから交尾・産卵に至るまでの雌雄の振る舞いは，視覚刺激から始まっている（図2.13）．ただし，雄が明確な求愛ディスプレイを示して，雌に交尾受け入れの許諾を得るような振る舞いを示す種は少なく，雄による一方的な連結試行が多いという（Corbet, 1999）．
　水田におけるミヤマアカネの場合，成熟した雄は，稲の葉から飛び立って，

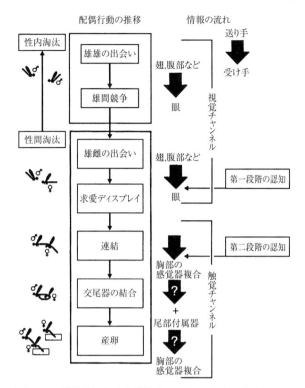

図 2.13 蜻蛉目における配偶システムの基本成分 (Corbet, 1999 より改変).

翅をひらひら羽ばたきながらゆっくり上下に稲の葉先を縫うように飛び，再び稲の葉上に静止するという飛翔を繰り返している（図 2.14）．水田は稲の成長が斉一であるため，その先端の上面は水平な植生景観をつくっている．その葉先よりやや下部に雌は静止しているので，雄は稲先よりわずかに飛び上がって視界を確保し，この間に成熟した雌を探しているらしい．発見した雌には必ず接近し，たいてい，連結・交尾に至る．探雌飛翔中の雄に発見された雌が交尾を拒否する場合，「逃避」「腹部上げの姿勢」「把握の振りほどき」「植生への潜り込み」など多くの振る舞いが観察されている（田口・渡辺，1985）．蜻蛉目の配偶行動の際，雌が連結や交尾を拒否したりすることは多くの種で知られ，均翅亜目の雌は，交尾拒否を示すとき，雄と向かい合

図 2.14 谷戸水田におけるミヤマアカネの雄の探雌飛翔（田口・渡辺，1985 より改変）．

う対峙飛翔を行なうことが多い．それでも，後頭部を把握されてしまった雌は，腹部を激しく動かし，もがいて連結を振りほどく振る舞いもしばしば観察されている（Corbet, 1999）．

　成虫の振る舞いで他の昆虫ともっとも際だって異なるのが交尾姿勢である．普通の昆虫では生殖器と交尾器が連続し，腹端に開口部が位置しているので，交尾は腹端どうしの接続となり，雌雄は正反対の方向に向かざるをえない．雌雄が同じ方向に向くなら，雄が雌の上に乗って，ペニスを下へ，次いで前へと，かなり長く伸ばす必要がある．しかし蜻蛉目の場合，交尾する雌雄は必ず輪の形になり，カワトンボの仲間ではきれいなハート型を示す．雌の生殖器と交尾器はひとかたまりの器官となっているのに対し，雄では，生殖器と交尾器が分離しているからである．

　交尾中，雌の腹部先端は雄の腹部腹面の胸部寄りにある副交尾器と接触し，そこからペニスが雌の交尾器に挿入される．ペニスは，均翅亜目では腹部第2節に，不均翅亜目では腹部第3節に位置している．したがって，雄は，交尾前に，腹部末端の生殖器から精子を取り出し，副生殖器に移動させておかねばならない．これを移精という．移精は連結直後の雄で観察されるが，探雌飛翔中に，静止して行なう種も知られている．雄にとって，雌の発見から求愛・交尾に至る振る舞いの中にこのような複雑な手順をさらに加えねばならないことは，その負担を補えるだけの利益を得られるからと考えられてきた．すなわち，雄の腹部末端に雌を把握する器官を発達させ，雌をしっかり

と確保して，ライバルの雄から守るのである．雌が把握される位置は，均翅亜目では前胸背面，不均翅亜目では頭部背面である．

　雌雄が連結態を形成するとただちに交尾に至る種もあるが，しばらくそのままの態勢で静止し，その後飛翔して移動した後に交尾を始める種が多い．雄は1日のうちに何回も交尾できるので，もしある雄が他の雄よりも早い時刻に探雌飛翔を開始して他の雄よりも多くの雌を獲得できたとしたら，探雌飛翔型の種の雄の活動時刻は早まる傾向をもつにちがいない．たとえば，アキアカネは午前6時より水田において探雌飛翔を開始していた（田口・渡辺，1986）．刈り取り後の水田というアキアカネにとっての広大な産卵場所において，多数の雄が寝場所から飛来する雌を待つための適応的な振る舞いなのである．一方，産卵場所になわばりを形成して雌の飛来を待つ種では，ライバルとの闘争行動という負担と雌の飛来時刻とのバランスで雄のなわばり活動の開始時刻が決まってくる．

　交尾時間は種による変異が大きい．また，交尾活性に日周性をもつ種も知られている．ノシメトンボの場合，雌雄は，朝，林縁部で交尾・連結して，連結態のまま水田へ飛来する．ナツアカネが周囲の雑木林より水田へ飛来し始めるのも朝9時ごろからである．アオモンイトトンボは日の出から正午ごろまでが交尾時間帯であった（Takahashi and Watanabe, 2009）．

（2）産卵場所

　ほとんどの昆虫類と同様に，蜻蛉目の雌は卵を産みっぱなしで，産卵後，卵や幼虫の世話は行なわない．したがって，卵の生存と孵化幼虫の成長に好適な条件の場所を予測して卵を産下することは，自己の子孫の生残にとって重要な問題となる．雌の産卵場所選択には強い選択圧がかかり，最適な場所を選ぶ行動が進化してきたにちがいない．長い進化の結果，雌の産卵場所選択の方法はたいへん巧妙で適応的になってきたといえる．

　蜻蛉目の幼虫は「移動力の弱い水生昆虫」として生活するので，獲得できる餌の質・量の変動や天敵の捕食圧はもちろん，季節による水域の干上がりや，植物の成長・枯死などによる土砂の流入など，多くの危険を積極的に避けることができない．卵や幼虫が乾燥に曝されれば死を意味し，結果的に，雌は広く深い池や河川などの流水を産卵場所として選択しているといわれて

きた（Fincke, 1992；Schenk *et al*., 2004）．そのような場所では，幼虫の成育に充分な食物があり，捕食者からの攻撃を回避しやすく，同種や異種間の競争は起こりづらい．しかし，そのような場所であっても，蜻蛉目の卵から成虫になるまでの死亡率は高いのが普通である（Michiels and Dhondt, 1990）．したがって，現在，われわれの目の前に存在しているすべての種は，結果的に，雌がなんらかの産卵場所選択を行ない，幼虫期の生存確率を上昇させてきた種といえよう．現実問題として，雌は，将来，子孫が成育する場所における捕食者の密度や餌の供給量などを事前に評価することはできないので，産下卵や幼虫にとっての好適な非生物的環境，たとえば乾燥に曝されやすいかどうかなどの質のみを評価して産卵場所を選択せざるをえないのである．

　雌は，まず，ある程度の高さから産卵場所としての水表面の探索を始めるのが普通である．多くの昆虫類と同様に，蜻蛉目の成虫の眼は偏光を利用できるので，水面の反射光から水環境の存在を判定しているらしい．次いで，水面の形や大きさと，流水か止水の情報である．前者の場合，水面から反射した偏光はほぼ直線に見え，流れが速いほどしっかりした直線に見えているはずである．後者の場合，面積が広ければ，一般に，幼虫の発育には不適な冷たい水で底の深い湖といえ，産卵場所は沿岸部に限られてしまうだろう．さらに水域に近づけば，周囲の植物群落や被陰の程度，抽水植物の量，浮葉植物の有無などが判断基準となるにちがいない．最後の認識は，産卵基質の選択となる．一般には，視覚と触覚によって確認されることが多いが，化学刺激を利用する種もあるという（Brooks, 2002）．なお，アカネ属のノシメトンボやコノシメトンボ，ナツアカネは，秋季の水のない水田に卵を放出することができ，その要因として，稲の蒸散作用で直上に生じる水蒸気圧の極端な勾配を偏光で認識していることが明らかにされてきた（Watanabe and Kato, 2012）．また，オオアオイトトンボは，開放水面の上にオーバーハングしている樹木の枝に産卵し，孵化した幼虫は水面へ落下して水中で生活することが知られている（図 2.15）．

　しばしば，蜻蛉目の雌は，車のボンネットのような人工物の表面に誤って産卵したことが報告されているが，普通，雌は乾燥した基質の表面へと産卵することはない（Horvath *et al*., 2007）．成虫が止水の表面で反射された偏光という視覚的な手がかりを利用して産卵場所を認識し，偏光を起こす水面へ

図 2.15　開放水面の上に伸びたミズナラの枝で産卵するオオアオイトトンボの連結態.

と向かう走偏光性という機能が，晴天の日に光り輝く鉄板の上にアキアカネの雌を引き寄せ，産下させてしまったと考えられている（小形，2000）．トンボ科の Libellula depressa の雄は，暗緑色の乗用車を水面とまちがえてなわばりを形成し，アンテナを止まり木に利用していたという（Wildermuth and Horvath, 2005）．武藤（1981）によると，ウスバキトンボが乗用車の光沢のある屋根において産卵行動を行なったのは，産卵場所である水面から反射した水平偏光と似た反射が車両の屋根で起きたためであった．これらの観察結果から，水の表面から反射された水平偏光を用いて水を認識している雌成虫は，同じような偏光特性を備えた表面から反射されてくる偏光を水面と誤って認識してしまう可能性が考えられる．しかし，この誤った認識を利用して生活している種の存在することが明らかにされてきた（Watanabe and Kato, 2012）．日本のアカネ属において，飛翔しながら卵を放出する種は，産卵季節には乾燥している水田の上を飛び回り，連結態で卵を放出するのである（Watanabe and Taguchi, 1988）．結果的に，放出された卵は翌春の水入れによって孵化しており，雌は，産卵時に乾いている乾田が，将来，卵や

幼虫にとって好適な環境になることを予測しているかのような行動といえる．

（3）産卵習性

Corbet（1999）は，蜻蛉目が示すさまざまな産卵行動を機能や行動の違いによってまとめ，多くの種では，水面や泥，水草に雌の腹部末端を直接触れて産卵すると指摘した．実際，すべての均翅亜目と一部の不均翅亜目は植物組織内産卵を行なっている．対象となる植物は，水中や水表面の葉や茎，朽ち木ばかりではない．水面より上に出ている抽水植物の葉や茎も対象となり，水の上数 m に張り出している木本の枝に産卵する種（オオアオイトトンボなど）も知られている（図 2.15）．一方，水中の水草などに潜水産卵する種も多い．いずれの場合も産卵基質は局在する傾向があるため，好適な産卵場所に多くの個体が集まってたがいに干渉せずに産卵している．たとえば，アマゴイルリトンボの産卵場所は岸のすぐそばで，いい方を変えれば，林縁部とも見なせる場所である．そこへ連結態としてやってきた雌雄は，連結のまま植物組織内産卵を行なう．水面ぎりぎりのところに横たわる草の茎や腐りかけた枝などが産卵基質であるという（Watanabe *et al.*, 1987）．

植物組織内産卵を行なう雌は，産卵管を植物組織内に挿入して 1 卵産んでは抜き出し，再び挿入しては 1 卵産むという動作を繰り返すので，産卵速度は遅く，1 分あたり 1-18 卵にすぎない（Brooks, 2002）．これを数分繰り返すと別の産卵基質へと移動するので，雌は当日にもっている成熟卵を，1 つの産卵基質にすべて産みつけているわけではないといわれている．したがって，雌の産卵間隔は短くなる傾向が強く，イトトンボ科の *Ischnura graellsii* では，ほぼ毎日産卵していると Cordero Rivera（1994）は報告した．一方，Fincke（1986）は，同じくイトトンボ科の *Enallagma hageni* の雌は潜水産卵するので，結果的に日あたり死亡率は高くなるが，産卵間隔は 5.2 日と長かったと報告している．

ギンヤンマのような植物組織内産卵を除くと，多くの不均翅亜目の雌は，打水産卵や打泥産卵といわれるように，水へ向かって卵を散布している．雌の腹部先端の形態にもよるが，均翅亜目と比べると，一度に多くの卵を放出することができるので，1 分あたり 100-1500 卵という記録がある．卵放出時には，雌は水面に着水することはなく，飛翔しながら，腹部末端で水を叩

図 2.16 水田の稲の直上で連結打空産卵するノシメトンボの雌雄.

くような振る舞いを示す種が多い．このような種の産卵場所は局在せず，広範囲に拡がっているため，産卵個体は分散しがちで，そのため相対的な密度は低くなる傾向がある．

　アカネ属の産卵方法は，アキアカネが示すような連結打泥産卵か，マユタテアカネやヒメアカネが示すような打水産卵が多い．これらの産卵方法は，読んで字のごとく，泥水の中へか，開放水面の中へ，雌が腹部末端を挿入，あるいは触れることで行なわれている．しかし，アカネ属の特徴は，ノシメトンボやナツアカネ，コノシメトンボに代表される連結打空産卵を行なう種の存在である（図2.16）．すなわち，これらの種は，雌雄が連結して稲の穂先の上を飛翔しながら，雌が稲の上空から卵をばらまくという方法なのである．このような産卵方法に適応して，卵は球形で，ピンポン球のように弾み，その結果として，稲の根元へと落ちていく．しかし，この産卵方法は，子孫の生残という観点において，自然界では危険である．

　打泥産卵や打水産卵という産卵方法は，ある程度確実な子孫の残し方である．意地悪な人間や通り雨によってつくられた泥水や水たまりを除けば，これらの水環境は，卵の孵化と幼虫の生活を保証してくれるにちがいない．し

かし，打空産卵の場合，卵や幼虫の生存にとって不確定要素が多すぎる．まず，雌雄から見て，稲で覆われている下の地表面に，水や湿地，泥水があるかどうかわからない．普通，この時期の水田は水が落とされ，乾田化されているので，土壌は硬く，水はないので，産み落とされた卵が，弾みながら地上部に達したとしても，そこは，陸地にすぎないのである．しかし，その結果，卵は水田全体にまんべんなく散布されることになり，翌春の孵化時，幼虫が集中分布して極端な高密度地区の出現する危険性は低い．したがって，人間による水田耕作が，毎年，安定して継続されている限り，打空産卵する種は適応的なのである．逆にいえば，休耕田として水田の水張りを中止したり，作付け品種を変更して水管理の方法や季節を変えたりした場合，打空産卵を行なう種は生きていけなくなってしまうのである．

不均翅亜目の産卵期間は平均 11 日，最長 40 日程度で，この期間中に雌は数日おきに産卵を行なうといわれてきた．産卵間隔はトンボ科の *Plathemis lydia* で 2.2 日（Koenig and Albano, 1987），ムツアカネでは 4.7 日（Michiels and Dhondt, 1991）であったという．産卵時間帯は午前中で，この間に産卵場所を訪れない雌は林内や草地でもっぱら採餌を行ない，主として小型の飛翔性昆虫を餌としている（Corbet, 1999）．九州の針葉樹林内で生活しているアキアカネは雌過多であり，雌は終日採餌活動を行なっていたという（東, 1973）．水辺の近くの林内や草地を採餌場所とする種では雌過多の個体群であることがムツアカネ（Michiels and Dhondt, 1989b）やエゾトンボ科の *Somatochlora hineana*（Foster and Soluk, 2006）でも報告されている．

産卵中の雌と雄の関係は，周囲にまったく雄がいないところで単独で産卵する種と，交尾した雄が近くに留まりなんらかの警護を受けながら産卵する種，雄と連結して産卵する種に大別できるが，系統関係との関係は認められない．むしろ産卵場所一帯に出現している同種他個体（とくに単独で活動中の雄）の数（したがって，産卵中の連結態が干渉を受ける強さ）や交尾中に行なわれる精子置換の度合いによって，産卵習性は決定されてきたようである．

2.5 寿命

（1）雄性先熟

　蝶類のような昆虫の雌では，羽化直後は簡単に雄の求愛を受け入れても，いったん交尾すると，体内の状況や雄の求愛のしつこさなどが充分に満たされない限り，雄の求愛を再び受け入れないことが多い．すなわち，雌が一生の間に何回か交尾を行なうのが普通である種においても，個々の雌が出会った雄の求愛を受け入れるかどうかは，過去の交尾経験に依存するのである．したがって，雄が交尾成功度を高めるためには，既交尾雌よりも処女雌に求愛したほうが効率がよく，しかも産卵前の若い処女雌なら蔵卵数が多いので，交尾に成功した雄の繁殖成功度は上昇する可能性が高い．そのためには雌よりも早く性的に成熟する必要がある．産卵場所に雄がなわばりをつくる種の場合は，先住者効果があるので，ライバルの雄よりも早く成熟して産卵場所に到着してなわばりを占有したほうが有利である．もちろん，ライバルの雄も同様に早く性成熟しようとしているはずで，結果的に，どの雄も雌よりも性成熟が早くなる傾向をもつが，雌の性成熟よりもかなり早く成熟してしまうと，雌と出会うまでに予測できない悪天候に出会って死亡率が高くなったり，出会えた雌に対する雄間の競争で，若い雄に負けたりする可能性が生じてくるだろう．したがって，雄の性成熟の速さはこれらのバランスによって決まってきたといえ，結果的に，雌雄の性成熟には最適な差が生じているようである．雄が雌よりもやや早く性成熟するという現象は，年1化性の種で顕著に見られ，雄性先熟と呼ばれてきた．ただし，水田を幼虫期の主たる生活場所とするアカネ属の場合，水田への水入れや水落としの季節が決まっているため，孵化がほぼ同時に起こり，羽化の斉一性は高く，幼虫の発育速度に雌雄差が生じない限り，羽化における雌雄差もほとんど生じていない（図2.17）．

　谷戸水田で生活するアカネ属では，なわばり行動を示すヒメアカネに雄性先熟の傾向がもっとも強かった（図2.18）．次いで，雄が水田内で雌を待ち受け，やや排他的行動を示すマユタテアカネで雄性先熟が認められる．一方，なわばり行動や排他的行動を示さないナツアカネやアキアカネではこの傾向

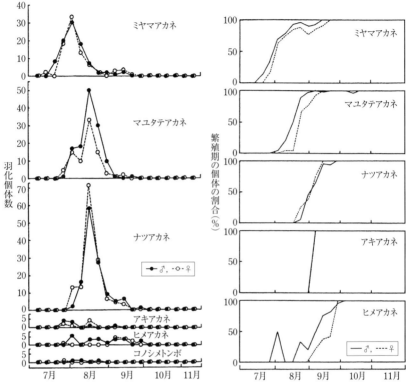

図 2.17 谷戸水田において羽化したアカネ属の出現消長（成熟段階「T」または「I」で確認された個体数）（田口・渡辺，1984 より改変）．

図 2.18 谷戸水田で見いだされた繁殖期の個体の割合の季節変化（田口・渡辺，1984 より改変）．

が見られない．また，林内ギャップで雌雄が同所的に生活しているノシメトンボのような種の場合，雌雄の出会いの場所は林縁部であり，雄性先熟ははっきりしないのが普通である．一般に，連結産卵を行なう種では，産卵場所で雄が雌の飛来を待つのではなく，雄がつねに積極的に探雌活動を行なうため，性的な成熟が雌とほぼ同時であったとしても，雄間の競争で大きなハンディはつかないからかもしれない．Corbet (1999) は，雄の前繁殖期が雌よりも短い種として 11 種をあげている．

（2）生存率

　蜻蛉目の成虫が肉食性であり，餌としている小動物や，成虫を襲う天敵のリストがつくられようとも，結果として，羽化成虫がいつまで生き延びるか（＝いつ死ぬか）というスケジュールは，雌にとっては生涯産下卵数に，雄にとっては生涯交尾成功度に重大な影響をおよぼすことになる．いずれの個体にとっても，早死にすれば自己の子孫は減ってしまうので，可能な限り生き延びて子孫を増やすような形質を進化させた個体の子孫が，現在まで生き残ってきたといえよう．そのような過程は，個体群レベルから見ると，生存曲線を解析すればよいといえ，相対的な初期死亡の高さを種間比較することが，生活史の特性を明らかにする第一歩とされている．

　羽化からテネラルとなって処女飛翔を開始するまでの成虫は鳥などの捕食者に襲われやすいが，この期間を運よくすり抜けられた成虫は，比較的長生きをするといわれてきた．オオアオイトトンボの場合，約 90 日となる前繁殖期（未熟期）の日あたり生存率は 0.99 前後だったという（Ueda and Iwasaki, 1982）．また，Nomakuchi *et al.* (1988) は，カワトンボの日あたり生存率が成虫期を通じてほとんど変わらず 0.944 と報告した（図 2.19）．普通，長期間にわたって野外観察をすれば，年 1 化性の種なら，成虫の飛翔期間の

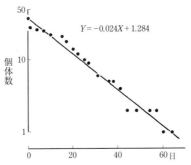

図 2.19 カワトンボ（橙色翅型）の雄に標識を施して放逐した後の生存個体数の日変化（Nomakuchi *et al.*, 1988 より改変）．

最初と最後に個体数が少なく，前者では若い個体ばかりが，後者では老齢の個体ばかりが存在することになる．しかし，この飛翔期間が成虫の寿命ではない．水田などの特殊な水環境で幼虫期を過ごす種を除き，羽化は連続的で長期間にわたるため，飛翔期間の初期に羽化した個体の大部分は後期まで生残しないからである．したがって，平均的な寿命を推定するためには，個体に標識を施して，その後を追跡するしかない．

野外において，個体識別の標識を施した個体が長期間生存したことが連続して確認できたり，われわれの目の前で死んでくれたりすることはありえない．調査場所から移出してしまったり，再び戻ってきたり，さまざまに移動するからである．あるいは，その場に留まっていても，調査中，われわれに発見されなかっただけかもしれない．調査地外からたくさんの個体が流入してくれば標識個体の割合は薄まってしまい，その逆なら，標識個体の絶対数が減少してしまう．いずれにしても個体群の日あたり消失率（≒日あたり移出率）は高くなって，推定日あたり生存率が低くなり，推定寿命は過小評価されることになる．Corbet (1999) は，野外データと室内飼育データを比較しながら平均寿命を評価すべきであると述べた．

室内飼育した成虫の寿命は比較的長く，このようにして天寿を全うした個体の寿命を生理的寿命という．体色などの変化を用いて性的成熟度を判定しながら調べられたヒヌマイトトンボの場合，前繁殖期（未熟期）を約 4-5 日で通過することが明らかにされている．すなわち，T から P のそれぞれの段階を 1 日ずつ経過していたのである．繁殖期（成熟期）は約 3 週間，すなわち，M と MM，MMM のそれぞれの段階を 1 週間ずつ経過したので，合計すると，ヒヌマイトトンボの生理的寿命は約 1 カ月になったという．これに対して，野外個体の生態的寿命は約 7.5 日にすぎなかった（渡辺，2009）．

雌の生涯産下卵数は寿命に強く依存しており，長く生存すれば，生涯産下卵数は増加させられる．このことは，採餌場所よりも産卵場所において捕食者などによる死亡率が高い場合，雌は産卵間隔を長くし，採餌場所である程度の数の卵を成熟させてから産卵場所に訪れることによって，生涯に産卵場所を訪れる回数を減らすように進化させた種を出現させた（Banks and Thompson, 1987）．潜水産卵中に溺死する可能性の高いイトトンボ科の *Enallagma hageni* の雌の産卵間隔は長い（Fincke, 1987）．マユタテアカネ

において，日中を水田で生活する雄よりも，産卵時にだけ水田を訪れる雌のほうが生存率は高い（田口・渡辺, 1987）．オオアオイトトンボにおいて，樹林内で生活する前繁殖期に比べ，水辺と樹林を往復する繁殖期の個体の生存率は低くなっている（Ueda and Iwasaki, 1982）．

　一般に，雌の産卵する季節や時間帯，産卵場所選択という一連の産卵行動は，産下卵や幼虫の発育にかかる時間，餌の捕食効率や捕食量，逆に捕食者からの回避効率に関係する微小生息地選択が，結果的に，最適化されるように進化してきた．雌は産卵した後，卵や幼虫の生活に影響を与えられないからである．さらに，雌の産卵行動自体にも，活動中に捕食される危険性と同種の雄からの妨害という産卵行動を妨げる2つの要因が存在する．これらは雌の生存率に影響を与え，繁殖期間を短くするかもしれない．すなわち，雌が自らの繁殖成功度を高めようとするなら，産卵を行なう時間帯や時期，産卵場所の選択に慎重でなければならないのである．

　水田の上で蜻蛉目成虫が鳥に捕食されることは，しばしば観察されている．これらの鳥たちは，水田内につねに留まっているのではなく，水田一帯の上空を遊弋したり，周囲の里山林から飛来したりと，一時的な訪問といえる．鳥は，いずれも，飛翔中の個体を空中で捕らえており，水田の稲の先端で静止中の個体が襲われることはない．すなわち，鳥が成虫を捕食するためには，空中での追跡と捕獲となるので，稲の上空のある程度の高さ以上を飛翔している成虫が捕食対象となっている．したがって，ノシメトンボのようなアカネ属が稲の先端の高さ付近を飛翔することは，鳥の標的から逃れている可能性が高い．実際，水田上空で鳥によって捕食されたという記録の多くはウスバキトンボであった．

第3章　生理生態学
―― 環境への適応

3.1　非生物的環境要因

　生命の営みにおいて，主体である生き物と生物的環境要因の間でさまざまな種内・種間関係が相互に生じているとはいえ，それぞれの地域個体群はある一定の分布範囲をもち，種としての境界は，大枠として，日射や気温，水分といった非生物的環境要因によって決められてしまっている．種によって，強い日射に対する防御や寒冷地における体温調節，乾燥に対する防御などの生理・生態学的能力にそれぞれ限界があるからである．これらに対する適応の結果，とくに哺乳類において，グロージャーの法則や，アレンの法則，ベルクマンの法則などの存在が知られてきた．確かに，体表面積と体重や体積の関係を考えれば，一般に，寒冷地では丸い体のほうが体表面からの放熱量は少なく体温保持に適応的であり，その機構は比較的体の小さな昆虫類にも応用可能といえる．したがって，これらの3つの法則は，気候に対する動物の適応の主要因としてうまく説明できそうなので，気候適応の法則とも呼ばれてきた．しかし，例外も多く存在し，現在では，経験則という評価が主流である．
　蜻蛉目の卵や幼虫の場合，生息場所の水温は発育や成長にとって重要な問題である．低ければ発育速度は鈍くなり，さらに低温となれば発育は停止し，極端に低くなれば死んでしまう．熱帯を起源とするウスバキトンボがわが国に定着できないのは，冬季の低温に成虫が耐えられないだけでなく，卵や幼虫が水温低下により死滅するからである．もちろん，極端に高い水温も，卵や幼虫の発育を阻害したり死を招いたりするので，他の昆虫と同様に，蜻蛉目の卵や幼虫の発育にとって最適な水温は存在する．このような発育速度に

影響を与える水温の実験例は，カオジロトンボ属の *Leucorrhinia glacialis* の卵（Pilon et al., 1989）やオオイトトンボの幼虫（Naraoka, 1987）など，多くの種で報告されてきた．

　水温とともに，卵や幼虫の生活場所における重要な非生物的環境要因は水質である．極端に汚染された水域は論外としても，pHや電気伝導率，透明度，溶存酸素量などが幼虫の発育速度に影響を与えていることは想像に難くない（Corbet, 1999）．また，幼虫が脱皮する前後は外皮のクチクラが柔らかく，さまざまな汚染物質が体内に侵入しやすいため，水質が悪化している場所であるほど，脱皮直後の非生物的環境要因による直接的な生理学的な死亡の確率は高くなる．さらに，このような水質の悪化は蜻蛉目昆虫以外の水生生物の生存にも影響を与えるので，それらの群集構造に異常をきたし，食う−食われる関係を通して，蜻蛉目幼虫の餌資源の量と質に影響し，間接的に，幼虫の発育に影響を与えることになってしまう．

　水深よりも水の流れの速さがその場所に生息できる種を決定づけている場合がある．流水や止水という生息場所の分類は，流速という非生物的環境要因に適応した幼虫の形態を進化させてきた．とくに，多くの不均翅亜目の幼虫は底生生活をするため，流れに対抗して，前者は流線型にならざるをえず，後者はずんぐりむっくり型でもかまわないことになる．一方，水生植物につかまって生活する均翅亜目の幼虫では，水生植物の繁茂状況に適応した振る舞いを示すことが適応的なので，流速に直接適応した形態を示すことは少ない．したがって，生活に適した水生植物が存在しているという前提に立てば，均翅亜目の生息環境は水環境より成虫期の生活場所となる地表（≒地上）の植物群落の構造が重要といえる．

　成虫となった蜻蛉目は陸上＋空中生活をするため，生活史に影響を与える非生物的環境要因は，幼虫期よりもはるかに多様であり，それらの環境要因は複雑に絡み合っている．一方，逆に，飛翔することである程度自由に生活場所を移動できるため，成虫は自ら好適な環境を選ぶことが可能であるともいえる．成虫の生活場所を構成する非生物的環境の項目をこのような観点でそれぞれ測定し，生息域の範囲を研究した例は多い（Corbet, 1999）．ただし，基礎的な要因といえる温度環境1つとっても，幼虫期の成長速度と水温のような単純な関係は得られないことが知られてきた．たとえば，空気の温度と

体にあたる太陽輻射熱，体内における熱生産という少なくとも三者が絡み合って成虫の体温は決まり，その調節の融通性の範囲内で，成虫の生活できる分布域は決定されているのである．そもそも，成虫の飛翔活動によって生じる空気の流れ（気流）や体が受ける自然の風で体温は低下してしまう．これらの気流は植生景観やそれを構成する個々の植物群落の種類と構造によって大きく変異し，成虫の飛行高度や飛行経路に大きな影響を与えるので，成虫の活動範囲を決定することになる．結果的に，種の分布に大きな影響を与えているといえよう．一方，草地のように植物群落が低いと遮蔽物がないので強い風が吹きやすく，羽ばたき飛翔は妨げられるが，それを利用して滑空できれば長距離移動が可能となる．樹林なら，内部であるほど風は遮られ，自発的な羽ばたき飛翔を行ないやすいが，相対的に暗く枝葉が多いので，採餌活動に支障をきたすかもしれない．

　原則として，植物群落の構造は，成虫の生活場所の光環境に影響を与え，成虫は特定の光環境を選択して生活しているといえる．草地などの開放的な環境は明るく，そこで生活する成虫は直射光を浴びるので，体温調節に秀でた生理機構をもっていたり，特徴的な振る舞いを示すことのできる種しか生活できない．一方，樹林内部は薄暗く，直射光を受けないおかげで体温は低くなりがちで，活動性は低下しがちなのが普通である．薄暗い背景に溶け込めばめだたないので捕食者に襲われにくいが，餌動物も発見しにくくなるかもしれない．そのためか，成虫が樹林内で生活するときには，陽斑点やギャップなどといった直射光が林床近くまで届く明るい場所や，相対的に光環境に落差のある場所を好むようである．

3.2　体温調節

（1）温度環境

　動物の個体を取り巻く空気の温度を外気温といい，これによって動物の体温は大きく影響されている．直射光を考慮せずに外気温だけを問題としても，40℃を超えたり氷点下となったりすれば，普通の生き物は生活しにくくなるにちがいない．われわれを含めた哺乳類は体温をできるだけ一定に保って生

活しようとして，外気温の影響を最小限に食い止める体温調節機構を発達させており，恒温動物と呼ばれている．一方，昆虫類はそのような調節機構が未発達で，外気温とともに体温が変化すると考えられてきた．そもそも，昆虫類のように体の小さな動物は，体積あたりの表面積が格段に大きいので，外気温の影響を受けやすいからである．その結果，昆虫類は外気温の変動とともに「体温が変動してしまう」変温動物と見なされてきた．しかし，この30年ほどの間に，温度環境と体温の関係の研究が進み，昆虫類といえども，大なり小なり体温調節機構をもっていることが明らかにされたのである．

温度環境は，空気の温度である外気温と，太陽の輻射熱に分けて考えねばならないが，これまで，この両者は混同されがちであった．たとえば，生物が生活している地表付近の空気の温度は，太陽光で直接暖められることはほとんどなく，暖められた地表の熱が伝導することで，外気温は上昇している．したがって，外気温を測定しようとして温度計の検温部を太陽光線にあててしまうと，空気の温度に加えて輻射熱の温度を測ってしまうことになる．もちろん，地表部や他の物体（生き物でも）からの輻射熱も温度計の検温部にあててはならない．測定者の体からも赤外線は放射されている．温度計のまわりの空気がよどめば，伝導してくる熱を測定してしまうかもしれない．これらの要素を可能な限り排除しなければ正確な外気温といえず，それを測定するには，百葉箱の中か，アスマン通風温度計のような，検温部を直射光から防ぎ，周囲の空気がよどまないようにした構造をもつ測定機器が必要となる．

太陽輻射熱の測定もむずかしい．降り注いでくる太陽光線の熱をすべて測定しようとするなら，エネルギー量を直接測定するか，照度を測定してから換算しなければならない．しかし，昆虫類の体にあたる太陽光線は，体色などによって反射される波長と吸収される波長があり，主として後者が体温を上昇させる輻射熱となっている．したがって，体にさまざまな色彩の複雑な紋様がある昆虫類では，それぞれの色の面積をそれぞれ測定し，それぞれに吸収される波長のみを特定して，熱量を正確に調べることがむずかしいことは容易に想像できよう（図3.1）．

蜻蛉目の成虫の場合，多くは透明な翅をもつため，直射光を受けても翅の温度はそれほど上昇せず，胸部や腹部の色彩と，そこにあたる直射光が体温

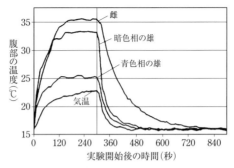

図 3.1 75 W の赤外線電球を 30 cm 離れたところから 5 分間照らしたときの,ヒメリボシヤンマの第 5 腹節の温度および周囲の気温,暗色相と青色相の雄,雌の例を示す.実験開始後,縦線で消灯した(Corbet, 1999 より改変).

調節に重要な意味をもっていることが明らかにされてきた.これまでに行なわれた多くの研究では,温度計の検温部を黒色にして太陽に曝して測定した温度を「黒色温度」として輻射熱の指標とし,さらにていねいに測定する場合には,検温部を白色にして測定し(白色温度),比較している.しかし,蜻蛉目の成虫の胸部に見られるさまざまな色彩によって吸収・反射される光の熱量に対する適応はほとんど研究されていない.

外気温と直射光による輻射熱に加えて,体温変化に影響を与える外部要因として「風」があげられる.とくに冷温帯や亜寒帯,山岳地帯などにおいて,外気温が低く日射の強いとき,風は昆虫の体から熱を奪っていく.風速と消失する熱量には正の相関関係があり,外気温と体温の差が大きいとき,体にあたる風は生存に不適な非生物的環境となってしまう場合もある.しかし,消失する熱量は,成虫が示す飛翔や静止,休息といったさまざまな行動や体内の生理的状態によって異なるため,大規模な風洞実験でも行なわない限り詳細に測定することはむずかしい.したがって,体温調節の研究は無風や微風のときに行なわれがちであり,体温調節に風の影響を考慮した研究は緒についたばかりといえる.

(2) 成虫の対応

　蜻蛉目昆虫の体温は，主として成虫の振る舞いとの関連において研究され，静止中や飛翔中だけでなく，飛び立つ直前などに関心がもたれてきた．とくに flyer の種では，飛翔することが生活の中心といえるので，飛び立てるかどうかはその個体の生残にかかわっているからである．普通，ある一定の体温を超えなければ飛び立つことはできず，飛翔し始めたばかりの個体の体温は高くなっているだろう．一方，翅を動かさずに滑空飛翔しているときの体温は低い．この違いは「羽ばたく」という筋肉の活動によって，体内で熱が生産され，それが体温に反映される結果だと考えられてきた．確かに，曇天であったり，涼しかったりすると，翅を震わせて「暖をとっている」ような個体が観察されている．

　外気温と輻射熱の差が大きくなりがちなヨーロッパ北部や北米の冷温帯において，この差に適応した成虫の振る舞いの研究は多く報告されてきた．とくに朝や夕方といった低温下に，日光浴によって輻射熱を得て体温を上昇させる行動は多くの種で確認されており（May, 1976），その日光浴中の姿勢は種によってさまざまであることがわかってきた．その結果，体温調節にとって重要なのは，外気温よりは，胸部（＋腹部）にあたる直射光（＝輻射熱）であることが明らかにされたのである．

　夏の冷温帯では早朝の気温は 20℃ 以下となり，ノシメトンボの飛翔活性は低いのが普通である．朝の 6 時台では，どの個体も枝先からぶら下がり「いわゆる寝ている状態」といえる．腹部を水平に保った活動中の静止姿勢を示すようになるのは 7 時を過ぎてからである．しかし活動性はまだ低く，太陽光に対して腹部背面をすべて曝して体温を上昇させようとする個体が多い（Watanabe et al., 2005）．朝や夕方といった低温下に，このような日光浴姿勢で体温を上昇させる行動は多くの種で記録されてきた（Michiels and Dhondt, 1989b ; McGeoch and Samways, 1991）．その際，直射光下の石の上で，拡げた翅の先端を下げて，翅と体の間に閉鎖空間をつくり，中の空気の温度を上昇させて暖をとる種もあるという（Corbet, 1999）．横倒しとなって胸部と腹部の側面全体を太陽光に曝す種など，興味深い「日光浴姿勢」の報告例は多い（図 3.2）．

Vogt and Heinrich（1983）は，気温の低いとき，ムツアカネをはじめとする7種のpercherが，飛翔可能な最低体温よりもかなり高い体温にならないと飛翔を開始しないことを見いだした．このような習性はさらに多くの種で経験的に知られており，静止中の成虫といえども，いつでも静止場所からすばやく飛び立てるように体温をつねに上昇させているのだとCorbet（1999）は述べている．すなわち，低めの外気温のとき，成虫が活動するためには，体温がつねに高くなっているように振る舞うことを意味し，結果的に体温と外気温は1対1に変化していなかったといえよう．成虫は体温調節を行なっていたのである．欧米において発表されてきたこのような「体温調節機構」の研究には，低い外気温のおかげで，黙っていれば体温は低下してしまうので，体温を上昇させたり，上昇した体温を維持するために，なんらかの方策を成虫はとっているはずという無意識の前提条件が存在していた．

　「風」があれば，成虫の体から熱が奪われる．飛行すれば，風を切るので体温は低下するだろう．すなわち，成虫の体温とは，もっとも基礎としての外気温があり（そもそも，この温度以下に体温を下げることはできない），それに直射光の熱と体内の代謝や筋肉運動によって生じる熱が上積みされ，風あるいは飛行により体表面から奪われる熱で引き算された結果なのである．このとき，外気温が高かったり，上積みされる代謝熱量が多くなったりすると，それに対応した種特異的なさまざまな振る舞いが生じ，記録されてきた．不均翅亜目で観察される滑空飛行は，長時間の長距離移動のためのエネルギー節約だけでなく，体温低下という体温調節の目的ももっている．

　逆に，外気温が高くなった場合，成虫は隠れたり，そのような高温期が定期的に繰り返される場合は，休眠などの生理的状態をつくりだして不活発になったりする．しかし，高温状態が一時的であったり，中途半端に高かったりしたとき，上積みされる熱量を抑えるための振る舞いを示すことが知られてきた．たとえば，1日のうちで気温のもっとも高くなる正午過ぎ，成虫は太陽光のあたりにくい場所へ移動してしまう．外気温が低くても直射光が強いと，多くのpercherは，静止場所において，腹部先端を太陽に向けて突き出し，腹部から胸部・頭部への一直線が太陽光線と平行になるように位置させるオベリスクという姿勢を示す（図3.2）．体にあたる直射光を最小にして輻射熱による体温上昇を最小にしようとした振る舞いである．一般に，

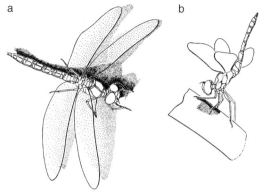

図 3.2 アカネ属の日光浴（a）とオベリスク（b）．早朝の気温の低いとき，トンボは胸部と腹部を太陽に曝すので，静止しているトンボの影が下に大きく映っている．一方，気温が上昇してくると，静止しているトンボは腹部末端を太陽に向け，直射光のあたる体の面積を最小にしようとする．この姿勢をオベリスクという．したがってトンボの影は最小となる（Miller, 1987 より改変）．

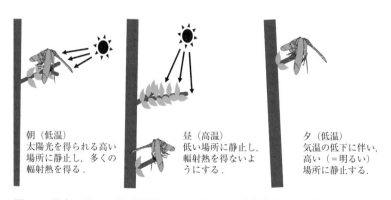

朝（低温）
太陽光を得られる高い場所に静止し，多くの輻射熱を得る．

昼（高温）
低い場所に静止し，輻射熱を得ないようにする．

夕（低温）
気温の低下に伴い，高い（＝明るい）場所に静止する．

図 3.3 林内のギャップで生活するノシメトンボの静止場所の日変化．

高温下において，成虫はまずオベリスクを示し，さらに気温が高くなると日陰へ移動していくと Corbet（1999）は述べたが，成虫の振る舞いを，外気温や輻射熱，代謝熱，風のそれぞれとの関係性を独立に解析した研究はほとんどない．

夕方になって気温が低下してくると，地表面から高く明るい場所を静止場所として選ぶようになる種も多い．体温を上昇させるため，少しでも多くの輻射熱を得ようとした結果かもしれない．夕方の静止場所を高くしてそのまま一夜を過ごせば，翌朝，早く太陽輻射を得ることができる（図3.3）．大沢・渡辺（1984）も，アマゴイルリトンボにおいて，昼は陽斑点で生活する雄が夕暮れとともに樹冠部へと上昇して夜間を過ごすことが，結果的に鳥類などによる捕食を避ける効果もあると述べた．夕方に高い場所へ移動すれば，樹冠部へ隠れるのが容易だからである．

（3）体温測定

飛翔中であれ静止中であれ，現実の成虫の体温を測定することはむずかしい．いずれの場合でも，個体への影響を極力減らすために，直径の細い測定用端子を成虫の胸部へ挿入しなければならないので，ネットで捕獲しなければ体温の測定はできない．しかし，実際に捕獲してから測定するまでには，多少とも時間がかかる．その間にネットの中で暴れれば，捕獲時よりも体温は上昇してしまうだろう．捕獲から測定までの時間が長くなってしまえば，小型種であればあるほど外気温の影響を受けて，体温は低下するにちがいない．不用意に直射光下で測定作業を行なえば，測定端子自身が輻射熱により影響を受けてしまう．とくに，「静止中の個体」の体温を測定しようとする場合，飛翔していて着陸直後なのか長時間静止中であったかの判定は重要である．前者なら飛翔筋運動の余熱により体温はまだ下降していないであろうし，後者の体温なら，外気温と輻射熱，代謝熱から風による低下を考慮するだけですむかもしれない．捕獲してから測定するまで，指先でもつ翅の部位によっては測定者の体温が伝導してしまう．このような測定時の問題解決にていねいに向き合い，対策を講じて調査した体温調節の研究はきわめて少ない．

種により，あるいは個々の個体の直前の振る舞いにより，捕獲直後のネット内における成虫の動きは大きく異なっている．そのため，体温測定の研究では，調査者の経験などをもとに，予備的に捕獲調査を繰り返して，ネット内で暴れさせないための捕獲-測定技術を磨かねばならない．体温測定までの手順を確認したりすることは重要である．Watanabe and Taguchi（1993）

によると，アオイトトンボの体温調節に関する研究では，捕獲から測定するまでを10秒以内で行なわねば正確な体温は測定できなかったという．一方，直射光のあたる開放的な環境に生息している種の場合，捕獲直後から直射光の遮られた場所で測定されねばならないため，体温測定には日傘で日陰をつくるような工夫が必要である．

冷温帯の樹林の陽斑点内で静止しているアオイトトンボの体温は，外気温が24℃のとき，雌雄とも，28℃であった（Watanabe and Taguchi, 1993）．外気温の上昇とともに体温は上昇したが，その関係は1対1ではなく，陽斑点に落ちてくる直射光の輻射熱と関係があったという（図3.4）．しかし，この関係は，輻射熱が一方的に体温を上昇させたわけではないことを示している．すなわち，もし輻射熱が体温に直接影響を与えていたとすれば，体温

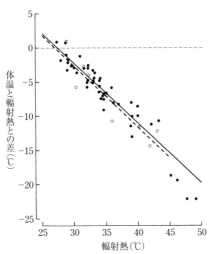

図 3.4 太陽輻射熱の温度と静止中のアオイトトンボの体温の関係（黒丸が雄，白丸が雌を示す）．縦軸は体温と輻射熱の差を示しているので，もしアオイトトンボが体温調節を行なっていないとするなら，輻射熱（横軸）の高低にかかわらず，その差は点線（＝0℃）近辺になるはずであった（Watanabe and Taguchi, 1993 より改変）．

と輻射熱との差は一定となり，この図では，傾きがゼロの関係にならねばならない．ところが，雌雄とも傾きが−0.85−−0.90という関係が得られ，成虫はなんらかの体温調節を行なって輻射熱による体温上昇を防いでいたのである．ただし，この図は，輻射熱が50℃のときの差が20℃なので体温は30℃となり，輻射熱が30℃のときの差が2℃なので体温は28℃になっていることを示している．外気温に対してアオイトトンボは，恒温動物のように完全に体温を一定に保つことはできないといえよう．

ノシメトンボが連結態となって産卵に訪れる晩夏の水田は，気温が低くても開放的なので，強い直射光の影響で輻射温度は30℃を超える．連結態は稲の上の高さ1m以内で打空産卵を行なうので，体温はかなり上昇していることが予想された．しかも直射光を浴びながらつねに羽ばたいて停止飛翔して産卵するため，飛翔筋の活動による代謝熱が輻射熱に加わって体温はさらに上昇しているにちがいない．しかし，雌雄の体温は40℃前後まで上昇したが，それ以上は上昇せず，飛翔中に体側を流れる比較的冷たい空気に熱を放散させていることが明らかにされてきた（Watanabe et al., 2005）．

秋の水田に飛来したナツアカネの場合，探雌飛翔中の雄の体温は33℃前

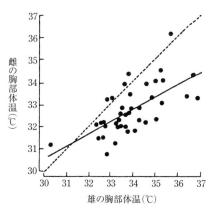

図 3.5 連結打空産卵中のナツアカネにおける胸部体温（雄：t_m，雌：t_f）の関係．破線は雌雄が同体温の場合を示す．
$t_f = 13.969 + 0.553\, t_m$, $r^2 = 0.43$, $p < 0.001$（田口・渡辺，1995より改変）．

後で，稲上に静止していた雄の体温も34℃前後であったという（田口・渡辺，1995）．連結打空産卵中の雄の胸部体温は約34℃，雌の胸部体温は約33℃となり，雄のほうが有意に高い（図3.5）．この約1℃の体温差は飛翔筋の運動に伴う発熱量の増大が雄の胸部体温を上昇させ，雌との胸部体温に差を生じさせたものといえる．停止飛翔しながら腹部を動かし打空産卵をするためには，それに対応した強力な羽ばたきが必要だった．打空の瞬間，通常の停止飛翔よりも強い揚力がつくりだされていなければ，連結したペアの高度がその勢いで落ちてしまう．ナツアカネの打空産卵中，稲上のペアの停止飛翔の高度は下がらないので，打空の負担に見合った激しい飛翔筋の運動が行なわれていたことを意味し，雌雄の体温差から，それは雄が負担していたことがわかったのである．

3.3　光環境

（1）視界

　水中生活をしている幼虫期は摂食活動に専念する時期であり，採餌行動における餌動物の発見のためにはある程度の明るさが必要である．触角を利用した機械刺激によって餌生物の発見や認知をしたり，餌動物の匂いという化学刺激を摂食行動の解発因に利用したりする種も知られているが（Corbet, 1999），多くの蜻蛉目の幼虫は，昼行性の摂食行動を示し，発達した複眼を利用している．したがって，光環境は幼虫期の生活と成長に影響を与えているといえ，さらに，光環境の日周性のリズムを得て，終齢幼虫の上陸・羽化のタイミングを調整していると考えられてきた．

　成虫期における光環境の利用方法は，成虫の生活場所が多岐にわたるため，幼虫期よりはるかに複雑になっている．Land（1997）は，昆虫類の中で蜻蛉目の成虫がもっとも優秀な視覚をもっていると述べた．Corbet（1999）によれば，成虫が夜間に活動する種も存在し，ときどき，灯火採集の光に引き寄せられている例があったという．確かに，海や大きな湖で，夜間に航行中の船舶の明かりに飛び込んできた個体は長距離を飛翔中といえ，実際に夜に「渡りをする種」も存在する．しかし，偏光に対する感受性が強く，黎明

薄暮時にも採餌活動ができるからといって，月光を利用した採餌活動を主たる栄養源にしている種が存在すると結論づけるには無理があろう．夜間の活動は特殊例といわざるをえない．大多数の種は昼行性であり，それぞれの種で，独自の日周活動パターンをもっていると考えるべきである．

種によって異なる温度耐性や温度選好性を基礎として，成虫の究極の目的が個体の繁殖成功度の上昇という観点から光環境を検討すると，天敵による被食の危険を避けようとするなら，閉鎖的で枝葉の複雑に入り組んだ森林の樹冠部の内部であるほど好適な光環境といえよう．一方，採餌や繁殖の効率を高めるなら，少なくとも相手を視認＋確認できるようなある程度明るい開放的な環境が選ばれねばならない．このとき，前者の場所では体温上昇を促進し，後者の場所では体温の過度の上昇を防ぐなんらかの体温調節機構が必要となる．したがって，これらのバランスによって，成虫は好適な光環境を選択しているのである．すなわち，外気温が比較的低い空間でも体から熱が奪われる飛翔をしなければならない flyer は，輻射熱を受けやすい開放的な場所を選んで活動していることが予想されるだろう．これに対して percher は，静止場所で直射光を浴びれば体温の上昇を防ぎにくいので，結果として，やや閉鎖的な環境を選択しがちといえ，日中の高温の直射光下では活動を一時的に停止してしまう種も多い．たとえば，percher であるカワトンボの場合，炎天下，開放的な水域でなわばり行動を示す橙色翅型の雄は，透明翅型の雄よりも体温調節に秀でているものの，しばしば水浴びを行なって体温上昇を防いでいる（Watanabe, 1991）．透明翅型の雄や雌が林内ギャップなどのやや閉鎖的空間を主要な生活場所としているのは，体温調節機構の効率が関係しているらしい．一方，多くの樹林性イトトンボ類は林内の陽斑点を巧みに利用して体温調節をしている（Watanabe *et al*., 1987；Watanabe and Taguchi, 1993）．

（2）樹林

閉鎖した樹冠の下で直射光が地表面付近まで届かないと，成虫は輻射熱を得ることができず，飛翔に好適な体温を維持することがむずかしいかもしれない．しかも，採餌行動において重要な視界も悪く，採餌を行なうことは困難だと考えられてきた．したがって，アマゴイルリトンボ（大沢・渡辺，

1984) やアオイトトンボ (Watanabe and Taguchi, 1993) のような樹林性イトトンボ類は，閉鎖樹冠下であっても，陽斑点と呼ばれる約30 cm×30 cm程度の日だまりを利用している．近年では，陽斑点を利用せずに生活することが可能な種も報告されたが (Paulson, 2006)，その分布域は外気温の高い熱帯に限定されている．

　樹林の床といえども，暗い場所だけではなく，明るさの異なる光環境がパッチ状に存在していることに注意しなければならない．樹林を一時的な生活場所にしている蜻蛉目の成虫は，暗い光環境ではなく，明るいギャップに集まっている．樹林の優占種ばかりでなく，先駆種も成育できるような大きめのギャップには，出現する植物の種類もさらに多くなり，それに対応して生活している昆虫類の種も豊富になっていく．したがって，蜻蛉目の成虫の生活に対しては，樹林の構成種より，ギャップの存在する樹林や，ギャップ自体の大きさと分布が重大な影響を与えているといえよう．ギャップは双翅目や膜翅目などの小昆虫が集まってくる場所であり，これらの小昆虫は，蜻蛉目の成虫にとって好ましい餌であり，とくに前繁殖期の性的に未熟な成虫にとって，ギャップは絶好の餌場となっていることが明らかにされてきた (図3.6)．

　林内に生じるギャップとは，倒木などにより樹冠部に開いた「穴」の直下への垂直投影部といえ，一般に，閉鎖樹冠下に比べて照度や気温が高い．ギャップの大きさや周囲の木本の高さ，時間帯による太陽光の入射角度の変化などによって光環境は日周変化し，それに伴って温度環境も変化することになる (図3.7)．すなわち，太陽光の照射角が浅い朝，直射光は樹冠部にあたるもののギャップの地表面には周囲の樹冠によって遮られて届かず，地表面付近は暗い．昼になると，太陽光の照射角は地表面に対して垂直に近くなり，直射光がギャップの地表面に届くようになる．ただし，多くのギャップでは，直射光は地表面に近くなるにしたがって張り出した木の枝などによって遮られ，弱められてしまう．その結果，ギャップ内は地表面に近くなるほど暗く，輻射温度は徐々に低下している．夕方になれば，再び直射光は地表面から高い場所にしかあたらなくなってしまう．したがって，時刻によって光環境と温度環境に異なる垂直分布の生じるのがギャップの特徴なのである．

　Watanabe *et al.* (2005) が調査した冷温帯のノシメトンボの場合，生活の

80   第3章 生理生態学——環境への適応

図3.6 スギ林の中にできたギャップ（左）とミズナラ林の中の陽斑点（右）．
ギャップの場合，樹冠が大きく開いた部分から太陽光は直接地表まで届く．陽斑点の場合，木漏れ日として林床までスポットライトのように太陽光が落ちる．

場である林内ギャップは5m×5m程度の広さで，周囲は主として20mほどのスギの木立で囲まれていた．そのため，南中時を除くと，直射光はギャップの林床まで到達せず，林床で測定した輻射温度は，同時に測定した水田（＝産卵場所）の稲の直上に比べて約6℃も低かったという．また，ギャップ内の上空20mに比べても2-4℃は低かった．したがって，ノシメトンボにとって，林内ギャップは強い日差しによる体温の過度な上昇を避けることができ，過ごしやすい場所であったといえよう．

　周囲を丘に囲まれている谷戸水田も，谷戸の開口部の方向や丘の高さによって，直射光の遮られる時間帯が異なっている．普通，太陽高度が高い夏の間は，水田に終日直射光があたり，山影に入る日影域は狭い．しかし，夏を過ぎると，太陽高度の低下に伴い少しずつ日影域は増加していく．夏のマユタテアカネはこの日影域で活動し，外気温の低くなった秋には，日向域で活動している（田口・渡辺，1987）．

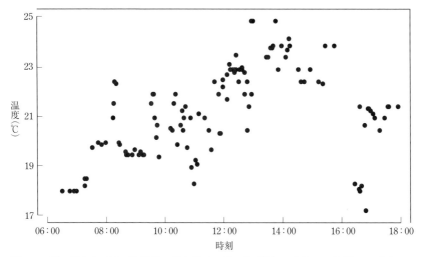

図 3.7 夏の終わりごろ，冷温帯の里山林（スギの人工林）に生じていたギャップ（ノシメトンボの生活場所）中央部（地上 1.35 m）における気温の経時的変化．

　密生した植物のために植物群落が閉鎖的となり，直射光が群落下部にほとんど届かない場所を生活場とする種も知られてきた．わが国に生息するヒヌマイトトンボの場合，静止場所であり活動場所でもあるヨシ群落下部 20 cm の高さは，ヨシの稈が密生し（稈と稈の間は約 5 cm），直線的に長距離を飛翔するようなトンボでは活動しにくい空間である（Watanabe and Mimura, 2003）．相対照度は 10% に届かない．雄の背胸部にある 4 つのエメラルドグリーンの点は蛍光色的で薄暗い光環境でめだつ一方，雌は隠蔽的な体色といえ，このような光環境における繁殖活動を保証する色彩と考えられている．

3.4　蔵卵数

（1）卵成熟

　成熟した雌成虫の腹部は卵で満たされているのが普通である．腹部を切開し，脂肪体などを取り除き，卵巣を双眼実体顕微鏡の下で観察すると，雌の卵巣には多数の卵巣小管が並んでおり，卵巣小管上には卵黄形成前や卵黄形

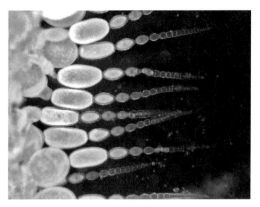

図 3.8　ノシメトンボの卵巣小管．
左側に見える球が成熟卵，中央部の楕円が亜成熟卵，
透き通っているのが未熟卵である．

成途中の細長いラグビーボール形や直方体をした卵細胞が一列に並んでいる（図3.8）．卵は，大ざっぱに3通りの成熟段階に分類されてきた．すなわち，卵殻が完成しているので，硬く弾力性があり，針先で押しても壊れにくい卵で，光が反射するとキラキラ輝いて見える卵は成熟卵といえ，受精すれば産卵できる準備の整った卵である．成熟卵とほぼ同じ大きさでも卵殻が完成していないため，針先で押すだけで容易に壊れて卵黄が出てしまう卵は亜成熟卵と呼ばれる．卵黄がほとんど充填されていない小さい卵は未熟卵と定義される．卵巣小管先端までに並んだ卵細胞も未熟卵として数えるので，未熟卵の数は，どの倍率の顕微鏡下で計測したかが重要な基礎情報となることに注意が必要である．

　卵巣が発達し，未熟卵が発育を始めるのは，雌として羽化した後である．したがって羽化直後の雌は未熟卵しかもっていない．亜成熟卵が雌の体内で見いだされるようになるのは，早くても前繁殖期の中ごろからである．シオヤトンボやシオカラトンボの場合，性的に成熟する直前の雌がもつ亜成熟卵は，前者で約200個，後者で約400個となり，両種とも，その後の産卵期間中，亜成熟卵の保有数に減少傾向が認められず，繁殖期間中（＝産卵期間中）に卵成熟は連続して活発に行なわれることがわかってきた（Higashi

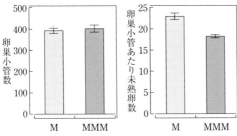

図 3.9 ノシメトンボの雌（エイジ M と MMM 以降）が保有していた卵巣小管数と卵巣小管あたりの未熟卵数（Susa and Watanabe, 2007 より改変）.

and Watanabe, 1993).

　1日を通してさまざまな時間帯で雌を捕獲すると，保有している成熟卵数に日変化の見られることがある．普通，朝に多く，夕に少ない．シオヤトンボの場合，午後に捕獲した雌の保有成熟卵数は，午前の雌の半分に満たず，300-400 卵が正午までに産下されていたと考えられている（Watanabe and Higashi, 1993）．一方，シオカラトンボは，午前中だけでなく午後にも産卵活動を行ない，1日に約 800 卵産下していると推定された．夕方に捕獲された雌は，成熟卵をほとんどもっておらず，もっていた成熟卵を1日で産みきってしまうようである．

　ノシメトンボの場合，雌が保有していた卵巣小管数は平均すると 400 本程度で，雌の成熟段階の間で有意な差は認められなかったという（Susa and Watanabe, 2007）．すなわち，産卵期間中の雌は，卵巣小管の数を増やすのではなく，1本1本の卵巣小管内において，未熟卵を発育・成長させているのである．成熟卵は，雌成虫が性的に成熟する直前にならねば出現しない．各成熟段階の雌が保有していた未熟卵数は，M のエイジの雌で卵巣小管1本あたり 23 個であり，MMM 以降の雌では 18 個と有意に減少していた（図 3.9）．したがって，性的に成熟した後，卵巣小管の先端部にある形成層からの未熟卵の供給がなかったと仮定すると，雌は繁殖齢である約1カ月弱の間に，400 本ほどの卵巣小管それぞれから約 4.5 個の未熟卵を成熟させ，少なくとも 1800 個以上の卵を産下していたと推定されたのである．

林内ギャップと水田でさまざまな時刻に捕獲したノシメトンボの雌が体内に保有していた成熟卵数を検討すると，当日産卵予定の雌は，早朝に林内ギャップを出発して水田に飛来し，連結打空産卵を始め，約500個の成熟卵のほとんどを1時間以内に産みきるようであった．他のアカネ属においては，*Sympetrum vicinum* で約400個（McMillan, 1996），ムツアカネで274個（Michiels and Dhondt, 1988）という記録がある．一方，アオモンイトトンボの雌の卵巣内には200-300本ほどの卵巣小管があり，各卵巣小管には約20個の未熟卵があり，雌は，日々の採餌活動で得た栄養を用いて未熟卵を順番に成熟させ，毎日の産卵に必要な数の成熟卵を生産していたという（Takahashi and Watanabe, 2010）．

（2）人為産卵

植物組織内産卵を行なう均翅亜目では，雌を水に浸した濾紙とともにシャーレに入れておくと，もっている成熟卵を濾紙の中に産み込む種の多いことが知られている（図3.10）．Watanabe and Matsu'ura（2006）は，この性質を利用して，野外で捕獲したヒヌマイトトンボやモートンイトトンボ，アオモンイトトンボ，アジアイトトンボの雌から採卵することに成功した．しかしこの方法は，餌を与えずに，雌を長時間（半日から1日）容器内に閉じ込めるため，その間の雌体内における卵の発育を人為的に制御できず，捕獲時にもっていた成熟卵数やクラッチサイズを特定するには無理がある．また，容器内の光環境や温度，湿度など，さまざまな環境条件が不安定なためか，産下卵数に個体差の生じる種は多い．

不均翅亜目では，野外で捕獲した雌の腹部を水に浸すと卵を放出する種が多数存在し，捕獲後，三角紙の中に入れた途端に何卵かを放出するような種も知られている．この性質を利用して人為的に卵を放出させ，産下卵数から雌の産卵準備状態を評価する研究は，以前より行なわれてきた．たとえば，McVey（1984）は，水温38℃でもっとも卵放出量が多く，放出速度も高かったこととともに，小さな卵を生産する種ほど卵放出速度が高くなると報告している．

不均翅亜目に対する人為産卵は，一般に，捕獲した雌の翅をもち，水の入った小さな瓶に腹部末端から第8腹節までを繰り返し浸すことによって行な

3.4 蔵卵数 85

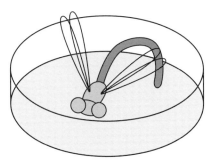

図 3.10 均翅亜目の雌の強制産卵法.
湿らせた濾紙を入れたシャーレ内に雌を入れると濾紙の中に産卵する.

図 3.11 ノシメトンボの雌の強制産卵.
フィルムケース内の水に腹部先端をリズミカルに浸す.

われてきた（図3.11）．瓶中の水温は気温とほぼ同じで，腹部を水につける速度は，野外の雌の打水や打泥，打空の産卵行動の観察により決められるが，1秒間に1-2回が最適のようである．

　シオヤトンボにおいて，その日の産卵活動を開始する前の雌を捕獲して人為産卵を試みると，放卵継続時間は約100秒で，放出卵数は200-350個となり，終了後，解剖すると，体内に成熟卵はほとんど残っていなかったという（Watanabe and Higashi, 1993）．この値は，野外でさまざまな時間帯に捕獲した雌がもつ成熟卵数を比較して推定した日あたり産下卵数約300個と一致しており（Higashi and Watanabe, 1993），人為産卵法がクラッチサイズの推定に利用できることを示している．なお，産下卵のほとんどは発生を開始し，未受精卵や死卵はどの雌でも1%を超えることはなく，人為産卵は卵の受精や産下後の卵発生にほとんど影響を与えないようであった．

　一方，Khelifa *et al.* (2012) は，シオカラトンボの仲間の *Orthetrum nitidinerve* に対する人為産卵では約2200卵が1回に放出されるが，自然条件下ではその半分が一度の放出数であると推定している．同属の他種（*O. chrysostigma* や *O. cancellatum*）やウスバキトンボなども1000卵程度が1クラッチであり，これらの種における人為産卵時の卵放出速度は7-8卵/秒に上ると報告した．ただし，実験に用いられた雌は，日中の産卵時間帯に水域に飛来した雌（すなわち，当該日の産卵直前の雌）に限られている（調査

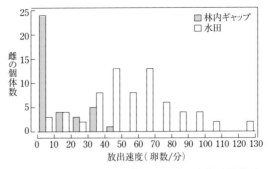

図 3.12 ノシメトンボの水田における産卵時間帯（9時-12時）において，林内ギャップと水田で捕獲した雌をそれぞれ強制産卵させたときの卵の放出速度の頻度分布（Susa and Watanabe, 2007 より改変）．

場所はアルジェリアで，調査時の平均気温は 36°C，最高気温の平均は 38°C と高温であった）．

連結打空産卵する種においても，人為産卵の可能な種は多い．たとえば，ノシメトンボの場合，雄と連結していなくとも，捕獲した 1 頭の雌の腹部を瓶の水にリズミカルに浸せば，卵を放出させられる．放出時間と放出卵数から算出できる卵の放出速度を雌の産卵衝動の指標とすると，9 時から 12 時にかけて林内ギャップと水田で捕獲した雌を強制産卵させた際の卵放出速度は，水田で産卵中の雌の多くが 50-70 個/分という速い速度であったのに対し，同時間帯で林内ギャップで静止していた雌では 10 個/分以下のゆっくりとした速度であったという（図 3.12）．水田で産卵中の雌のうち，保有する成熟卵数が多かった個体ほど卵放出速度が高く，産卵衝動は強かった．なお，水田で強制産卵させた雌のすべては，保有していた成熟卵のほとんどを放出してしまったが，林内ギャップの雌は，強制産卵させた後も，体内にある程度の数の成熟卵を残している．ギャップ内の雌の産卵衝動は低く，産卵の準備はできていなかった可能性が高い（Susa and Watanabe, 2007）．

3.5 耐塩性

(1) 水界における塩

　昆虫類がもっとも嫌う場所は海である．高濃度の塩分は昆虫類の脱皮・変態時に悪影響を与えるといわれ，これまでに，大洋で生活する昆虫類は数種のウミアメンボ類しか知られていなかった．沿岸域の海水面にも沿岸性ウミアメンボ類しか生息しないが，海岸には，ミズギワゴミムシの仲間が生活している．沿岸域の海水は大洋の真ん中（普通35‰）よりもやや塩分濃度が低く，河口域では河川から流入する淡水の影響によりさらに低下して20‰以下となり，これを汽水と呼ぶ．また，海岸近くの池や沼では，海水の飛沫が飛んできたり，潮の干満によって地下水に海水が混じったりして塩分が変動し，淡水がつねに保たれることはない（図3.13）．このような場所に成立する植物群落の多くは草本から成り立ち，それぞれの植物は塩分という厳しい環境に対抗する形態や生理をもっていることが明らかにされてきた．

　幼虫期を陸域の淡水で生活している蜻蛉目にとって，汽水という環境は厳しい条件といえよう．体内における血リンパは，外部の浸透圧が体内よりも高い場合には外部の水からイオンを取り込んで高い浸透圧を保つが，水の塩分濃度がある程度まで上昇すると，それ以上の浸透圧を保つことができず，

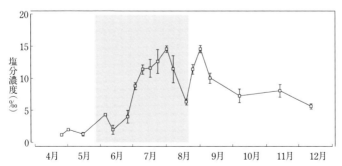

図3.13 ヒヌマイトトンボの生息地（ヨシ群落）内の塩分濃度（‰）の月変化．
影で示された部分は成虫の飛翔期間．

塩が体内に流入して，多くは死んでしまうからである．これまでに，汽水から海水に至るような塩分濃度の高い水環境で幼虫期を過ごしている蜻蛉目昆虫は数種類記載されてきた．これらの種は塩水環境に適応し，正常に成長することのできる生理・生態的特性をもっていると考えられている．

（2）汽水域

わが国で汽水域を幼虫時代の主たる生息地とする種は，これまでに，ヒヌマイトトンボとミヤジマトンボ，アメイロトンボの3種しか知られていない．このうち，ミヤジマトンボは広島県宮島と香港にしか分布せず，アメイロトンボは南西諸島が分布域といわれるので，汽水域で生活し，本州一帯に分布し，比較的手軽に観察できる種はヒヌマイトトンボのみである（図3.14）．この種には潜在的な蜻蛉目の捕食者や競争者が多く知られ，それらの種が生活できないような塩分環境を生活場所とすることで生き残ってきたと考えられている．実際，ヒヌマイトトンボの生息するヨシ群落の内部をどんなにさらっても，ヒヌマイトトンボ以外の蜻蛉目の幼虫は存在しない．この群落内での塩分は5-15‰の濃度が普通である．この種の生活史の特徴は，羽化後も羽化場所から離れず，幼虫の生息場所と同じ植物群落で一生を過ごすことである．なお，本来は淡水生活者のアオモンイトトンボも汽水で生活できるという．

蜻蛉目幼虫の発育速度が生息場所の水域の温度やpH，餌の密度の影響を受けるという例は多いが（Pollard and Berrill, 1992 ; Pritchard *et al.*, 2000），塩分が幼虫の生存や発育に与える影響は，ヒヌマイトトンボを除くと，ほとんど調べられていない．一般に，浸透圧の平衡によって体内への塩水の浸入

図3.14　ヒヌマイトトンボの幼虫．

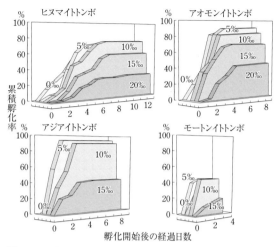

図 3.15 異なる塩分濃度における累積孵化率（岩田・渡辺, 2004 より改変）.

を防いでいる昆虫類にとって，塩分の影響をもっとも大きく受けるのは体の表面積の体積に対する割合が高い若齢幼虫期といわれてきた．脱皮直後の個体の体内に高濃度の塩分が浸入し，死に至らしめることもある．普通，汽水のような塩分を含む水環境で生活する昆虫類は，塩の透過や体内の浸透圧を調整するため，体液の組成を変更する機構をもっていたり (Patrick and Bradley, 2000)，効果的に水を防ぐための厚いワックス層を体表面にもっているので (Beament, 1961)，本来は淡水で生活する種であればあるほど，脱皮直後の体の柔らかい間に塩分に触れることは危険かもしれない．

沿岸域の水田地帯に同所的に生活していたヒヌマイトトンボとアオモンイトトンボ，アジアイトトンボ，モートンイトトンボから採卵し，5段階の濃度の塩分に曝して孵化率を比較すると，ヒヌマイトトンボの場合，塩分が15‰までの最終的な孵化率は59%までに達し，淡水（＝0‰）における孵化率（63%）から大きく落ちることはなかったが，20‰での孵化率は30%へと低下した（図3.15）．一方，アオモンイトトンボの卵の耐塩性もヒヌマイトトンボと同程度に高い．対照的に，アジアイトトンボやモートンイトトンボでは，塩分が15‰になるまでに孵化率は低下している．

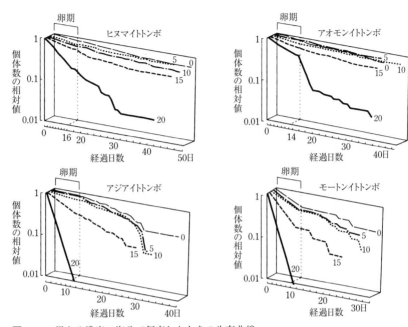

図 3.16 異なる濃度の塩分で飼育したときの生存曲線.
ヒヌマイトトンボ以外の3種は，ヒヌマイトトンボが発見されたヨシ群落周辺で普通に見られた種である．縦軸は個体数の相対値を，横軸は産卵後の日数をとってある．図中の数字は塩分を示し，0は淡水で，5‰，10‰，15‰，20‰の塩分を表わす．この図から，アジアイトトンボとモートンイトトンボは汽水環境で生息できないが，アオモンイトトンボは，ヒヌマイトトンボと同様の塩水の環境に生息できることがわかる（岩田・渡辺，2004 より改変）．

5段階の濃度の塩分条件下における4種の4齢期までの生存曲線を検討すると，ヒヌマイトトンボでは10‰まではどの曲線もほぼ同様の形をし，塩分が15‰まで上昇すると死亡率の上昇に伴って曲線の勾配がやや急になり，20‰では卵の段階で多くの個体が死亡するとともに幼虫の死亡率も高くなっていた（図3.16）．この傾向はアオモンイトトンボにおいても同様で，アオモンイトトンボが沿岸域の塩分のある水界においても生活できることを意味している．一般に，アオモンイトトンボ属の幼虫は，塩分をはじめとするさまざまな無機的環境に対して広い耐性をもっていると Brooks（2002）は指摘した．一方，アジアイトトンボにおいては10‰の塩分までは0‰の淡水と

よく似た形の生存曲線を示したものの，15‰では孵化率の低さに加えて孵化後の死亡率も高くなっている．モートンイトトンボも同様の傾向であり，この2種は15‰以上の塩分濃度下では安定した生存率を保つことができず，これらの濃度の水域では生息に適していないと考えられた．

3.6　摂食の生理学

（1）摂食量

　生涯を通して肉食生活する蜻蛉目において，摂食に関する一連の振る舞いは生活の中でもっとも重要な部分を占めている．とくに幼虫期は，早い発育と可能な限りの大型化を目指して摂食に専念する時期といえよう．ほとんどすべての種の幼虫は待ち伏せ型の捕食行動を示し，下唇のすばやい伸展により餌動物を捕獲している．このような幼虫の摂食習性の研究例の多くは，室内の水槽での観察が主体で，幼虫の餌認識範囲や餌を襲う反応時間，餌となる動物の種類や大きさの範囲などが測定されてきた．しかし，孵化幼虫から羽化するまでの間の摂食習性の変化を連続して調べたり，その間の総摂食量や総同化量を定量化した研究はほとんどなかった．水中の沈水植物の間で生活していたり，水底に堆積した落ち葉などの中で隠蔽的に生活しているので，調査・実験を行ないにくいからであろう．しかも，野外では，水域に生活する動物たちの間に生じる特有の食う-食われる関係が，さらに事態を複雑化させている．すなわち，特定の水生動物がつねに特定の水生動物に食われるという1対1の関係ではなく，種を問わず，大きい個体が小さい個体を捕食するというサイズ依存性が強く生じているからである．したがって，孵化したばかりの幼虫は，同種も含めて，その他すべての水生生物の餌という位置づけとなり，つねに捕食される危険がつきまとっているといえよう．これを乗り越えて成長すると，今度は，自分よりも小さな動物なら，どんな種でも餌とすることが可能になる．さらに，不均翅亜目ヤンマ類のような大型の幼虫では，自分よりも大型の魚やオタマジャクシでも餌とできるようになっていく．

　幼虫期に摂取して蓄積した栄養分を成虫へと持ち越し，卵や精子の生産に

寄与させる昆虫類として，鱗翅目や双翅目，蜉蝣目などが知られている．とくに鱗翅目・蝶類の場合，多くの種の成虫は花蜜（≒糖）しか摂取しないので，羽化した雌の体内に蓄えられていた脂肪体は，日齢とともに（≒累積産下卵数の増加とともに）一方的に減少していく．減少の速度を低下させるのは，交尾時に雄から得た精包の栄養分を吸収して，自らの体の維持や卵成熟にまわしたときである．したがって，このような種の雌は多回交尾の傾向を進化させやすい．しかし，交尾中の雌雄は不活発となるので天敵に襲われやすく，交尾時間中は産卵活動もできないので，雌の生涯の交尾回数は，これらのプラスマイナスのバランスによって決まってきたと考えられている．

　蜻蛉目の場合，羽化直後の成虫は体内に脂質をほとんどもっていない（Plaistow and Siva-Jothy, 1999）．この事実は，成虫になってからも，幼虫時代のように摂食活動に専念し，体内に栄養を蓄える期間がある程度必要なことを意味している．この間に，雌なら卵の発育を，雄ならライバルとの闘争に打ち勝つための体力増強を目指すのである．この期間が前繁殖期（＝性的に未熟な期間）に相当し，多くの種で生殖器官の発達が観察され（Watanabe and Adachi, 1987a, 1987b），飛翔筋（Marden, 1989）や外骨格（Neville, 1983）も発達してくる．さらに，性的に成熟した後も摂食活動は続き，摂食量は卵成熟過程や雄間闘争における勝率などに影響を与えていることが明らかにされた（Anholt et al., 1991）．ただし，交尾中，雄は雌の保有していた精子を掻き出すことはしても，雌に栄養を与えることはない．したがって，蜻蛉目とは，幼虫時代も成虫時代も活発に採餌し，雌雄とも自己責任において栄養を摂取し続けねばならない昆虫類といえよう．

　雌雄に見られる摂食量の違いは，それぞれの種における繁殖戦略の違いによると考えられてきた．たとえば，雄のなわばり闘争の勝敗には体内の脂肪量が関係することが多く（Plaistow and Siva-Jothy, 1996），なわばり制をもつ蜻蛉目の種では，雌よりも雄の摂食量が増加しがちになるという（Mayhew, 1994）．逆にいえば，雄がなわばりをもたない種では，産下卵数を可能な限り増加させようとする雌の戦略が，雄よりも雌の摂食量の増大をもたらすのである（加藤・渡辺，2011）．

　野外において，蜻蛉目の日あたり摂食量に関する研究のほとんどは，採餌活動を直接観察しやすいなわばり雄に焦点があてられていた．このような雄

3.6 摂食の生理学　93

はなわばりを防衛するために1つの静止場所に長時間留まるという特徴をもつため，餌の捕獲成功回数や周囲に生息する餌となりうる小昆虫を観察しやすかったからである．

（2）糞の排出⇒同化量

　小動物をいくら多量に捕獲し，口の中へ入れたとしても，それらが適正に消化され，同化されなければ，体脂肪を増加させたり，寿命を延ばしたり，卵生産を増加させたりすることはできない．小動物の種類によっては，消化しにくかったり，体の大きさに対する栄養分の割合が少なかったりすることもある．したがって，単純に，小動物の捕獲＋咀嚼＋嚥下量が栄養物の摂取量に対応するとは見なせないと考えられてきた．また，日齢によって消化効率が異なる可能性もある．しかし岩崎ら（2009）は，ノシメトンボの異なる成熟段階の成虫にヒツジキンバエを与え，その後24時間に排出した糞の量を測定したところ，ヒツジキンバエの乾燥重量の70％弱がつねに吸収されていることを見いだした．このように，成虫が排出した糞の量や吸収効率から摂食量を推定する方法はFried and May（1983）以来，しばしば用いられている．

　Watanabe et al.（2011）は，早朝，まだ林内で寝ているノシメトンボを捕獲し，水のみを与えて容器の中に静置し，排出した糞の量を経時的に測定したところ，前繁殖期の雌では，捕獲後24時間に約2 mm×1 mmの楕円形の緑黒色の糞を5-6粒排出し，それぞれの糞は前日に摂食した小昆虫由来と思われるクチクラ片を多数含んでいたという．乾燥重量の合計は1.38±0.17 mgであった（図3.17）．その後の24時間に排出した糞は3～4粒で，大きさは約1 mm×0.5 mmとやや小さくなり，色は灰色や橙色でクチクラ片をほとんど含まなくなってしまう．さらに，その後に排出した糞は赤褐色の粉末状となり，排出量も減少している．前繁殖期の雄も捕獲後24時間で5粒の糞を排出し，色や大きさは雌の排出した糞とほぼ変わらず，小昆虫由来と思われるクチクラ片も多数含んでいた．乾燥重量の合計は1.29±0.07 mgで雌の排出量とほとんど変わらず，その後に排出した糞の量の減少傾向や質の変化も雌と同様であったという．

　繁殖期に入ったノシメトンボの場合，捕獲後24時間以内に雌が排出した

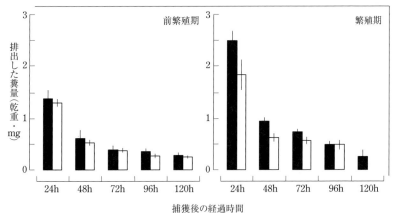

図 3.17 林内で捕獲した後に水のみを与えて飼育したノシメトンボの雌（■）と雄（□）が排出した糞の乾燥重量（±SE）（Watanabe *et al*., 2011 より改変）.

糞は，前繁殖期の個体が排出したのと同様の大きさ・形の糞を約2倍（12-13粒）排出したという．これらの糞は，摂食した小昆虫由来と思われるクチクラ片を肉眼で認めることができるほど多数含み，乾燥重量の合計は 2.47±0.18 mg となっている．しかし，その後の 24 時間に排出した糞は，赤褐色の細かい粉末状となってしまい，クチクラ片は確認できなかったという．したがって，繁殖期の雌は前繁殖期の雌よりも消化吸収能力がやや高かった可能性がある．

繁殖期に入ったノシメトンボの雄は，雌と同じような緑黒色の糞 9-10 粒を捕獲後 24 時間で排出した．その中には多数のクチクラ片が認められたが，乾燥重量の合計は 1.85±0.30 mg と雌よりも有意に少ない．その後に排出した糞の質の変化と量の減少傾向は雌と同様であった．ノシメトンボは，成熟段階にかかわらず，前日に摂食した餌を由来とした不消化物質の大部分をその後の 24 時間で排出しているといえそうである．また，繁殖期の雄は雌よりも排出量が少なく，日あたり摂食量は少ないことがうかがえた．なお，前日に摂食した餌の不消化物質は 24 時間以内にすべて糞として排出されたとすると，その後の排出物は代謝による老廃物などであったと考えられる．

Watanabe *et al.*（2011）は，実験的に空腹にさせたノシメトンボの成熟し

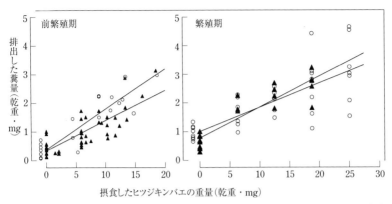

図 3.18 ノシメトンボにおける日あたり摂食量（X）と翌日に排出した糞量（Y）（Watanabe *et al.*, 2011 より改変）．
○は雌，▲は雄を示す．
前繁殖期　　雌：$Y = 0.45 + 0.13\,X$, $r^2 = 0.81$, $p < 0.01$,
　　　　　　雄：$Y = 0.42 + 0.10\,X$, $r^2 = 0.65$, $p < 0.01$.
繁殖期　　　雌：$Y = 0.97 + 0.09\,X$, $r^2 = 0.57$, $p < 0.01$,
　　　　　　雄：$Y = 0.76 + 0.11\,X$, $r^2 = 0.82$, $p < 0.01$.

た成虫に対し，餌としてヒツジキンバエを与え，食べた餌の量と翌日に排出した糞の量の関係を明らかにした（図 3.18）．すなわち，前繁殖期の雌の場合，約 1 頭分のハエを摂食した個体は翌日までに 1 mg 前後の糞を排出し，2 頭分のハエを摂食した雌は 1.47 mg から 2.15 mg の量を，3 頭分のハエを摂食した雌は約 2.8 mg の糞を排出したのである．同様に雄の排出した糞量も摂食したハエの数によって増加していた．与えたハエの乾燥重量と排出した糞の乾燥重量の関係についての回帰直線では，傾きが雌で 0.13，雄で 0.10 と，雌雄で有意差は認められない．したがって，前繁殖期の雌雄において，給餌量と排出糞量の関係に大きな違いはないといえた．繁殖期の個体においても，摂食量と排出糞量に同様の関係が認められている．

野外で生活しているノシメトンボが捕獲後 24 時間以内に排出した糞量は，前繁殖期の雌で約 1.38 mg，雄で約 1.29 mg，繁殖期の雌で約 2.47 mg，雄で約 1.85 mg であった．そこで，これらの値を回帰直線式に代入すると，前繁殖期の雌で約 7 mg，雄で約 9 mg，繁殖期の雌で約 17 mg，雄で約 10 mg となる．したがって，成熟した雌は雄よりも 2 倍近くの餌を摂食していたと

いえよう．

　性的に成熟した成虫の体重に対する日あたり摂食量は，アキアカネの雌で体重の 13.9-14.5% だったという（Higashi, 1978）．Shelly（1982）は，樹林性の percher であるイトトンボ科の *Argia difficilis* と *Heteragrion erythrogastrum* を比較し，前者は後者に比べ，照度が高い場所を好み，体温が高く，より多くの採餌飛翔を行なっていることを見いだした．体温の高い前者は代謝率が高く，その埋め合わせのために多くの餌が必要となるからだという．Anholt（1992）は，イトトンボ科の *Enallagma boreale* において，雌雄の消化管内容物の乾燥重量の差異から，雌が雄よりも多くの餌を食べていたと報告している．

（3）成熟卵の生産

　摂食量が卵生産におよぼす効果を調べるには，摂食量から同化・吸収量を測定するとともに，その間に生産した卵数を特定しなければならない．これらの関係を明らかにしたのは Watanabe *et al.*（2011）で，ノシメトンボが人為産卵によって保有成熟卵のほとんどすべてを産みきってしまうことを利用している．すなわち，雌を捕獲して人為的に放卵させ，保有成熟卵をほぼゼロとした雌を 1 頭ずつ容器に入れ，午前と午後の 2 回水を与えるだけで飼育したところ，3 日目になっても保有していた成熟卵の数は増加しない（図 3.19）．8 日経過しても雌の保有卵数は最大で 55 個にすぎず，1 個も保有していなかった雌も 3 頭いた．このような雌は腹部の幅が細って脂肪体は消失し，ほとんど飛翔できなくなっていたという．

　強制産卵を施した後にヒツジキンバエを毎日 3 頭ずつ与えた雌の体内では，成熟卵が増加した．給餌翌日にすでに 200 個を超えた個体も見られる．2 日目に解剖した雌の保有卵数は最低 51 個，最大 332 個に達し，6 日目に解剖すると最低でも 314 個，最大で 454 個をもち，給餌日数と保有成熟卵数との間には有意な回帰直線が得られた．したがって，雌は毎日ハエ 3 頭分の栄養で，日あたり 70 個弱の成熟卵を生産できたといえよう．摂食量にしたがって成熟卵の数を増加させたという同様の例は，イトトンボ科の *Ischnura verticalis* の雌でも報告されている（Richardson and Baker, 1997）．

　野外の個体について推定された日あたり摂食量に相当する餌（ヒツジキン

3.6 摂食の生理学　97

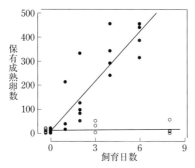

図 3.19 ノシメトンボにおいて，ヒツジキンバエを毎日3頭与えた雌（●）と水のみで飼育した雌（○）が保有していた成熟卵数の関係．
毎日3頭のハエを給餌した雌では，飼育日数と保有成熟卵数の間に有意な関係が認められた（$Y = 9.77 + 68.7X$, $r^2 = 0.83$, $p < 0.01$）．一方，餌を与えず，水のみで飼育した雌は有意な関係がなかった（$Y = 12.8 + 0.65X$, $r^2 = 0.01$, $p = 0.61$）．なお，X は飼育日数を，Y は成熟卵数を示す（Watanabe et al., 2011 より改変）．

バエ3頭）を毎日与えられたノシメトンボの雌が毎日70個弱の卵を成熟させていたとすると，一度水田を訪問して成熟卵を産みきってしまった雌が，産卵を再び開始する直前の数である500個を超える成熟卵を蓄積するまでには，約7日間を要するという計算になる．すなわち，雌は1週間に一度水田を訪れて卵を産下しているといえ，Susa and Watanabe（2007）が野外の雌の保有卵数から推定した水田の訪問頻度と一致した．成熟した雌が1カ月以上の産卵期間（＝繁殖期）をもっている（井上・谷, 2005）とすれば，生涯に4-5回水田を訪問していることが予測され，雌の生涯の平均産下卵数は2000個を超えると考えられる．

第4章　行動生態学
―― 種内関係

4.1 性選択

（1）交尾成功≠繁殖成功

　近年の行動生態学の説明では，「結果的に次の世代を多く残せた個体の子孫たちしか生き残れなかった」ので，それが何世代も何世代も続けば，現在われわれの目の前に存在している生き物のすべての個体は，それぞれ「自己の子孫を可能な限り多く残せるように進化させたさまざまな形質をもっている」ということになる．この前提を基礎として雌雄のつくりだす配偶子の量的・質的差異を検討すると，雌雄の繁殖にかかわる振る舞いに大きな違いが生じているのは当然といえよう．すなわち，個々の個体が自己の配偶子を可能な限り多量に生産しようとしても，1個体が摂取して蓄積できる栄養源には限りがあるので，生産できる量は配偶子の大きさで決まってしまうからである．しかも雌の場合，生産する卵子という大きな配偶子は，それ自体が発育して次代を担う個体となるため，生涯にどんなに多くの雄と交尾しても，自己がつくりだす卵子以上の数の子孫をもつことはできない．一方，雄は，卵子に受精する遺伝子を運ぶだけの精子という配偶子をつくればよいので，卵子よりもはるかに小さな配偶子を生産すればすむことになる．その結果，精子は卵子よりもはるかに多量に生産できることになり，もしそれらの精子のすべてが受精に成功すれば，1個体の雄は，雌1個体よりもはるかに多くの子孫を残せることになってしまう．しかし，そうは問屋が卸さない．どの雄も，結果的に，より多くの雌と交尾しようとするので，雄の間で雌をめぐる厳しい競争が生じてしまうからである．このような雄に対抗する雌とは，

何世代にもわたって,「自己の子孫が健康で多産となるようなよい遺伝子をもつ雄を交尾相手に選んできた雌」の子孫たちなので,雌による雄の選択方法には磨きがかかり,種によってさまざまな性選択の形質が進化してきた.産み出された子孫が,とりあえず次の世代の繁殖活動に参加できると仮定したとき,産み出された子の数は,雌雄どちらの個体にとっても「それぞれの」繁殖成功度と定義されている.

　雌の繁殖成功度は推定しやすい.幼虫期の栄養摂取量がほぼ同等であれば,羽化した雌成虫の体サイズはほぼ同等となり,生産・蓄積された蔵卵数もほぼ同等となる.生涯に平均的な回数で交尾し,平均的な頻度で産卵場所を訪問できれば,実際の産下卵数にも大きな違いは生じないだろう.通常,昆虫類の産下卵のほとんどすべては孵化するので,雌の実際の産下卵数は次世代の個体数に直接寄与するといえ,産下卵数は雌の繁殖成功の指標といえるのである.

　雄の場合,雄間の競争や闘争のおかげで,生涯に何回も交尾を行なえた雄もいれば,極端な場合には,1回も交尾できずに一生を終えてしまうような個体も存在することがわかってきた.すなわち,個々の雌の繁殖成功度が比較的変異に乏しく安定しているのに対し,個々の雄の交尾成功度には大きな格差の生じている可能性が高いのである.ここで,雄の場合,「繁殖成功度」ではなく「交尾成功度」と言葉を換えたことに注意してもらいたい.雌は複数の雄と交尾するのが普通なので,首尾よく雌と交尾(＝連結)し,実際に雌へ精子を移送したとしても,その精子が産下卵の受精に用いられたかどうかまで待たねば,雄の繁殖成功はわからないからである.とくに蜻蛉目の雄の場合,次に交尾した雄により自己の精子は置換されるため,交尾に成功しただけでは繁殖成功度が高まらない.

　水域における行動観察結果の蓄積により,伝統的に,蜻蛉目の雌は生涯に何回も交尾することが知られていた.もし雌の精子貯蔵器官が無限大に膨張できたり,精子貯蔵器官の容量が注入精子量に比べてはるかに大きかったりすれば,複数回の交尾により受け取ったさまざまな雄の精子はすべて貯蔵できるかもしれない.それらから適当に精子を取り出して受精させた卵を産めば,雌の子孫の遺伝的多様性は増大し,さまざまな水環境に卵を産みちらしても,そのうちのどれかの環境に適応している卵が存在する可能性は高くな

り，雌の子孫は将来にわたって維持できるであろう．しかし，雌の精子貯蔵器官の容量には限りがある．

雄が可能な限り多くの雌と交尾しようとした結果，雌をめぐっての雄間競争や闘争がさまざまな場面で生じてきた．蜻蛉目の場合，幼虫たちの生活場所は水域であり，雌の産卵場所である．雌がどのような場所を飛び回っていても，あるいは，飛び回っている雌を見つけられなくても，繁殖期になった雌は必ず産卵場所へやってくるので，雄は適正な水域の適正な産卵場所で待っていればよいだろう．雌と交尾を望むようになった繁殖期の雄は，一帯を飛び回って雌を探すより，水域の産卵場所で雌の飛来を待つほうが効率的であるにちがいない．産卵基質を特定しやすかったり，比較的数の少ない産卵基質が集中したりしている場合，そこに集まってきた雄が排他的な占有行動を示す種は多く，さまざまななわばり行動が観察されてきた．一方，水田のように産卵基質が広範囲に拡がっている場合，なわばり行動は認められない．なお，個体群密度の高い種では，一見すると，群れのように雄が集合し，繁殖活動を行なっている種もある．

（2）交尾行動

古来，「尾つながり（＝連結態）＝交尾」という認識はあったものの，出会いから交尾・産卵まで，蜻蛉目の雌雄で観察される多様な振る舞いは，他の昆虫類の繁殖行動と比べてはるかに多彩で複雑であり，統一的解釈に苦しむ問題であった．雄がなわばりをつくって排他的に産卵場所を占有するという戦術を対極とすれば，特定の場所に集まって乱婚的に雌雄が交尾するという戦術を採用しているような種も存在する．前者の雄では，交尾後も雌のそばに留まって，あたかも産卵中の雌を警護するような振る舞いを示すことが多い．後者では，交尾後，雌雄が連結して産卵場所へ飛来し，連結して産卵している．このような枚挙主義的整理をしても，なぜ種ごとにさまざまな繁殖戦術をもつのかわからなかった．

交尾の前後，普通，雌雄は連結態を形成している．種によってタイミングは異なるものの，原則として，交尾前に雄は移精をしておかねばならない．たとえば，ナツアカネの雄は連結態になると，そのまま飛翔を続けながら1-2秒で移精を終了させる（田口・渡辺，1995）．すると，雌はただちに腹

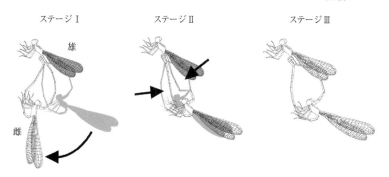

図 4.1 アジアイトトンボの交尾の順序.
ステージ I では矢印の方向への往復運動が,ステージ II では雄と雌がそれぞれ矢印のように腹部を繰り返し接近させるが,ステージ III は静止している(Tajima and Watanabe, 2009 より改変).

部を腹面より前方に曲げて交尾態を形成し,連結態は稲上に着陸する.連結態になってからの移精と交尾に至るまでは数秒以内で完了するので,ナツアカネの交尾前連結期間はたいへん短い.一方,雌が腹部先端を雄の副生殖器に結合させてからの交尾時間は,種によりさまざまである.交尾は,副生殖器のピストン運動が行なわれた後,しばらくの静止の後に終了する.ナツアカネの交尾時間は,平均 323.5 秒(約 5 分)であったという.

アジアイトトンボの交尾継続時間は非常に長く,3 時間以上におよぶこともあるという(Tajima and Watanabe, 2009).雄はなわばりをもたずに草地内を移動し,雌と出会うと,つかみかかり,雌を尾端の把握器でつかもうとする.交尾を受け入れた雌は腹部を雄の副生殖器に向かって曲げるので,それをきっかけとして雄は移精を始める.移精が完了すると,雄はすばやく腹部を曲げ,雄の副生殖器と雌の交尾器は結合する.その後のピストン運動は,雄の腹部の動きによって 3 つのステージに分けられている(図 4.1).ステージ I では,雄はすばやく何回も腹部を押し下げたり伸ばしたりする運動を行ない.ステージ II では,腹部を雌の腹部にぴったりと押し付けたり離したりする運動を行なう.ステージ III は,雌雄に動きのない状態である.その後,雌雄は連結を解消し,交尾は終了する.3 つのステージのうち,ステージ I では精子の注入が行なわれず,ステージ II と III で注入が行なわれる.

102　第4章　行動生態学——種内関係

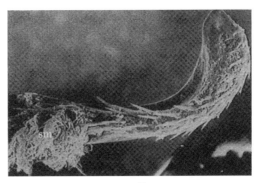

図 4.2 アオハダトンボの一種 *Calopteryx maculata* の副生殖器（実質的なペニス）の先端の拡大部の電子顕微鏡写真.
逆向きに付いた棘がブラシのように付いていて，これを用いて雌の受精嚢内にためられている以前に交尾した雄の精子を掻き出している．自らの精子はその後に注入する．これを精子置換という（Birkhead and Møller, 1998 より）.

　均翅亜目の副生殖器（便宜的にペニスと呼ばれている）を電子顕微鏡で観察して，その先端部に「かえし」が付いていることを見いだした Waage (1979) は，ピストン運動中に，雌の体内に挿入された雄の副生殖器が，以前に交尾したときに注入され蓄えられていた精子を掻き出していることを明らかにした．これを「精子置換」という．その後，蜻蛉目の多くの種において，雄のペニスの先には釣り針にあるような「かえし」や「鞭毛」が付いていて，交尾中，雌のため込んでいた精子は掻き出されていることが明らかになった（図 4.2）．今では，雄がそのように特化した形態のペニスをもっていない種でも，交尾中に，なんらかの精子置換の生じていることがわかり，ほとんどすべての蜻蛉目において「精子置換」は存在すると考えられている．それを基礎として，繁殖場所において観察されてきたさまざまな雌雄の振る舞い——連結やなわばり，連結産卵，産卵警護など——は統一的に解釈できるようになったのである．

　雄は，ライバルに打ち勝って多くの雌との交尾に成功したとしても（交尾成功度の上昇），繁殖成功度は上昇しない．交尾した雌を自己の管理外へと

放任すれば，雌が再交尾させられる確率は高くなり，せっかく注入しておいた精子を次に交尾した雄が掻き出してしまうので，自己の精子で受精した卵は産下されないからである．したがって，雄は，交尾するまでのライバルとのさまざまな競争や闘争に加えて，交尾後に自己の精子を受精させた卵を雌に産ませるためのさまざまな振る舞い（他の雄に対する防衛を含む）を進化させてきたといえよう．

　蜻蛉目の成虫に見られるさまざまな繁殖行動が，雄も雌も多回交尾するという前提で自らの遺伝子だけを次代に拡めようとした結果であると認識されたなら，精子置換を出発点とする性選択の研究が進化生物学の魅力的な中心課題になってきても不思議ではなかった．雄間闘争の過程を基準にするだけでも，なわばり制から擬似レック制，パトロールや待ち伏せなど，蜻蛉目という分類群の中でほとんどすべての繁殖形態が存在するからである．ところが，1990年以降に掲載された約5000に上る性選択関連の研究論文をほぼ5年ごとに検討したReinhardt (2005) によると，蜻蛉目を材料とした論文はつねに全体の0.85%程度のシェアしかなかったという．ショウジョウバエを材料とした論文のシェアは，はじめ6.5%だったのが近年では1割を超え，コオロギ類でも，3%から6%へと伸びたのと対照的である．蜻蛉目と比べると，これらの生物は室内飼育ができ，世代時間が短く，研究者が交尾行動などを制御しやすかったからにちがいない．世界における蜻蛉目の研究者の絶対数が少ないことも理由の1つといえよう．しかし，蜻蛉目がもつやや大きめの精子は，精子生産数や精子の寿命，精子注入数などの解析をしやすくしているので，交尾行動さえ室内で制御できれば，今後の精子競争の研究において，再び，蜻蛉目に脚光があてられるかもしれない．

4.2　なわばり制

(1) 攻撃

　日中の活動時間帯に同種の蜻蛉目の成虫が出会ったときに生じるさまざまな振る舞いは，たがいに避け合わなかった場合，同性なら闘争行動が，異性ならなんらかの配偶行動が認められる．繁殖場所や産卵場所となる水域にお

いては，雌をめぐっての雄間の闘争行動は頻繁に観察され，種特異的な闘争飛翔行動が記載されたり，密度依存との関係で解析されたりしてきた（Corbet, 1999）．雌どうしによる激しい闘争行動がほとんど知られていないとはいえ，これらの闘争行動の結果，個体は間おき集合となって，産卵場所の獲得機会が増えたり，摂食行動の効率が増加したりするかもしれない．なお，出会った相手が異性だった場合，雄の攻撃や雌の反撃，雌の逃避といった振る舞いも配偶行動の一部と理解され，適応的意義が議論されている．

攻撃という振る舞いは，通常，両者の接近から始まる．この振る舞いが生じるということは，どちらの個体も，同種の同性であるという認識が遠方からでも可能であるということが前提といえよう．しかし，実際には，視覚的によく似た姿形や色彩をもつ他種の個体を誤認したり，植物群落がつくりだす複雑な物理的構造のために近距離まで気がつかなかったりするようで，攻撃衝動の高まっている雄は，無差別攻撃になりがちである（Corbet, 1999）．

たがいが接近した後，普通，防衛側による威嚇または追飛の始まることが多い．さらに激しい攻撃の振る舞いとして，「体当たり」がしばしば生じて，たがいに前翅を損傷することがある．さらに，格闘も生じることが知られており，飛翔しながらの脚によるたがいのつかみ合いや，嚙みつき合いが起こることもまれではない（図4.3）．後者の場合，脚に嚙みついたり翅に嚙みついたりするだけでなく，そのまま水面に落下させたりすることもあるとい

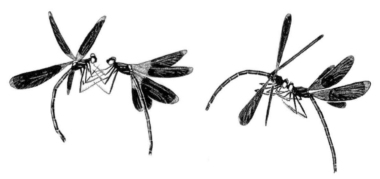

図4.3 アオハダトンボの一種 *Calopteryx splendens* の雄どうしの闘争行動．飛翔しながらたがいの脚どうしでつかみ合いをし（左），つかみ合ったまま嚙みつき合いをする（右）（Rüppell and Hilfert-Rüppell, 2013 より改変）．

う（Rüppell and Hilfert-Rüppell, 2013）．すなわち，蜻蛉目における雄間闘争には体力勝負的側面が認められるのである．Marden and Waage（1990）は，カワトンボ科の *Calopteryx maculata* の雄間闘争において，勝者はつねに体内に脂肪体を多く蓄えていた個体であると報告した．Plaistow and Siva-Jothy（1996）も，*C. splendens* で同様の傾向を見いだしている．

　活動時間帯における蜻蛉目の成虫は，摂食や繁殖などの目的のため，どの個体も同様の生息地選択を行なっているといえ，percher なら静止場所で，flyer なら飛行経路上で出会うことになる．どちらの場合も，一瞬でも早くその場に到達した個体がその場の主人となり，その場の防衛に成功するといわれてきた．すなわち，遅れて到着した個体が攻撃され，たいていは負けてその場から去らねばならないのである．

　林内ギャップで摂食行動を示しているノシメトンボの個体間に見られた相互干渉は，同性間であろうと異性間であろうと，静止場所をめぐっての争いである．林床植生の上に突出した草本や灌木の枝などに静止している個体に対して，他個体が飛翔しながら接近した結果，静止個体が飛来個体に飛びかかっていくのが普通であったという（岩崎ら，2009）．このとき，体当たりによって前翅どうしが音を立てたり，接触はしないものの至近距離（5 cm 以下）で威嚇し合ったりしたが，いずれの場合でも，最終的には，静止していた個体が干渉してきた他個体を追い払い，静止場所の防衛に成功している．このような闘争行動は，ギャップ内に飛来した個体数にしたがって増加するが，午後になって，午前中に水田で産卵していた個体がギャップへ戻ってくるころ，闘争行動は少なくなるという．多くの種において，寝場所に集まった個体は，寝場所をめぐる激しい闘争を行なわないことが知られている（Corbet, 1999）．

（2）雌の確保

　蜻蛉目における精子置換とそれに対応した雄の振る舞いは，交尾相手の雌が自己の精子で受精させた卵を産下し終えるまで，なんらかの手段で雌の再交尾を防ぎ，自己の精子の掻き出しを防ぐように進化させた形質の1つといえる．雄は雌を守っているのではなく，雌に注入した自己の精子を守っていたといえよう．そのための振る舞いは種特異的であり，多様である．

雌の再交尾を防ぐ直接的な方法は，交尾後も連結を維持し，産卵中も雌を離さなければよい．雌雄が連結を続けていれば，他の雄が連結を解除させることは構造的にむずかしいからである．産卵形態として「連結産卵」制を採用している種は多い．これらの種では，しばしば，一例報告として，あるいは生態写真として「三連結」が記録されている．このときの連結とは，必ず雄-雄-雌という順番であり，連結態にちょっかいを出した雄が強引に連結しようとして，連結態の雄の頭部背後を把握してしまったものといえ，雌が努力して腹部を曲げたところで，その先端は先頭の雄の副生殖器（＝ペニス）まで届かず，連結態に連結した雄は最後尾の雌と交尾することができない．したがって，連結産卵とは，雄にとって，雌の再交尾＋精子置換を防ぐ効率的な方法といえ，交尾後，雌を離してしまったときにただちに雌が再交尾してしまうような状況下で進化してきたといえよう．すなわち，雌雄の出会いの場所や産卵場所における個体群密度が高く，雌雄の出会う確率が高い種において連結産卵制が発達したのである．しかし，この方法では，連結している限り，雌がどれだけ多数の卵を産下してくれても，交尾相手の雄にとっては，特定の1頭の雌の産下卵のみが自己の精子を受精しているにすぎない．雄は可能な限り多数の雌と交尾し，雌と同様に，結果的に遺伝的に多様な子孫をつくりだすように進化してきたはずである．したがって，交尾後，雌を離し，単独産卵中の雌が乗っ取られない状況をつくれるなら，ほぼ同時に複数の雌と交尾し，同時に複数の雌に産卵させられるので効率がよい．この方法を進化させてきた種が「なわばり制」をもつようになったと考えられている．

（3）なわばり

なわばりは，Wilson (1975) により「直接防御あるいは警告を通じた排斥により，個体あるいはグループが排他的に占有する地域」と定義されてきた．すなわち，なわばりの大きさやなにを防衛しているかによってA型（隠れ場所や求愛，交尾，造巣，大部分の餌集めを行なうための大きな防衛地域）から，B型（すべての繁殖行動を行ない，ある程度の餌をとれる大きな防衛地域），C型（巣とそのまわりの小さな防衛地域），D型（求愛と交尾のための防衛地域），E型（防衛されるのは休息場所と隠れ場所のみ），F型

（繁殖とは無関係な主として食物を保証する防衛地域）に分類できるという．

蜻蛉目の場合，水域に飛来した繁殖期の雄が，特定の場所を占有しようと排他的な振る舞いを示す「なわばり行動」が知られてきた．普通，このような占有場所には産卵基質が存在するので，そこは雌の飛来場所であり，産卵場所でもある．したがって，この場所を中心としてなわばりをもつことに成功した雄は，飛来したすべての雌と交尾することができ，それらの雌に自己の精子で受精させた卵を産んでもらえることになる．すなわち，なわばりを守るために費やすエネルギーや時間などの損失に比べて，なわばりをもつことによって自己の子孫をできるだけ多く残せるという場合，雄は，配偶者としての雌の確保をおもな目的として産卵場所になわばりをつくっているといえ，これをとくに「繁殖なわばり」と呼ぶ．

なわばりをもった雄がライバルの雄の侵入を阻止し，雌の飛来を発見するためには，つねになわばり内をパトロールするか，あるいは見晴らしのよい場所に陣取って監視するしかない．前者は，コシアキトンボやシオカラトンボのような flyer で，後者は percher で観察される振る舞いである．たとえば，percher であるアオハダトンボの場合，産卵基質となる水草や抽水植物の周囲になわばりをもった雄は，炎天下で静止している（Watanabe et al., 1998）．侵入した雄との間に生じたさまざまな闘争行動におけるさまざまな振る舞いは，Corbet（1999）により種別にまとめられた．Higashi（1981）は，カワトンボにおいて，なわばり占有個体と侵入個体の間で生じた闘争行動を詳細に記載している（図 4.4）．

東日本に生息するカワトンボの雄は翅 2 型をもち，それぞれの型で異なる場所を占有し，それぞれ異なる闘争行動を示すことが明らかにされてきた（Watanabe and Taguchi, 1990, 1997）．すなわち，橙色翅型雄は，小川の開放的な場所に静止し，終日，産卵基質を含む一帯を占有して，侵入しようとするライバルの雄となわばり闘争を行なっている．雌が飛来すればただちに交尾し，なわばり内の産卵基質に産卵させるので，雌の飛来間隔が短いと，複数の雌が同時に近接して産卵することもまれではない．雄はこれらの雌を，侵入してくるライバルの雄から警護している．一方，なわばりをもてなかった雄は，なわばりに侵入を試みては撃退されるので，雌とはめったに交尾できない．このような雄間闘争は，シオヤトンボをはじめとして多くの蜻蛉目

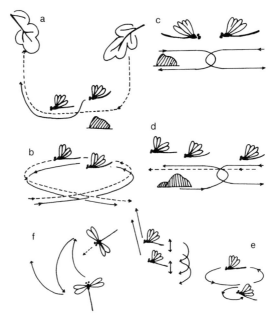

図 4.4 カワトンボの雄のなわばり行動.
a：なわばり占有個体が侵入個体を追飛，b：追飛はしばしば円を描く，c：なわばりの境界における占有者どうしの飛行経路．境界で両者は停止飛翔してにらみ合い，そのとき両者とも腹部末端を上げている，d：侵入個体を隣のなわばりに追い払ったときの飛跡，e：円を描いた追飛の後，両者は停止飛翔しながら上昇していく，f：雌が飛来したときの雄の飛行経路（Higashi, 1981 より改変）.

図 4.5 静止するカワトンボ透明翅型雄（香水敏勝氏提供）.

において観察されてきた．しかし，カワトンボの場合，橙色翅型雄のなわばり闘争に，さらに透明翅型雄の存在がかかわってくるのである（図4.5）．

　カワトンボの透明翅型雄は，産卵基質を中心とした場所の占有行動を示さず，結果的に，開放的な場所で静止することはない．彼らは橙色翅型雄がつくったなわばりの外側の適当な半日陰に定位・静止するのである．その場所は，なわばりに飛来する雌の飛行経路近くであり，飛来した雌を発見した透明翅型雄は，なわばりの外側で雌を捕まえ，交尾してしまう．その後，雌雄は離れ，産卵のために，雌は単独でなわばりへ入っていく．もし橙色翅型雄に気づかれなければ，雌は単独で産卵を開始するので，透明翅型雄の雌横取り戦術は功を奏したことになるが，気づかれれば，必ず橙色翅型雄に再交尾されてしまうことになる．その結果，透明翅型雄の精子は掻き出されて受精にあずかれない．

　周囲の植生などによって形づくられる物理的環境により，雑木林から出てなわばり内の産卵基質へと向かうカワトンボの雌の飛行経路は限定されている．そのため，雌を横取りしようとする透明翅型雄にとって，なわばりの外側で雌を発見しその前に立ちふさがるための定位・静止すべき場所の位置はほぼ決まってしまい，その数はそれほど多くはない．したがって，数少ない定位場所をめぐって透明翅型雄間に闘争が生じることとなる．この闘争は，橙色翅型雄のなわばり闘争よりも激しくしつこい．闘争に負けた透明翅型雄は水域から追われ，周囲の林へと入っていく．林内で運よく休息中の雌と出会えると，交尾を試み，成功することが多いという（Watanabe and Taguchi, 1990）．なお，通常，橙色翅型雄と透明翅型雄との闘争は起こらず，Watanabe and Taguchi（1997）は，橙色翅型雄は透明翅型雄を透明な翅をもつという点で雌と誤認している可能性を示唆した．

　交尾継続時間が長ければ精子置換の効率は上昇し，短ければ低くなってしまうので，どの雄も可能な限りの長時間交尾を求めているはずである．自己の精子が100%入っていれば，雌が再交尾して自己の精子が掻き出されても，ある程度の数の精子が残るかもしれず，その後の産卵に使ってもらえるかもしれない．このような雄の思惑を基礎として，カワトンボの両型の雄における交尾継続時間は，それぞれの個体のもつ戦術と対応し，異なっていると考えられてきた．

カワトンボの交尾継続時間において，もっとも長いのは，なわばりの外側に定位・静止さえできず林内へ追いやられた透明翅型雄が，運よく林内で出会った雌と交尾したときであった．もっとも短いのは，なわばり闘争に負けた橙色翅型雄がなわばり近くでたまたま交尾できた場合で，たいていは，交尾中になわばりをもっている雄に見つかって攻撃され，雌を離してしまうからである．定位・静止している透明翅型雄の継続時間は，なわばり雄よりも長いのが普通であった．一方，なわばり雄の交尾時間も，思ったほど長くはない．交尾中に新たな雌がやってきたり，ライバルの雄がなわばりに侵入してきたりすると，1つ1つそれらに対応せざるをえないので，結果的に，交尾継続時間が短くなったようである．したがって，自らの精子への置換効率は低下せざるをえない．むしろ，なわばり雄は自らの精子の置換効率を低くしても，多くの雌と交尾する戦略をもっているといえる．一方，定位・静止している透明翅型雄にとって，自らの精子を注入した雌は橙色翅型雄のなわばり内へ産卵のために入らねばならず，そのときになわばりの主に気づかれれば，再び交尾され，自らの精子が掻き出されてしまうことを前提としなければならない．可能な限り置換効率を上昇させたとしても，なわばりに入ろうとする雌が多く飛来し，それらすべてを迎え撃ち，交尾しようとするなら，なわばりをもつ橙色翅型雄と同様の問題にぶつかり，交尾継続時間を短くせざるをえないだろう．したがって，定位・静止している透明翅型雄の交尾継続時間は，なわばりをもつ橙色翅型雄よりは長いものの，雌の飛来頻度によって変化しているのである．一方，林内での交尾も，相手の雌が産卵場所へ行けば，その途中で必ず透明翅型雄や橙色翅型雄に見つかって再交尾されてしまうことを前提としなければならない．したがって，必ず精子置換されるなら，じゃまの入らない林内でほぼ100%の置換を目指し，産卵場所で置換されたとしても，少しは自己の精子が残ることを期待すべきであり，交尾継続時間は長くなったと解釈されている（Watanabe and Taguchi, 1990）．

谷戸水田の周囲の湿地で繁殖活動を示すヒメアカネのなわばり行動は，個体群密度と密接に関係していることが明らかにされてきた（Ueda, 1979）．すなわち，産卵基質を中心としてなわばり占有行動を示している雄は，そこへやってくる雌と次々に交尾し，なわばり内で産卵させている．しかし，個体群密度が高くなってくると，雌ばかりでなく，ライバルの雄もなわばり内

に次々と侵入するようになるので，雄を追い払う時間的負担が大きくなってしまう．そのため，なわばりを維持しようとすれば，雌との交尾時間が減少することになる．また，侵入してきた雄と闘争している間に，交尾し産卵させている雌が新たに侵入した雄によって再交尾させられたりする確率も高くなってしまう．このような状況では自分の精子で受精させた卵が生まれなくなるので，なわばりを維持する意味がない．そのため，ヒメアカネの雄は，ライバルの雄の侵入頻度がある閾値を超えたとき，なわばりを捨て，交尾した雌と連結産卵を行なうようになるという．こうすれば，確実に1頭の雌と交尾でき，自らの子孫を産んでもらえるからである．

　産卵基質のある水域を防衛せず，陸上でなわばり行動を示す種も知られてきた．たとえばアマゴイルリトンボの場合，朝，寝場所の樹冠部から林床へと下りてきた雄は陽斑点を占有する．雄は陽斑点の中央部で，ちょうどスポットライトを浴びたような位置の下生えの上に静止することが多い（Watanabe et al., 1987）．陽斑点は高木層の樹冠の隙間からの直射光で生じるので，太陽の動きとともに移動したり消滅したり，新しく生じたりしている．それに対応して，雄は，雌が飛来せねば10分から20分ごとに陽斑点を移っていくことになり，移動先に先住者がいた場合，しばしば闘争が起こる．もちろん，原則として，先住者のいる陽斑点を乗っ取ることはできない．雄の飛び方は緩やかで，1回の飛翔時間は長くても3秒，たいていは1–2秒で，どんな理由で飛翔したとしてもその回数は1時間あたりせいぜい5回程度である．飛翔経路は，陽斑点の光のスポットの円周に沿って1周してもとの静止場所へ戻る「パトロール飛翔」と，ヘリコプターの離着陸のように静止場所から直上に上昇し，そのままもとの静止場所へ着陸する飛翔行動が認められている．後者の飛翔は「なわばり宣言」か「雌に対するアピール飛翔」の役割をもつらしい．雌は陽斑点のすぐそばの薄暗い場所に定位・静止しているからである．ただし，雌がどんな基準で雄（または陽斑点）を選ぶのかはわかっていない．いずれにしても，雌は午前中のあるとき，急に陽斑点に飛び込み，雄ともつれ合うようにして藪の中へ飛び込み，舞台から消えてしまう．そしてただちに水域へ連結態のまま飛翔していくのである．

4.3 産卵

(1) 産卵警護

　ほとんどの均翅亜目の雄と，トンボ科を主とする不均翅亜目の雄は，産卵中の雌を警護することが知られてきた．その方法は，産卵中も連結態を維持しライバルの雄の横取りを物理的に防ぐ警護と，産卵中の雌の周囲に留まってライバルの雄の接近を阻止する非接触警護に分けられる．前者をとくに連結産卵という．いずれの警護でも，雄は，目下産卵中の雌には自分の精子で受精した卵を産ませながら，その間に新たな雌が近くに飛来すれば，その雌とも交尾・産卵できる可能性を探っている．しかしその雌を捨てて新たな雌に向かえば，その雌はライバルの雄に横取りされてしまうので，雄の警護の強さ（≒産卵中の雌に対するこだわり）は，阻止すべきライバルの雄と交尾可能な雌の数の間のトレードオフの関係で決まってくる．一般に，交尾を受容できる雌が多くなれば，個々の警護時間は短くなり，密度依存の傾向があると Brooks (2002) は指摘した．

　連結産卵を行なう均翅亜目では，産卵時間が数時間にわたる種であっても，産卵終了まで，雄は連結を続けている．これらの種はしばしば集合して産卵し，相互干渉はほとんど認められない．連結している雄は雌の頭部から直立していることが多く，この振る舞いは，産卵中であることのアピールばかりでなく，捕食者などの接近で雌が産卵を中断した場合，ただちに雌を連れて飛び立ち，別の場所へ移動できる準備行動と考えられている．

　トンボ科における連結産卵は均翅亜目よりも融通性があるといわれてきた．とくに産卵基質が広範囲に拡がっている場合，雌雄の密度が高く産卵中の連結態がしばしば単独雄に干渉を受けやすい状況下では，産卵終了まで連結は続けられるが，干渉が少ない（≒密度が低い）と，雄は連結態を解消し，産卵中の雌の斜め後ろで停止飛翔をして非接触警護を行なうようになるという（図4.6）．このとき，単独産卵中の雌がなんの干渉も受けないと，警護中の雄は徐々に雌からの距離を離していき，最後には，単独産卵中の雌から去って，交尾相手となる次の雌を探し始める．

　アカネ属は一般に連結産卵を行なうとされてきたが，単独産卵中の雌を雄

図 4.6 晩夏の水田に飛来したノシメトンボの雌雄が連結打空産卵を終え，雌が単独で打空産卵を開始したとき，雄が雌を警護している．

が警護飛翔する種も多く，リスアカネやヒメアカネ，キトンボ，マユタテアカネ，エゾアカネ，タイリクアカネなど，雄がなわばりを形成する種で報告されてきた．一方，なわばりを形成しないアキアカネやナツアカネ，ノシメトンボでは，連結産卵の後に単独産卵へ移行することが多いという．ミヤマアカネの一部では，連結解除後の単独産卵の際，雄に弱いながらも排他性が認められている（田口・渡辺，1985）．また，ナツアカネやノシメトンボ，コノシメトンボは連結して卵を空中より産み落とすいわゆる「打空産卵」を行なっている．このような連結打空産卵時における停止飛翔の羽ばたきのエネルギーの多くは雄が負担するので，雌にとって連結打空産卵はエネルギー負担の面で有利かもしれない．産卵終了後，連結はただちに解消され，一度解消された連結の組み合わせの雌雄が再び連結することはないことを田口・渡辺（1995）は観察している．

　連結産卵の時間が長くなればなるほど，それにかかる運動量も大きくなるにちがいない．ナツアカネの連結打空産卵時間の平均は 461.3 秒（約 7.7 分）だった．このような長時間の激しい飛翔行動を暑い夏季に行なうと，輻射温度だけでなく気温も高いので体温の著しい上昇をもたらすにちがいない．雄

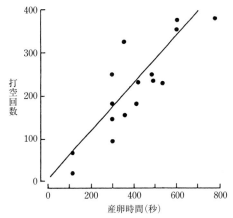

図 4.7 連結打空産卵時における産卵時間（d）と打空回数（f）の関係（田口・渡辺, 1995 より改変）.
$f = 4.285 + 0.528\,d,\ r^2 = 0.743,\ p < 0.001.$

が生理的に耐えられる体温の上昇には限界があるので，夏季の産卵はナツアカネにとって不適といえ，外気温の低い秋季の産卵が適応的だといえる．産卵時間とその間に雌が腹部を上下に振る産卵動作（打空）の回数には正の相関が見られ（図4.7），約2秒で1回の打空が行なわれていた．1回の打空で1卵ずつ産下されるなら，約2秒で1個の卵を産下していることになるので，1回の産卵における平均産下卵数は231個と計算される（田口・渡辺, 1995）．

アカネ属に見られる連結産卵時の雌の腹部の上下動（打水または打空）が連結している雌雄どちらの主動によるものかは，打水産卵をする種において論議されてきた．アキアカネでは枝（1976）が，ミヤマアカネでは加藤（1950）が，連結している雌が瀕死だったり死んだりしていても，雄が正常なら雌の腹部は打水することを観察している．Moore（1952）は実験的にタイリクアカネの雄を死んだ雌と連結させ，雌の腹部が打水することを確かめた．これらの事実は，雌に運動能力がなくても雌の腹部が打水することを示しており，連結産卵は雄主動によって行なわれる根拠とされている．

潜水産卵する種の場合，雄は雌が潜水した位置の上空で停止飛翔したり，

近くで静止したりして，ライバルの雄を産卵場所から排除しようとしている．産卵を終了し，雌が浮上すると，雄は水面で再び雌を捕まえ，連結態となって，表面張力によって水面にとらえられた雌を引きはがす．雌にとって潜水産卵とは，体温低下，呼吸不全，浮上時の体力消耗など，さまざまな負担がかかるとはいえ，雄の「救助」は雌にとって重要な意味をもっていると考えられてきた．その前提は，1回の潜水で，雌はすべての卵を産み尽くしてはいないことである（Corbet, 1999）．したがって，雄は何回かの潜水産卵に付き合わねばならない．

（2）単独産卵

いくつかの例外を除き，トンボ科以外の不均翅亜目の多くの種と，均翅亜目アオモンイトトンボ属の多くの種において，雌は単独産卵を行なっている．これらの種においては，交尾時間帯が早朝や薄暮など限られ，それらと産卵時間帯はずれていることが多い．交尾時間帯における雄の攻撃活性は高く，それに対抗した雌の交尾拒否行動も激しいことが知られている．しかし，産卵時間帯になると，雌雄の出会いが頻繁に生じても，雄による攻撃はほとんど起こらない．

雄を同伴しない単独産卵は，産卵中の危険が相対的に高まるにもかかわらず，それがもたらす利益は明らかにされてこなかった．Brooks（2002）によると，これらの種の交尾では，自由遊泳精子ではなく精子塊が注入されるので，雌体内で受精可能な自由遊泳精子になるまでに数時間がかかることが，単独産卵の原因であるという．

（3）産下卵数

蜻蛉目の多くの種において，成熟した雌は交尾と産卵のためのわずかな時間だけしか繁殖場所の水域へ出現しないことが明らかにされてきた．体内の成熟卵をほとんど産み尽くしてしまった雌は，次の産卵のために大量の餌昆虫を必要とするからである（Miller, 1987）．実際，彼らは成熟しても多くの時間を森林や草地などで過ごしているので，水域に出現した雌とは，体内で成熟卵数が一定のレベルに達している個体であるという（Fincke, 1986）．シオカラトンボ属の雌も水域へ出現するのは産卵のためだけで，Watanabe and Higashi (1989) は, シオヤトンボの標識再捕獲調査を行ない, 成熟した雌は普通, 丘陵域で過ごし, 産卵のときだけ水田域に出現することを明らかにしている.

　雌が一生の間に実際に産下する卵数は, いくつかの要因によって決められている. すなわち, 蔵卵数以上の卵は産めないのは自明としても, 未熟卵や亜成熟卵も産めないので, これらに栄養を注入して成熟卵に発育させることのできた数だけが産下可能な卵数となる. したがって, 雌が摂取した餌の量と質が産下可能な卵数に影響を与えるといえよう. しかし, 蜻蛉目の場合は, それだけではない. 1回の産卵で産んだ卵（クラッチ≒一腹卵数）の数や1クラッチの卵を産みきるまでの時間, 一生の間に産み出すクラッチ数, クラッチから次のクラッチまでの時間間隔を考慮せねばならないのである. しかも, これらの間に, 雌は何回もの交尾を行なうこととなり, 産卵中にはさまざまな干渉を受け, 天敵による捕食圧もかかってくるにちがいない. さらに, 気温の変動や降雨などの気象要因も生涯産下卵数に影響を与えている.

　産卵を開始した後, 明白な干渉を受けず, 自発的に産卵を終了させたとき, 雌はもっていた成熟卵をほとんどすべて産みきったと考えられている. このときの典型的なクラッチサイズは, 種によってはもちろん, 同種でも個体差の大きいことが知られてきた. 一般に, 雌のエイジの進行とともにクラッチサイズは減少しがちであるという. このとき, 産卵間隔も短くなる. Michiels and Dhondt (1991) は, 産卵間隔の減少傾向を, 産卵場所へ行くためのコスト（≒捕食の危険性やエネルギーの浪費）よりも, 次の晴れた日まで産卵を延長するコスト（≒産卵機会の減少）のほうが上回っているか, または, エイジが進んで老齢になると, 強引な雄の干渉を避けられなくなったためだろうと述べた. ノシメトンボの雌も, エイジが進行して期待余命が減少すると, 産卵と産卵の間隔を短くすることによって, 産卵の機会を増加させているという. 雌が保有する卵は未熟卵まで含めておよそ8800個であり, 日齢が進むと雌の卵巣小管1本あたりの未熟卵の数が減ることから, 生涯産下卵数は約2000個と推定されている (Susa and Watanabe, 2007).

4.4　精子競争

（1）精子置換

　多くの昆虫の雌は，一度の交尾で，生涯で産む卵のすべてを受精させるために必要充分な量の精子を受け取るといわれてきた．これらの精子は精子貯蔵器官に長期間ためておくことが可能で，産卵の直前に取り出し，受精を行なっている．したがって，雌は生産した卵をすべて産むとしても，生涯に1回交尾を行なうだけで，受精に必要な精子量は足りているといえる．それにもかかわらず，多くの種の雌は複数回の交尾を行なっていることが明らかにされてきた．産卵するまでに2頭以上の雄と交尾し，それぞれの雄に由来する精子が雌の精子貯蔵器官内に同時に貯蔵されるなら，どちらの雄の精子も受精に使われる可能性が生じてくる．その結果，雌の精子貯蔵器官内で，受精をめぐって精子間で競争が起こるかもしれない．このような精子競争は，精子を注入した雄の繁殖成功度に直接影響するため，雄に対する強力な選択圧となってきた．より多くの卵を自らの精子で受精させるため，雄の間で精子競争を緩和，または回避する形質の進化が促されたのである．

　蜻蛉目における産下卵は交尾直後の雄の精子で受精しているのが普通である．McVey and Smittle（1984）は，トンボ科の *Erythemis simplicicollis* の雌が再交尾後に産んだ卵のほぼすべてが，再交尾相手の雄の精子によって受精されていることを見いだした．すなわち，交尾中に前の雄が注入していた精子を掻き出すことは，精子競争において非常に効果的であったといえよう．Siva-Jothy（1987）は，産卵場所とそうでない場所において交尾しているタイリクシオカラトンボの雄の交尾時間が，前者よりも後者で長くなる理由を，後者の雄が精子除去率を 100% に高めようとした結果であるとした．このように，精子置換現象の発見により，これまでに記載されてきた多様な繁殖システムは，雄が自らの精子で受精した卵を雌に産ませるための巧妙な戦術であることがわかったのである．すなわち，産卵場所でなわばり戦術を示す雄は，やってきた雌と交尾し，自らの精子で受精した卵をその場で産んでもらうため，ライバルに雌を横取りされ，精子置換されないように，警護していたといえよう．守るべきは雌ではなく，雌の体内に注入した自らの精子だっ

た．一方，なわばりをつくらない種の場合，交尾後，雌を離すと，すぐに他の雄がその雌と再交尾するにちがいなく，精子置換が行なわれ，自らの精子は受精にあずかれなくなってしまう．したがって，交尾後，雌が産卵するまでは連結態となって他の雄の再交尾を防ぐ必要があり，連結産卵を行なうことになる．

精子置換という現象は，その後多くの昆虫類で発見され，雌の複数回交尾に対抗した雄の戦術の1つと解釈されるようになってきた．すなわち，雄間の闘争は，われわれの目前で示される振る舞いだけでなく，交尾後も，雌体内で生じていたのである．その結果として，蜻蛉目の繁殖行動で見られる雌雄のさまざまな振る舞いは，このような精子競争を基礎として解釈されるようになっただけでなく，生活史戦略を理解するための基礎ともなってきた．現在の進化生態学は，野外の生物の行動や個体群のたんなる解析ではなく，生理学や遺伝学などをつねに念頭に置かねばならない総合的な生物学に発展したといえよう．

（2）生理と形態

雌の体内の精子を掻き出すことで精子競争を完全に回避しようとするには，貯蔵されていた精子すべてを効率よく除去する必要があり，直接的な除去には，雌雄の交尾器の形態の対応関係が重要である．多くの種で，雄の副生殖器の先端は雌の受精嚢まで届くことが明らかにされたが，アジアイトトンボのように，雌の受精嚢は細長い受精嚢管で交尾嚢に接続しているので，鉤状の付属器が受精嚢管よりも細く，長くなければ，受精嚢に届かず，直接受精嚢内の精子を掻き出すことはできない種も知られるようになってきた（図4.8）．

アジアイトトンボの雄の付属器の太さは約 $36\,\mu m$ で，雌の受精嚢管の太さは約 $49\,\mu m$ なので，付属器のほうが受精嚢管よりも細く，雄は付属器の先端部を雌の受精嚢管内に挿入することは可能である（図4.9）．ところが，その付属器の長さは約 $340\,\mu m$ しかなく，雌の受精嚢管の長さの約 $610\,\mu m$ よりはるかに短く，雄の付属器の先端部は受精嚢の内部に到達することができない（Tajima and Watanabe, 2009）．しかし，交尾中の雌雄を各ステージの終了直後に交尾を中断し，それぞれの雌を解剖し，受精嚢と交尾嚢の中の

 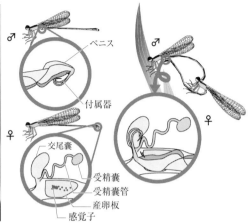

図 4.8 交尾中のアジアイトトンボ.

図 4.9 交尾中のアジアイトトンボにおける雌雄の生殖器の配置.
雄のペニスの先端の付属器は雌の交尾嚢の中には入れるが,受精嚢には届いていない(Tajima and Watanabe, 2009 より改変).

精子を数えたところ,交尾直前の単独雌は,交尾嚢に約5万本,受精嚢に約3万本の精子をもっていたのに対し,ステージⅠ終了直後に中断した雌は,交尾嚢に約5000本の精子しかなかった.精子は,確かに掻き出されていたのである(図4.10).ところが,受精嚢にも約8000本の精子しかなかった.すなわち,受精嚢から精子は掻き出されないという予測に反して,受精嚢内の精子も減少している.結果として,ステージⅠの間に,交尾嚢と受精嚢の両方でおよそ80%の精子が減少していた.その後,ステージⅡとⅢで精子が注入され,交尾終了直後の雌は交尾直前の雌と同じくらいの精子数に戻ってしまった.この結果は,副生殖器の先端が受精嚢に届かないにもかかわらず,受精嚢でも精子置換が起こっていたことを意味している.したがって,アジアイトトンボの場合,直接的な掻き出しは起こらず,掻き出し以外の機構で減少していると考えられた.

これまでに,交尾中の直接的な掻き出し以外の機構として,3つの仮説が提出されてきた.1つめの仮説は,雄が受精嚢につながる神経を刺激し,受精嚢の精子の放出を促しているというものである.この機構はカワトンボの

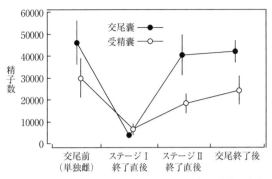

図 4.10 アジアイトトンボの雌における交尾前後の保有精子数の変化 (Tajima and Watanabe, 2009 より改変).

一種 *Calopteryx haemorrhoidalis asturica* で報告された (Córdoba-Aguilar, 1999). 雌の内部生殖器の両側にある産卵板と呼ばれる板状の構造の表面には，物理的刺激を受け取る感覚子があり，精子貯蔵器官周辺の筋肉の動きを制御している．産卵時に卵が卵管から産卵管に向かって動いてきた刺激を感覚子が受け取ると，その刺激は神経を経由して伝達され，受精嚢のまわりの筋肉が収縮し，精子は放出され，受精が行なわれるのである．そこで，交尾中，雄は腹部をピストン運動することによって，卵の動きに擬態する刺激を雌の感覚子に与えて，受精嚢内の精子の放出を促すという仮説である．雌が産卵板上の感覚子を用いて受精を制御する機構は，カワトンボだけでなく，多くの蜻蛉目昆虫で共通であるといわれているため，アジアイトトンボの雄が同じような機構を発達させている可能性は高い.

 2つめの仮説として，雌が受精嚢内の精子を操作して置換させていたことも考えられる．蜻蛉目昆虫において明確な実例はないが，他の昆虫においては，雌が受精嚢の筋肉の動きによって，精子の貯蔵場所を変えたり，精子の排出を行なったりすることが報告されている．アジアイトトンボの受精嚢も筋肉でできているため，雌が受精嚢内の精子をある程度は操作することが可能だろう．すなわち，受精嚢内の精子が古くなったり，前の交尾相手が気に入らなかったりした理由で，雌が積極的に受精嚢の精子を排出することによって，雌が受精に用いる精子を選択しているのかもしれない．3つめの機構

として，雄や雌の直接的操作ではなく，交尾嚢内の精子が掻き出されたことによって，交尾嚢内の圧力が低下し，それによって吸い出されるように受精嚢内の精子が交尾嚢へ移動してくる可能性も考えられている．

アジアイトトンボにおける受精嚢内の精子の減少は，雄による直接的掻き出し以外のなんらかの機構によるものであることがわかってきた．このような精子置換機構の報告例はまだ少なく，現在進行形の研究といえよう．しかし，直接的な掻き出しによらない精子置換機構に関係する雌の内部生殖器の構造や，雌体内における受精機構は，蜻蛉目昆虫だけでなく他の昆虫においても類似している．したがって，アジアイトトンボ以外の他の種においても，直接的な掻き出し以外の精子置換機構が発見される可能性は高い．

4.5 多型

（1）擬態

昆虫類には，同種でありながら，同所的・同時期に，雄だけ，雌だけ，あるいは両者ともに，色彩や形態の異なる姿を生じさせる種が存在する．そのうち，個体群密度に依存して生ずる相変異は，トノサマバッタやカメムシ，アメンボ，アブラムシなどで知られ，それらに関する研究は個体群動態の機構解明に寄与してきた．一方，蝶類などで認められる多型は，個体変異を超えて，同種でありながら極端に翅の色彩や紋様が異なり，一見すると別種であるかのように見える場合もある．しかも，その変異は種内の個体群密度に依存して出現するわけではない．多くは，毒をもっていたり不味かったりするモデル種に擬態する種に生じていることが明らかにされ，熱帯を中心とした地域で，主として鳥による捕食圧の高い種で進化してきたと考えられている．毒をもつベニモンアゲハをモデルとした擬態種・シロオビアゲハの雌は，少なくとも4つの型を生じるが，なんらかの理由でベニモンアゲハの生息していない場所では，シロオビアゲハの雌の翅の模様がほとんど雄と同じで，ベニモンアゲハと似ているような翅をもつ雌は出現しないという．このような捕食者に対抗して多型を出現させる機構は，温帯においても，雄が激しい求愛を行なう種における雌の対応戦略としての多型の出現をもたらしたよう

である．わが国に産するモンキチョウの雌の多くは白色の翅をもっているが，雄と同じ黄色の翅をもつ雌も一定の割合で生じており，黄翅型の雌は雄によるしつこい求愛を受けないことが明らかにされてきた．すなわち，雄に擬態した雌といえよう．したがって，相変異ではない多型は，個体レベルにおける繁殖成功度の追求の結果といえ，雄よりも雌に生じやすいと考えられてきた．

蜻蛉目における多型は，種によって，雌にも雄にも生じるのが特徴である．わが国のカワトンボの雄に見られる翅多型は，開放的な場所になわばりをつくる橙色翅型雄に対し，透明翅型雄はなわばりの周囲に定位・静止して，なわばりへ入ろうとする雌を横取りして交尾しようとしている．このとき，橙色翅型雄どうしによるなわばり争いやなわばりの境界画定の争いはあっても，橙色翅型雄が透明翅型雄を排除しようとする闘争は認められない．かえって，透明翅型雄を雌と混同することも多いようで，求愛を試みることさえある．むしろ，透明翅型雄の発生時期やなわばり周囲における振る舞いは雌の振る舞いに似ており，透明翅型雄は雌に擬態していると考えられている（Watanabe and Taguchi, 2000）．Schultz and Fincke（2009）も，熱帯林に生息するハビロイトトンボ科 *Megaloprepus caerulatus* の雄には，翅の色彩と紫外線反射率が雌の翅と似ている個体が出現することを報告した．しかし，それだけではない．この種の雌には，翅の色彩が雄に似た個体が出現し，雄からの過度の求愛を避けることに成功していたという．わが国のアオモンイトトンボの雌に生じる二型の一方も雄の体色とよく似ており，雄からの過度の干渉を避けていることが明らかになってきた（Takahashi and Watanabe, 2010）．すなわち，蜻蛉目に出現する多型は捕食者に対抗する戦略ではなく，種内関係から生じたものといえよう．したがって，雄間で資源（≒産卵場所や雌，まれに餌）をめぐって激しい闘争が生じる種では雄に多型が，雄による強引な求愛や連結試行が生じる種では雄への対抗として雌に多型の生じることが予想されるのである．

（2）ハラスメント

イトトンボ科の場合，雌の体色に色彩多型を出現させる種が多い（Fincke *et al.*, 2005）．これらの種の雌では，体の色や模様が雄に似た鮮やか

な色彩の個体（雄型雌あるいは同色型雌）と，生息環境の背景に対して隠蔽的な色彩を呈する個体（雌型雌あるいは異色型雌）の2型が同所的・同時期に出現するのが一般的であり，雄からの激しい性的干渉を避けるための適応と考えられてきた．すなわち，2型の出現頻度は，雄の配偶者選好性が出現頻度の高いほうの型の雌に偏ると，出現頻度の低いほうの型の雌は，雄からの干渉を受けにくく，採餌や卵成熟，産卵に専念できるために適応度が高くなって子孫が増加し，次の世代には出現頻度が高くなるため，今度は雄の干渉を受けるため，子孫は減少する．したがって，雌の2型に対応する雄の選好性の偏りが選択圧となる負の頻度依存選択により，両型の適応度が交互に増減を繰り返し，結果として，均衡して多型が維持されるのである．

　この色彩2型に対する雄の配偶者選好性は，学習によって可逆的に変化するとされてきたが，その学習に関与する経験は，アオモンイトトンボで明らかにされた（Takahashi and Watanabe, 2009）．この種の雄型雌の胸部は，雄とほとんど変わらない鮮やかな緑色または青色を呈し，腹部第8節に青色の斑紋をもっている．一方，雌型雌では，性的に未熟なうちは胸部の地色が橙色で，加齢に伴ってやや灰色がかった茶色へと変化している．雌雄は，早朝，水域に隣接する草地において交尾を始め，午前中いっぱい交尾を継続し，午後になると，雌は単独で産卵を行なっている．このとき，産卵中の雌を発見した雄は，しばしば交尾を試みるが，雌の激しい交尾拒否行動により，交尾は成立しないのが普通である．

　交尾を試みようとして雌に干渉する雄の行動は"ハラスメント"と呼ばれてきた．雄のハラスメントは，雌の採餌行動を妨害したり（単独生活をする蜂類など），雌の死亡率を増大させたり（アメンボなど）と，さまざまな昆虫において，雌の繁殖や生存に悪影響を与えていると定義されている．しかし，雌に対するハラスメントの強さや頻度を実験的にコントロールすることができなかったため，ハラスメントが雌の繁殖成功度（＝産卵数）に与える影響はほとんど明らかにされていなかった．

　ハラスメントによって生じる産卵行動の直接的な妨害は，雌の産卵時間を減少させ，結果的に産下卵数を減少させている可能性がある．そこで，昼に捕獲して産卵をさせずに夕方まで保った雌（以下，非産卵雌）と，この間に野外で自由に産卵を行なっていたであろう雌を夕方に捕獲し（以下，産卵

雌), 両者のもつ成熟卵数を比較し, 間接的に日あたり産下卵数を推定すると, 雄型は257個, 雌型は165個となり, 雌型の産下卵数が雄型に比べて35%程度も低かったという. もちろん, 雌型の産下卵数の少ないことは, 1日の卵生産数が少ないことにも起因しているが, 産卵活動を終えた時間帯に雄型の産卵雌はほとんど成熟卵を保有していない一方, 雌型の産卵雌は4倍程度多くの卵を残していたことが重要である. このことは, 雌型が, 産卵活動を妨害されたことにより, 生産した卵を産みきれなかったためと考えられている (Takahashi and Watanabe, 2010).

　ハラスメントによる間接的な効果は, 雌の卵生産にも生じていた. 雄による執拗な攻撃 (≒雄にとっては求愛) を受ける雌型雌は, 採餌に割く時間が減少し, 日あたり摂食量が少なくなっている. これに対して, 雄による攻撃を受けにくい雄型雌は充分な摂食量を確保していることが予想された. 図4.11には, 野外で捕獲した雌がもっていた成熟卵 (＝ただちに産み出せる卵) の数の時間帯別変化を示してある. 前日の産卵活動でほとんどの卵を産んでしまった雌にとって, 朝もっていた成熟卵の数はどちらのほうも多くはなかった. ところが, 昼から夕方にかけて, 雌型雌の卵生産量は雄型雌より

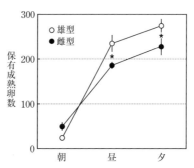

図 4.11 野外で捕獲したアオモンイトトンボの雌が保有していた成熟卵の数の日変化.
★は有意な差のあることを示し, 雄型雌のほうが日あたり卵生産の多いことがわかる (Takahashi and Watanabe, 2010 より改変).

も有意に少なかったのである．

　羽化直後から雌と接触させずに飼育した雄（未経験雄）に対し，雄型雌と雌型雌を呈示する二者択一実験を行なうと，雄の選択に偏りは認められず，雌に対する雄の選好性に生得的な偏りはないことが確かめられた．次に，このような未経験雄を，午前中，1頭の雌とともに小さなケージに入れたところ，その雌と交尾した雄は，その日の午後に行なった二者択一実験で，交尾した雌と同じ型の雌を選択したという（図4.12）．一方，ケージに入れられた雌に交尾拒否を受けた雄は，午後の二者択一実験で，特定の型の雌は選ばなかった．どちらの雄も，翌日の午前中に行なった二者択一実験では選好性が認められなかったので，雌の色彩2型に対する雄の選好性は，交尾の経験により変化するものの，一晩で消滅することが明らかにされた．ただし，交尾できなかった雄は，翌日の選択実験で，交尾失敗した雌とは逆の雌を選ぶ傾向があったので，交尾成功よりも，交尾失敗の経験のほうが雄の選好性に

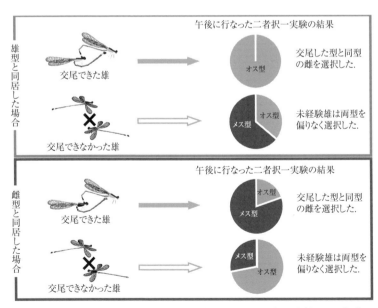

図 4.12　アオモンイトトンボの雄を，午前中，実験的に交尾試行させ，午後に両型の雌の選択を行なわせた結果（高橋・渡辺，2008より改変）．

比較的長い影響を与えていた可能性がある（高橋・渡辺，2008）．

　雄が交尾を経験した雌と同型の雌を選好するなら，少数派の型の雌と交尾した雄は少数派の型の雌を探索することになる．アオモンイトトンボの交尾は午前中に行なわれるので，その日の午後，多数派の型の雌を選好する雄は多くなるにちがいない．午後の雄の交尾の試みは雌への干渉となり，産卵に費やす時間は減少するであろう．一方，少数派の型の雌は干渉されにくいので，産卵時間が相対的に長くなり，結果として，生涯産下卵数が増加する．したがって，午後の雄の選好性が雌の色彩2型を維持する選択圧の1つになると考えられている．

第5章　個体群生態学
——数の変動

5.1　生活史戦略

（1）生存と死亡

　個々の生き物にとって，生まれて，成長し，繁殖して死ぬまでの過程の中で，究極の目的はどれだけたくさんの自己の子孫を残せるかである．繁殖開始齢までは可能な限り栄養をため込んで生き残り，繁殖期間中は可能な限りたくさんの子孫をさまざまな環境に分散させる（≒そのうちの，少なくともどこか1つの環境で子孫が生き残れればよい）ことに秀でた個体の子孫のみが，現在，われわれの目の前に生き残っているといえ，このような生存と繁殖の過程を併せて「生活史」という．とくに動物の場合，われわれの目の前で示される個々の個体の振る舞いは，長い進化の過程で結果的にその個体の生残確率を高めるように適応した形質と考えられるので，習性や行動は生活史の重要な基礎をなしているといえる．また，暑さ寒さ乾燥などという非生物的環境条件への適正な対応も生残には必須であり，それらの条件に対して適応進化してきた形質を含め，一切合切まとめて「生活史戦略」と呼ばれるようになってきた．しかし，現実問題として，生まれた直後に捕食されてしまうこともあれば，天寿を全うするような運のよい個体もあるにちがいない．われわれが神様の立場に立って生物の世界を見下ろした場合，産み出された子孫たちは，成長とともに数を減じ，それほど多くない個体たちが繁殖齢に達することができ，彼らが再び子孫をつくっていくという繰り返しを見ることになる．すなわち，野外において，生き物の個体群はつねに変動しているといえよう．

繁殖に際しては，産み出そうとする子の1個体ずつにどれだけの栄養を注ぎ込むかが重要な問題となってくる．自己の産んだ子の将来の生存を可能な限り保証しようとするなら，とりあえず，それぞれの子に可能な限りたくさんの栄養を与えてやればよい．しかし，雌の大きさに限りがある以上，雌がもっている栄養（≒エネルギー）の量には限界があるので，1個体に与える栄養量と産み出す子の数の間にはトレードオフの関係が存在する．すなわち，多産を追求すればするほど，それぞれの子に配分できる栄養は少なくなってしまう．したがって，体の小さい昆虫類が多産を目指せば小卵を産まざるをえないことになり，その「小卵」という戦略の中で，やや大きな卵を産む種があったり，われわれの予想以上に小さな卵を産む種が存在するのである．

　小卵は，すなわち，体積（≒重さ）あたりの表面積が大きいことを意味するので，気象条件のような非生物的環境要因の悪影響を受けやすくなってしまう．しかも，発育初期の体はさらに小さいので，さまざまな天敵に襲われやすく，結果的に初期死亡率の高い生存曲線を描くことになる．個体群生態学でしばしば利用されてきた生命表や生存曲線を用いる分析は，子孫の産み出し方と生まれた子孫の数の減じ方という生活史戦略を解析する第一歩なのである．

　どのような大きさの卵であっても（≒子に対する栄養やエネルギーの配分にどのように親が配慮してくれたとしても），産み出された以上，その後の生残は自己責任となる．悪天候のような非生物的環境要因による発育の遅延などを考えなければ，天敵といわれる捕食者たちの攻撃を可能な限り避けながら繁殖齢に達して，同性どうしの競争に打ち勝って，自己の子孫を産み出していかねばならない．個々の個体にとっての移動・分散は，捕食者からの逃避や同種他個体との関係改善目的だけでなく，繁殖齢以前なら餌資源の効率的利用の追求を，繁殖齢以降ならパートナーの獲得や産卵場所の多様化など，さまざまな目的をもって行なわれている．神様の立場に立っているわれわれは，個々の個体の移動や分散の過程を測定し，結果としての分布様式を解析してきた．ここにおいて，生活史戦略の理解には，個体群という概念が必須となるのである．

（2） r–K 戦略

　野外で普通に生活している生物において，個体群が減少し始め，瞬間増加率が内的自然増加率（r_0）近くになってしまったとき，その値を最大限に発揮できる場はほとんど存在しない．なにしろ個体群が限りなくゼロに等しいときに，この値は理論的に最大となるからである．しかし，突然生じた生息地（たった1本の大木が倒壊した場所や崖崩れ跡，伐採跡地など）に真っ先に飛来したたった1頭の雌がイヴとなって産卵を開始したら，そこから出発した個体群は，高い内的自然増加率を発揮して，教科書どおりの指数関数的増殖を行なえるかもしれない．ただし，そのような生息地がいつでもどこにでも生じるわけはないので，将来の生息地の出現場所を予測したり，あらかじめそのような場所に到達していたりすることは不可能である．また，非生物的環境要因や食物の量の変動が激しい場所・気候帯では，そこに棲む種にとって，生活に好適な期間が短かったり，その期間がいつまで続くか予測できない場合が多い．

　とはいえ，いずれの場合でも，思いもよらぬところに突然出現した生息地を真っ先に発見し，そこに到達することができたなら，そこには競争者が不在かあるいは少数しか存在しないので，その場の資源を独り占めすることが可能となる．天敵も少ないであろう．すなわち，生活するのに好適といえ，その結果として，子孫は増加させやすい．したがって，このような場所を利用して生活している動物は，他種や他個体よりも早くそういう場を見つけるために，たくさんの子孫を周囲に絶えずばらまき続ける必要があった．卵を多量に産んで，子どもを広く分散させるという形質をもつように進化してきたのである．もっとも，これらの子どもの大部分は新たな生息地を発見できないのが普通で，子どもの生存確率は極端に低くなっているにちがいない．しかし，新たな生息地にたどり着けたとき，その場でただちに繁殖を始めることが可能な子どもであるなら，そのような幸運な個体が1個体しかいなくても，自己の子孫は拡がっていくことになる．これを小卵多産型の生活史戦略をもつという．これらの動物は多量の卵を産みっぱなしにして子どもの世話をしないことが多いので，結果的に多死となる．このように生活史を進化させてきた種は r 戦略者と呼ばれるようになった（表5.1）．

表 5.1 r-戦略者と K-戦略者の特徴（渡辺，2007より）．

	r-戦略者	K-戦略者
生息場所の気候	不規則で大きな変動	安定または周期的変動
生息場所の遷移段階	初期	後期
進化する性質	小さな体	大きな体
	雌に偏る性比	性比は半々
	雌は雄より大きめ	雌は雄より小さめ
	速い成長	遅い成長
	小卵多産	大卵少産
	1回繁殖	繰り返し繁殖
	短命	長命
	子孫へ少量投資	子孫へ大量投資
	スクランブル型種内競争	コンテスト型種内競争
	偶然による定着性が高い	定着性は予測可能
	高い分散力	低い分散力
個体群密度	大きな変動	安定
	密度独立的変動	密度依存的変動
	しばしば大発生	大発生は起こさない
具体例	昆虫 vs	脊椎動物
	モンシロチョウ vs	スジグロシロチョウ
	シオカラトンボ vs	シオヤトンボ

　r-戦略者の対極を K-戦略者と呼ぶ．前者が小卵多産（したがって，結果的に多死となる），後者は大卵少産（したがって，少死＋子の保護の発達）の生活史戦略が基本なので，環境が安定している場所で生活している種には後者が多いというのが一般則となる．すなわち，気候が温暖で安定し，食物の量も比較的安定している場所や，それらが周期的に変化するような場所では，将来の生活場所の変化を予測しやすい．このような場所で生活している動物たちは，すでに，それぞれの環境収容力に近い個体群密度となっているので，つねにたがいに競争して生活しているといえよう．したがって，個体群を構成する各個体が自らの子孫を残そうとするには，少数でもよいから大きな卵や子を産み，初期成長が速くて大きくなる子に育つことで，その子の競争力を高めるという大卵少産型の形質が有利となる．子の生存をより確実にするため，親による子の保護が発達している種も多い．結果的に少死となる．大型の鳥類や哺乳類のような大卵少産型の動物では，毎年少しずつ何年

にもわたって卵や子を産み続ける傾向が強い．

　r-戦略や K-戦略の概念を蜻蛉目に適用すると，前者の生息地は攪乱された場所や植生遷移の初期と考えられるので，出現と消滅を繰り返すような不安定な水域でも生息できる種を指すことになる．一方，後者は，植生遷移でいえば後期にあたる「安定した生息地」なので，安定した水域と安定した樹林がなければ生息できない．したがって，都市部で成虫を観察できる種のほとんどは r-戦略者といえ，山地帯などの人間生活の影響があまりない場所には K-戦略者が生息していることになる．たとえばシオカラトンボ属の場合，シオカラトンボは広大な水田にも人家の庭の小さな池にもやってきており，r-戦略者といえる．一方，シオカラトンボよりもやや小さなシオヤトンボは，主として谷戸水田で幼虫期を過ごし，その周囲の雑木林を休息場とし，K-戦略者と見なされてきた．実際，シオカラトンボの卵体積は約 0.017 mm^3 で，シオヤトンボの卵体積の約 0.023 mm^3 より小さい．日あたり産下卵数は，前者で 800 卵，後者で 400 卵と推定され，シオカラトンボが小卵多産，シオヤトンボは大卵少産といえる（Higashi and Watanabe, 1993）．

　ほぼ同様の生息場所に同所的に生息して似たような生活史をもっている種でも，小卵多産-大卵少産という繁殖戦略の視点から比較することが可能である．たとえば，日本各地の開放的な止水域とその周辺の草地に生息しているアオモンイトトンボとアジアイトトンボの場合，前者は 0.0115 mm^3，後者は 0.0131 mm^3 という卵体積をもち，蔵卵数が前者で約 5000，後者で約 2500 であったという（Watanabe and Matsu'ura, 2006）．アオモンイトトンボがアジアイトトンボよりもやや大型であるとはいえ，前者が人工的な環境でも見られたり，分布域が広かったりすることは，相対的に r-戦略者であると見なすことができる．したがって，蜻蛉目を「呼び戻す？」目的でつくった人工の池にアオモンイトトンボが飛来するのは想定内であり，アジアイトトンボの飛来・定着のほうを喜ぶべきことといわねばならない．ただし，アジアイトトンボも，他の多くの均翅亜目と比べると r-戦略者であることは注意すべきである．

5.2 分布構造

(1) 分布様式

　生き物が物理的空間の中でどのように分布しているかを詳細に解析すると，その地域個体群の構造と機能だけではなく，個体間相互作用や種間関係すらも明らかにできる．分布のパターン名としてあげられてきた一様分布（配列分布）と機会分布（ランダム分布），集中分布とは，その名で表わされるような個体間相互作用を推定しているといえよう．たとえば草地の場合，一様と思われる非生物的環境条件や土壌条件の下で出現した草本の分布構造を解析することは，微小な物理的・地形的環境条件の違いも明らかにできるが，個体間の光をめぐる競争の結果や，過去の芽生えの状況，群落の将来像の推定なども可能となるのである．このような分布構造の解析方法は，初等統計学を基礎としてさまざまに提案されてきた．

　大きな方形枠の中に出現している個体をマッピングしておいたデータについて，机上で小さな方形枠に区切り，その枠の中に入った平均個体数＝平均密度（$\overline{X}$）を算出したとき，その分散（s^2）との比はポアソン型隔離計数と呼ばれ，

$$\frac{s^2}{\overline{X}}$$

で示される．この値が1かどうかで分布のパターンを判定する方法は，今でも行なわれている．すなわち，1のときはランダム分布（ポアソン分布），1を超えると集中分布，1より低いと一様分布である．この指数は自由度 $n_1 = n-1$，$n_2 = \infty$ の F 分布にしたがうので，統計的に検定もできる．植物の分布パターンの判定には，このほかに A/F 比（数量-頻度比）や CH（均質度係数）なども用いられることが多かった．しかしこれらの指数は平均値に依存して変化するため，異なる場所で得られた値をそのままの値で直接比較できないのが致命的である．そもそも一様分布となるのは特別な場合であり，機会分布を示すこともめったにないのが生き物といえよう．どちらかというと集中分布を前提とし，個体間にどのような相互関係が生じているかを，集中の度合いで判定せねばならないからである．

動物の分布パターンの解析手順も，本質的には植物と同様の方法論をもっている．これの意味するところは重要で，たとえば，操作的な仮定であろうとも，蝶の幼虫の場合，解析しようとする地域個体群は「一様」と思われる環境，すなわち，寄主植物が一様に生えていなければならないのである．したがって，キャベツ畑のモンシロチョウ幼虫の分布というような特殊な例を除けば，このような仮定は現実離れしているといわざるをえない．ミカン圃場のナミアゲハ幼虫の場合ですら，卵はミカンの新梢に好んで産下され，若齢幼虫はそのあたりの若い葉を選んで摂食している．新梢の伸長は光がよくあたる部位でさかんであり，硬い旧葉は原則として若齢幼虫の餌とはなりにくい．したがって，ミカン圃場におけるナミアゲハの幼虫の生息場所は一様とはいえないのである．

　分布パターンを解析する指数を発展させたのは森下であった．Morisita's Index ともいわれる I_δ 指数は，多様な大きさの生息地やさまざまな密度の個体群における分布の集中度合いを判別できる応用性の広い指数といえよう．集中班の大きさも推定できる．どちらも F 分布にしたがうことが示され，動物ばかりでなく，植物の分布様式の解析にも用いられるようになってきた．しかし，この指数も，定義上，平均値に左右されやすいことがわかっている．

　物理的空間である単位面積あたりの個体数は「密度」と称され，古くから用いられ，現在でも一般に用いられている．確かに，われわれが神様の目になって上から見下ろせば，生き物の密度の高低は，その種の生活史に関するそれなりの情報を与えてくれるであろう．しかしよく考えると，この値は生き物（の人権？）をまったく無視した値といえる．それぞれの生き物は，巻き尺をもって $1\,m^2$ を地面に描き，それによって，密度が高いの低いのと判断し，自分の生活の場を決めているわけではない．

　Lloyd（1967）は，生物を主体とした密度の考え方から「混み合い度」という概念を提案した．ある一定の区画内に存在している1個体は，その区画内に存在している他の個体の数に影響を受けると考えたのである．したがって，平均混み合い度（m^*）は以下の式から得られる．

$$m^* = \frac{\Sigma xi(xi-1)}{\Sigma xi}$$

ここで，xi は各区画内の個体数である．Iwao（1968）はこれを発展させて，

平均混み合い度（m^*）と密度（m）の関係から分布パターンを判定する方法を提案した．これを m^*-m 法という．典型的な場合，

$$m^* = \alpha + \beta m$$

という回帰直線が得られ，α は分布の構成要素の判定に，β は分布のパターンの判定に用いられる指数となる．すなわち，α が 0 であれば分布の構成要素は 1 個体であり，正であれば複数の個体がひとかたまりになり，負なら個体間に避け合いがあると判定するのである．β は，1 より大きければ集中分布，1 なら機会分布，1 より小さければ一様分布と見なす．この解析方法の最大の利点は，回帰直線式から分布の集中度合いを判定するために，それぞれの調査場所における個体数の大きさに依存しないことであり，決定係数（r^2）の値や回帰係数（β）の有意性を比較検討することで，異なる地域個体群間の集中度の比較が可能になったことである．また，分布構造の構成員の大きさ（＝分布の単位）も判定できる．したがって，分布の集中度解析法は，m^*-m 法を採用することが，現状では，もっとも優れているといえよう．

（2）幼虫の分布

蜻蛉目の幼虫の分布様式を解析することができれば，肉眼で直接観察できない幼虫の個体間関係や種間関係，捕食や被食など，さまざまな振る舞いを推定し，生活史を構築できるはずである．生息場所選択の適応進化が跡づけられれば，生息地の維持・管理や将来の保全にも役立てられるにちがいない．しかし，幼虫は，止水であれ流水であれ，水底で生活する種なら，たいていは堆積した落ち葉や泥，礫の中に隠れている．水底の地形が一様であるという保証はなく，堆積物の分布も一様ではない．自然の水域では，幼虫の生息可能な範囲をどのように線引きすべきかも議論になる．したがって，分布様式を解析するための前提条件である環境の一様性を満たせず，詳細な解析は行なわれてこなかった．しかも，熱帯から暖温帯にかけては，同所的に多数の種が生息しているので，サンプリングすれば複数の種の幼虫が得られることになる．2 年以上の幼虫期間をもっている種では，捕獲個体の齢や大きさによって評価を変えねばならないだろう．幼虫の齢が若かったり，体が小さくて野外では種まで同定できなかったりすることも多い．その結果，これまでに報告された幼虫の分布や移動の観察例は，主として冷温帯で，特定の種

のみが生息していたり，極端な優占種が存在していたりする場所でしか行なわれていなかった（Corbet, 1999）．

　人工的につくられた水域なら一様な水環境として管理することが可能であり，水田や都市部の修景池は幼虫の分布様式を解析するのに都合のよい生息地といえる．水底の地形は平坦で浅く，堆積物の量や質も一様になるように管理できるにちがいない．しかし水田の場合，田植え後，稲が活着する前に調査に立ち入ることはむずかしく，また，稲が成長すれば隙間がなくなって立ち入れなくなってしまう．したがって，水田における幼虫の分布はほとんど調査されていないといえる．また，都市部の修景池は一般に小さく，幼虫の分布解析には適さないと考えられてきた．

　止水域の場合，産下卵は産下場所からほとんど動かず，若齢幼虫の移動力も低いという前提で，雌の産卵行動の観察から，水田における卵や幼虫の分布は推定されていた．たとえば，打空産卵するナツアカネやノシメトンボは水田全体に卵を散布しているので，孵化幼虫はランダム分布をしているといわれている．一方，アキアカネやマユタテアカネのように打泥産卵や打水産卵する種では，水落後も水田の周囲に生じている水たまりや，刈り取り後の水田内に降雨で生じた水たまりが産卵場所となるので，孵化幼虫は集中分布しがちで，局所的に高密度になりやすいと見なされていた．しかし，春になって田起こしをして水入れをした後，肥料や農薬をまんべんなく行きわたらせるため，水田全体が掻き回されるので，弱齢期以降は，どのアカネ属の幼虫の分布様式も集中性の弱くなる傾向があるという．

　ヒヌマイトトンボの保全のために人工的につくられた生息地において毎年行なわれている幼虫調査の結果は，分布様式を定量的に解析した数少ない例である．生息地はヨシの純群落で，ヨシが植栽される前は放棄水田であった．そこには，アオモンイトトンボやアジアイトトンボ，モートンイトトンボなどの幼虫も生息していたという．これらの3種は，幼虫期から成虫期を通じて，ヒヌマイトトンボと生息地を競合したり，ヒヌマイトトンボを捕食したりする可能性が高いので，これらの種を排除するため，汽水を供給して水域の塩分濃度を5-15‰程度に保つとともに，アオモンイトトンボの群落へ侵入することを阻むために，植栽したヨシを密生した状態になるように管理が行なわれた．その試みが成功したかどうかの評価の1つとして，蜻蛉目の幼

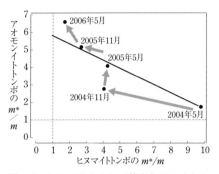

図 5.1 ヒヌマイトトンボ幼虫とアオイトトンボ幼虫の分布集中度の関係. $m^*/m = 1$ はランダム分布を示す (Iwata and Watanabe, 2009 より改変).

虫群集の構造が調べられたのである (Iwata and Watanabe, 2009).

ヒヌマイトトンボとアオモンイトトンボの分布の変化は m^*/m を用いて解析された (図 5.1). 2004 年 5 月の場合, ヒヌマイトトンボの m^*/m は 9.90 と高く, 強い集中分布を示している. 一方, アオモンイトトンボの値は 1.81 と 1 に近く, ランダム分布の傾向を示した. この理由は, 2003 年の初夏, つくったばかりの人工の生息地にヒヌマイトトンボの成虫は侵入したものの, 移動活性が低いため, 侵入場所の近くに留まり, 産卵場所は限定され, 幼虫は局所的に分布したためといえる. これに対して, 飛翔活性の高いアオモンイトトンボは, つくりだされた人工の生息地が開放的だったために生息地全体で生活が可能であったとともに, 初夏に侵入した個体の子孫が多化性のために世代を繰り返しながら生息地全体に拡がったためと考えられた. 2005 年以降はヨシ群落が成長したので生息地は閉鎖的となり, ヒヌマイトトンボ成虫が生息地全体へと拡散したことが分布の集中性の減少から判断できる. 一方, 開放的な場所を好むアオモンイトトンボは, 閉鎖的なヨシ群落内で生活できず, ヨシの成長がやや遅れてまだ開放的な場所に局在するようになっていった. その結果, 2005 年 11 月では, アオモンイトトンボが 5.19, ヒヌマイトトンボが 2.68 と両者の分布の集中度は逆転したのである.

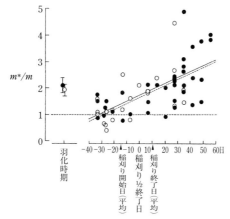

図 5.2 谷戸水田に出現したアキアカネ成虫の m^*/m の季節変化（田口・渡辺, 1986 より改変）.
● ♂, ○ ♀, —— ♂, ……♀.
♂: $m^*/m = 1.73 + 0.022\,\mathrm{Day}$ ($r^2 = 0.40$, $p < 0.01$);
♀: $m^*/m = 1.67 + 0.023\,\mathrm{Day}$ ($r^2 = 0.40$, $p < 0.005$).

(3) 成虫の分布

　一様と思われるような環境がある程度拡がっている植物群落で蜻蛉目の成虫が生活する場合，そのような生息地はわが国では畑や水田しかない．もっとも，畑に飛来する成虫とは，休息や採餌を目的としているので，分布様式の研究としては注目されてこなかった．一方，産卵場所となる水田における成虫の分布様式は，成虫の産卵場所選択に関係するだけでなく，産下卵の分布と孵化幼虫の分布，ひいては幼虫の生存率に関係している．成虫の飛翔高度の変異性（≒飛翔習性や目的の違い）を無視すれば，成虫を平面的な二次元分布として解析できるのが水田という生息地である．

　アキアカネの場合，羽化時期，稲刈り前，稲刈り中，稲刈り後の 4 つに分け，それぞれの分布様式が調べられている（図 5.2）．すなわち，羽化は特定の場所でやや集中して行なわれており，水田内に幼虫の成育あるいは雌の産卵に好適な場所とそうでない場所のあったことが示唆された．アキアカネの産卵様式は打泥産卵なので，稲刈り後の乾田においては，湿潤な土壌は局

所分布し，産卵が集中したと考えられる．実際，最多数の羽化個体が確認された区画の水田は，調査水田の中でもっとも低い場所に位置し，もっとも湿潤で，水田内に水たまりの生じることが多かったという．秋の分布において，稲刈り前の飛来（移動時期）ではランダム分布で，その後，集中分布の度合いの強くなっていったことがわかる（田口・渡辺，1986）．

マユタテアカネの水田内における分布は光環境に依存し，雌雄ともに谷戸水田の日影となった部分で生活している（田口・渡辺，1987）．とくに，その密度は1日あたりの出現個体数がピークに近づく8月下旬に高くなっていた．稲上に静止している雄は，近づく雄を追尾したり，餌と思われる小昆虫を追ったりするが，もとの静止場所に戻ることが多く，移動範囲は狭い．雌

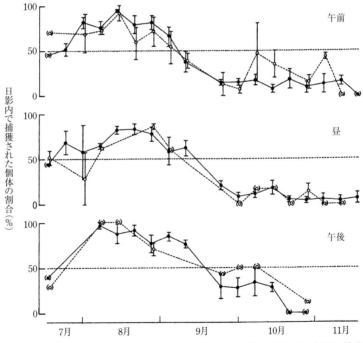

図 5.3 谷戸田に出現したマユタテアカネの総捕獲個体数に対する日影域で捕獲された個体の割合の季節変化．
5年間の平均（±S.E.）で表わしてある．黒丸は雄，白丸が雌を表わす．（ ）内はデータが1年のみを示す（田口・渡辺，1987より改変）．

が飛来すれば連結・交尾態となるが，このときの連結飛翔は数 m から数十 m と長くなるものの，水田内の日向域までは飛び出さない．もしなんらかの原因で日向域へ出てしまっても，その個体はすぐに日影域へ戻り，そのまま日向域で静止し続けることはなかった．ところが，9月中旬になると日影内に分布する個体の割合は徐々に下がり，9月下旬になると多くの個体が日向域に分布するようになった（図5.3）．10月以降は太陽高度が低くなり，谷戸水田の日影域は拡大し，水田域の気温を下降させるので，成虫の活動性は弱まってしまう．このように日向と日影の生じる水田域に適応した生活を示す種の場合，大面積の水田域では水田内に日影ができないので，彼らは生活史を全うすることができないことになる．一方，山間の水田のように，秋になると1日の大部分が山影に入ってしまうような場所もやはり不適な生息環境であろう．水田内に日向域ができないからである．

　生息場所の中に生じる微小な環境が選択される場合，それがランダム（あるいは一様）に分布しているとき，「擬似的な一様な環境」と見なせることがある．Watanabe and Matsunami（1990）は，ミズナラ林内にランダムに生じる陽斑点を静止場所（≒繁殖するために雄が集合する場所）とするアオイトトンボの雄の分布を解析した．雄は静止場所の周囲に小さな排他的空間をつくるため，林内全体の静止場所はランダム分布であったという．

　成虫が池沼などの開放水域や河川などの流水域で活動する種の場合，成虫は，面ではなく，線状に存在することになる．とくになわばりをもつ種では，雄が岸沿いに一定の間隔で静止したり，一定の距離を往復するパトロール飛翔をしたりすることが多い．この場合，産卵場所となる岸沿いに出現する抽水植物は，充分に繁茂し，一様な群落をつくっていることが前提となる．

　Watanabe et al.（1998）は，川幅が約 10 m の放水路で長さ約 230 m の両岸を日の出から日没まで調査し，静止しているアオハダトンボの分布を解析した．両岸の土手からはヨシやガマなどの抽水植物が川へ向かって約 1 m の幅でせり出している．アオハダトンボの産卵基質は抽水植物とその間の沈水植物で，雌は潜水産卵を行ない，雄はそのまわりでなわばり行動を示していたという．調査区間の抽水植物群落は一様だったので，なわばりは線状分布になっている（図5.4）．

　調査された放水路は，ほぼ南北に直線的に設置されており，両側遠くには

図 5.4 なわばり内で静止するアオハダトンボの雄(香水敏勝氏提供).

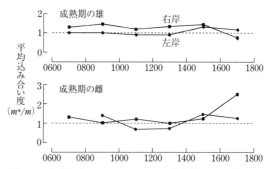

図 5.5 成熟したアオハダトンボの静止場所の分布の日周変化(Watanabe *et al.*, 1998 より改変).

2000 m から 3000 m の山地帯となっている.その結果,山の稜線のために,日の出後 1 時間は川に直射光が届かず,日没の 2 時間前には川岸全体が陰って気温は低下してしまう環境であった.土手の周囲で寝ていた繁殖期のアオハダトンボの雄は,太陽光が届くようになる午前 7 時過ぎに岸へ出てきて,夕方,太陽が稜線に隠れるころ(16 時)までなわばり行動を続けていた.交尾や産卵は正午ごろがピークであったが,8 時半-15 時半には,川のどこかで観察されている.これに対応して,雄間のなわばり闘争は頻繁に観察されたという.ただし,雄のなわばりの大きさやなわばり占有者は終日変わら

ず，m^*/m の値は，どちらの岸でも1に近かった（図5.5）．一方，雌も，雄のなわばりをめぐりながら雌どうしで軽い干渉をし合い，結果的に，雄と同様のランダム分布を示している．ただし，雄よりも雌のほうが早くねぐらへ移動するようで，夕方の静止場所の分布は，ねぐらに近い場所に集中するようになった．ねぐらでは相互干渉の起きないのが普通である（Corbet, 1999）．

5.3　個体群動態

（1）個体数推定の理論

　ある特定の場所に棲んでいる生き物の数を調べるのに手っ取り早い方法は，とにかく見落としなくすべてを数えればよい．これを直接法という．確かにこの方法は，一見すると，植物や固着性の動物にとっては有効である．しかし，対象とする生き物の生息場所が広くなればなるほど，あるいは，生活場所の物理的空間が複雑になればなるほど，見落としなくすべて数えるためには，手間と労力がかかり，実際的ではなくなってしまう．結果の信頼性にも疑問が生じてくる．そもそも生息場所の境界を1本の線で決めて割り切れるのは，田畑などの人工的な場所を除いてはほとんどない．したがって，野外の生物の数を調べるには間接法しか手がないといえる．すなわち，環境が一様と思われる生息地の中から，調査場所を部分的に取り出して，その中の個体を数えて全体を推定するのである．この方法は，取り出した部分の中は「とにかく見落としなく数える」ことになるため，直接法を含んでいる．したがって，取り出したそれぞれの部分の中の生き物が，植物や固着生物のように動かなければよいものの，活発に動く動物ではお手上げとなってしまう．

　野外における昆虫類の成虫の個体数を推定するには，今のところ，標識再捕獲法が唯一の方法となっている．1930年代のイギリスにおいて，草地に生息するイカロスルリシジミの総個体数を推定するために行なわれた標識再捕獲調査で，結果を解析するために開発された三角格子法という方法は，Jolly-Seber 法が提案されるまでの間，野外個体群の個体数推定のための計算方法の定番の1つとなっていた．

標識再捕獲法の原理は，大きな壺の中に入っているビー玉の数をすべて取り出すことなく推定する方法と変わらない．すなわち，壺に手を入れてひとつかみのビー玉を取り出し，印を付けて壺へ戻し，その壺をよく振ってから，再び手を入れてビー玉をひとつかみ取り出して，印のあるビー玉と無印のビー玉の数から案分比例して壺の中の数を計算するのである．これを野外の動物の調査にあてはめて表現すれば，時刻 i において，個体群中の一部の個体に標識を施して放逐し（n_i個体），ある時間が経ってから，再び個体群から一定の数を捕獲し（n_{i+1}個体），その中に含まれている標識されていた個体数（m_{i+1}個体）の割合から，個体群の総数（N）を推定する，となる．式にすれば

$$N_1 = \frac{n_1 n_2}{m_2}$$

と書ける．これを Petersen 法（あるいは Lincoln 法）という．ここで注意すべきは，一連の作業の結果，時刻 i の個体数がさかのぼって推定されることである．

壺の中のビー玉を数える方法をしっかりと吟味すると，この標識再捕獲法を野外の動物に適用するための前提条件は思いのほか多いことと，現実とはかけ離れた条件のあることがわかる．まず，ビー玉はすべて同じ大きさや形でなければならない．すなわち，標識個体と未標識個体の間で，体格に違いはなく，どの個体も同じ振る舞いを示し，捕獲率や死亡率にも差のないことが必須なのである．調査中に大きな個体数変化のないことも望ましい．壺をよく振って印付きと無印のビー玉と混ぜるということは，再捕獲するときまでの一定時間の経過の間に，放逐された個体がその個体群の中で未標識個体と完全に混じり合っていなければならないことを意味している．したがって，標識個体が示す移動や定着をはじめとするさまざまな分散行動は未標識個体と同じでなければならない．もちろん，調査期間中に標識が脱落してはならないことは重要である．推定個体数の分散は

$$V = \frac{M^2 n(n-m)}{m^3}$$

で与えられる．ここで，m は再捕獲個体数，M は放逐個体数，n は $i+1$ 回目の合計捕獲個体数である．

このような前提条件をもった方法を野外の開放個体群に適用することはむずかしい．一般に，再捕獲率はかなり低くなってしまうからである．その結果，Petersen 法は，Chapman や Bailey によって修正された．前者は小標本法に対応し，後者は二項分布近似を基礎としている．しかし野外の開放個体群では，毎日のように加入や消失がある．Jackson は正と負の方法を提案し，ツェツェバエなどの個体数を推定した．イカロスルリシジミに適用された三角格子法も，加入や消失を考慮した方法である．これらの方法はいずれも，標識-放逐-再捕獲を，1 回ではなく，何回も繰り返すことで，推定値の精度を上げようとしてきた．Manly and Parr 法は，この繰り返しの期間中に，連続して再捕獲できなかった個体が，生息地から移出し，後になって再び戻ってきたのではなく，たんに生息地内で見つけられなかったにすぎないということを重視して個体数を推定する決定論モデルである．一方，Jolly-Seber 法は，個体の生存確率を推定してから個体数を推定する確率論モデルである．いずれにしても，野外個体群に対する標識再捕獲法では，何回も標識と再捕獲を繰り返さねば，満足のいくデータを得られないのが現状といえよう．しかしそうすると，「調査期間中に個体数の大きな変化はない」という前提の崩れる可能性が高くなってくる．

(2) 標識再捕獲法

歴史的に，蜻蛉目昆虫は標識再捕獲法を適用して研究しやすい動物であったらしい．水域において標識すると翌日以降も再び同じ水域に戻る傾向の強い種が多く，再捕獲率が高いため，初期の個体数推定モデルへもあてはめやすかったからである．Cordero Rivera and Stoks (2008) によると，1934 年の Borror の論文が蜻蛉目に関する最初の標識再捕獲調査の研究らしい．もっとも古いといわれているイギリスのイカロスルリシジミの標識再捕獲調査とほぼ同時期である．Borror は *Argia moesta* というイトトンボを 830 個体標識し，178 個体を再捕獲したという．長距離移動はせず，寿命は 24 日以上あったそうである．その後，現在までに，標識技術や生活史の検討（処女飛翔や個体のエイジ）など，多くの改良がなされるようになってきた．そこで，実際，蜻蛉目の研究を対象とした国際誌（Odonatologica と International Journal of Odonatology）に掲載された論文を調べてみると，野外のト

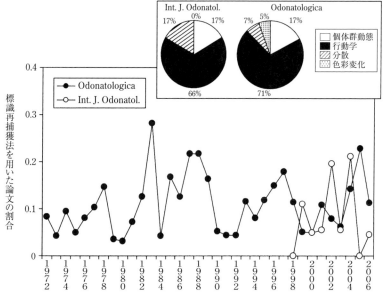

図 5.6 蜻蛉目関係の 2 つの国際誌（Odonatologica と Int. J. Odonatol.）に掲載された論文の中で，標識再捕獲調査を行なった論文の割合（Cordero Rivera and Stoks, 2008 より改変）．

ンボに標識を施して研究したという論文は，1970 年代には 10% 程度で，1980 年代以降は増加傾向にあるという（図 5.6）．これらの論文の中で，個体数推定などの研究は 17%，標識個体の行動解析は 66-71% であった．

標識再捕獲法の理論によれば，標識して放逐した個体は，一定時間の間に，もとの個体群へと戻って，未標識個体（＝捕獲されなかった個体）と混じり合ってしまわなければならなかった．この意味は，野外で調査するときにしばしば忘れられている．たとえば，飛翔活動中の成虫をネットで捕獲し，ネットから取り出し，手にもって翅などに標識を施し，体長などを測定した後，無思慮に手を離せば，これらの成虫はいきなり舞い上がってしまう．彼らは捕獲されたことで興奮し，その場から逃げようと努力していたからである．上空にはたいてい風があるので，彼らはそれに乗って流されてしまい，もとの個体群には戻らない．大型の種であればなおさらその傾向が強く，不注意

に放逐すると，一山越えて飛んでいってしまうことさえまれではない．しばしば，標識を施した個体が思わぬ遠方で捕獲され，大移動の証拠とされているが，その種本来のもつ強力な移動力の表われなのか，捕獲-標識-放逐という操作によって興奮して舞い上がり，上空の気流に流されてしまった結果なのか，比較検討された例はなかった．

捕獲-標識によって高まった興奮を鎮めるためには，麻酔を使用しなければならない．軽く麻酔をかけた成虫を，それらを捕獲した場所近くの植物の上などに静置すると，徐々に麻酔から覚めて，本来の活動を行なうようになる．すなわち，もとの個体群へと戻っていくことを意味し，その結果，一定時間経てば未標識個体と混じり合ってしまうだろうと期待するのである．

個体に標識を施す場合，標識自体がその個体の行動に影響を与えないようにせねばならない．とくに小型の種に標識する過程で個体に傷をつけたり，標識が重くて飛翔に支障が出たりしないようにするのは当然であるが，このような「標識を施すことにより生じる悪影響」を検討しないで調査した報告例は多い．

標識再捕獲法による個体数推定だけが目的の場合，再捕獲した個体は，標識を施し放逐したときの捕獲場所と捕獲日が特定できればよいので，比較的簡単な標識でかまわない．そのときに何頭標識を施そうが同じ標識を用いればよいからである．これをグループ・マーキング法という．蜻蛉目の成虫に対しては，これまでに，ラッカーや油性ペン，マニキュアなどを用いて，簡単な印を付けることが多かったが，他の昆虫類に対して用いられてきたスプレーや粉末色素，毛染め色素，特別な処理を施した餌，放射線なども，今後は用いられるようになるかもしれない．

せっかく野外で手間暇をかけて標識再捕獲法を行なうなら，個体数や生存率，加入数などを推定するだけではもったいない．1個体ずつ異なる標識を施せば，個々の個体の移動や個体間の相互関係まで調べることができる．これを個体識別法という．そのためには，少々大きな個体ならタグを付けたりするが，蜻蛉目の成虫の場合には，油性のフェルトペンを用いて，番号や記号を翅に付すのが普通となってきた（図5.7）．とくに現在はさまざまな色彩のペンが市販されているので，工夫次第で，同時に数カ所で行なう標識再捕獲においても，個体識別（＋調査場所識別）を簡単に行なうことができる

|カワトンボ|シオヤトンボ|
|モノサシトンボ|アオハダトンボ|

図 5.7 蜻蛉目への標識例.

だろう.

　麻酔をかけられなかったり，通常の飛翔活動を攪乱せずに標識を施したかったりする場合には，ラッカーを入れた水鉄砲で狙い撃つという手もある．シオカラトンボのような中型以上の大きさの種で，パトロール飛翔やなわばり飛翔を行なう雄に対して有効で，ていねいに観察すれば，個体識別も可能である．ただしこの方法にはコツがあり，初心者には勧められない．

（3）個体群パラメーター

　個体識別番号を施して行なう標識再捕獲法から得られる個体群パラメーターは，個体数だけでなく，放逐から再捕獲までの間の生存率や，その個体群への外部からの加入個体数なども推定できる．また，複数の生息場所で同時に標識再捕獲調査を行なえば，生息場所間の移動・交流の割合を推定したり，個々の個体の振る舞いや個体群の維持調節機構の一端を明らかにできるかも

しれない．ただし，標識-放逐-再捕獲を1回だけ行なっても，このようなパラメーターを推定することはできない．この手順を可能な限り繰り返す必要があり，理論的には，繰り返す回数が多くなれば（＋再捕獲率が上昇すれば），より確度の高い推定値が得られることになる．しかし，野外の昆虫に対して，調査期間が長期化すれば，調査労力だけでなく，昆虫自身の生活史に調査データは影響を受けてしまう．普通，羽化後の日齢によって成虫の振る舞いは異なり，成虫の生存確率も異なっているからである．これでは，標識再捕獲調査の前提条件からどんどん逸脱していく．しかも蜻蛉目成虫の場合，ほとんどの種で，前繁殖期と繁殖期の生息場所が同一ではない．さらに，繁殖期では，日中と夜間で異なる場所を選択している種が大半である．したがって，前繁殖期の生息場所で標識再捕獲調査を行なえば，捕食されて死亡したのか，飛翔活性が高くて別の生息場所へ移動していったのか，性的に成熟して繁殖場所へ移動していったのかの区別はつけにくくなってしまう．日中に繁殖期の生息場所で標識再捕獲調査を行なっているとき，夜間の寝場所との往復飛行をどのように評価すべきかは重要な問題となる．

標識再捕獲法を適用して個体群パラメーターを推定できる理想的な条件とは，完全に隔離された生息場所で，再捕獲率が高いために，調査期間中に進むはずの成虫の日齢を充分に追跡でき，飛翔季節の最初から最後まで調査できることである．現在，このような条件をほぼ満たすモデル種としてはヒヌマイトトンボしかない．この種は沿岸域の汽水に成立するヨシ群落を生息場所とし，隔離分布をしている．Watanabe (2011) は，1998 年に発見され

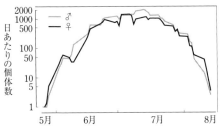

図 5.8 標識再捕獲法（Manly and Parr 法）によって推定されたヒヌマイトトンボの日あたり個体数の変化（Watanabe, 2011 より改変）．

たわずか 500 m² のヨシ群落内のヒヌマイトトンボについて，飛翔季節を通して集中的な標識再捕獲調査を行ない，日あたり推定個体数の変化を紹介している（図 5.8）．普通，雌は移動活性が高かったり，隠蔽的な体色で隠蔽的な振る舞いを示したりするので，標識再捕獲調査として徹底的な捕獲を行なっても，雄より捕獲効率や再捕獲率は低くなりがちである．その結果として，雌の日あたり推定個体数やその分散は雄よりも極端に高くなってしまうことが多い．しかし，ヒヌマイトトンボの雌雄の推定個体数の季節変化はほぼ同様であり，調査は生息地全域を網羅していたことが証明された希有な例といえる．

日中は川の岸沿いの抽水植物で活動し（なわばり行動などを含む），夜間は岸から土手までの草本植物群落の中で休息するアオハダトンボも，ヒヌマイトトンボと同様に，生息場所全体を網羅して調査しやすい種といえよう．多くの個体で自己の静止場所に対する固執性が強いため（とくに性的に成熟した雄はなわばり行動を示すため），夜になって，土手の寝場所へ移動した個体が，翌朝，再び同じ場所へ戻ってくることが多いからである．慎重に捕獲－標識－放逐を行なうと，雌雄の再捕獲効率は高くなり，さまざまな個体群パラメーターを推定することができたという（Watanabe et al., 1998）．たとえば，Jolly-Seber 法によって推定された雄の日あたり個体数は，調査期間を通じて，調査地全体で 500 頭前後と安定していた（図 5.9）．このうち，未成熟の雄は 250 頭前後，成熟した雄は 300 頭前後と推定されている．また，雌雄の個体数に有意な差は認められず，アオハダトンボは雌雄が同所的に生活していたという．しかし，これら 2 種は特殊例である．

なわばり制をもつ種において，性的に成熟した雄は，雌が産卵のために集まる特定の水域で終日なわばり活動を示すため，捕獲が比較的容易で，うまく放逐してやれば，短時間で再び戻ってくる個体も多い．しかし，普通，これらの種の夜間の寝場所は水域から離れた雑木林や灌木である．確かに，翌日，雄は再び同じ水域に出現することが多いので，結果的に，繁殖場所となる水域における雄の定住性は高くなり，これらの雄を対象とした標識再捕獲調査は，再捕獲率もある程度高いので，個体群パラメーターは推定されてきた．ところが，このような種の雌について，産卵場所となる水域で標識を施しても，再捕獲は雄よりも低いのが普通である．雌が水域へ出現するのは交

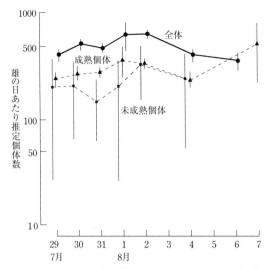

図 5.9 Jolly-Seber 法で推定されたアオハダトンボの雄の日あたり推定個体数の日変化（Watanabe *et al.*, 1998 より改変）．

尾と産卵のためのわずかな時間にすぎず，それ以外の時間は近郊の森林や草地などで摂食・休息するため，同一の水域を再訪する確率はかなり低い．したがって，このような種の個体群パラメーターを推定するための標識再捕獲調査の対象地域は，繁殖場所と休息場所の両方を含めた広大な地域を考慮しなければならないのである．

里山景観の雑木林と水田域を利用しているシオヤトンボについて標識再捕獲調査を行なった Watanabe and Higashi（1989）は，調査地全体の日あたり推定個体数は 5 月にピークとなり，雌雄合わせて 1000-2000 頭と推定している（図 5.10）．雌雄の日あたり推定個体数は全飛翔季節を通して同様の変化であったものの，Jolly-Seber 法によって計算された雄の日あたり個体数には分散が計算できても，雌では計算できなかったり，異常に大きくなってしまい図中に示せなかったという．

シオヤトンボの羽化は 4 月にいっせいに始まり，5 月になる前には成熟個体が出現し始める．羽化はほぼいっせいに起こり，それぞれの個体の成熟も

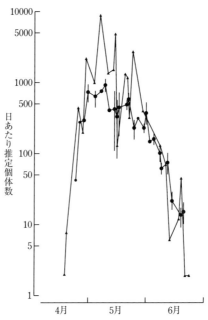

図 5.10 谷戸水田一帯におけるシオヤトンボの日あたり推定個体数の変化. 黒丸が雄で, Jolly-Seber 法によって得られた標準偏差が付してある. 三角が雌で, 分散が大きかったため, 推定個体数のみが示されている (Watanabe and Higashi, 1989 より改変).

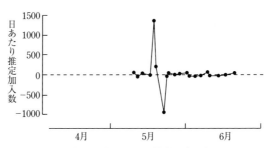

図 5.11 谷戸水田一帯で標識再捕獲調査を行なったシオヤトンボの雄における日あたり推定加入数の変化 (Watanabe and Higashi, 1989 より改変).

同じように進み，成熟後の水田域への移動時期も同調していた．この後，丘陵域で再捕獲された雄はわずかになったので，ほとんどの雄は水田域へ移動し，なわばりの占有に努力していたようである．なわばりの大きさは $20\,\mathrm{m}^2$ 程度であったという．調査地全体における推定日あたり生存率は，全飛翔期間を通して 0.5 から 1.5 の間で変動し，平均すると，雄が 0.95，雌が 0.79，これらから計算された平均寿命は，雄で約 20 日，雌で約 5 日である．生息地全体の雄の推定日あたり加入数はほぼゼロだったため，調査は生息地のほぼ全域を網羅していたことがわかる．ところが，5 月中旬に日あたり加入数の大変動が見られた（図 5.11）．この時期は里山林内で生活していた前繁殖期の雄が繁殖期となって水田へ出現する時期に相当し，性的に成熟し始めた雄たちの間で干渉があったことを推測させる．

Watanabe et al. (2004) は，隣接地域から地形的に隔離された盆地において行なったノシメトンボの大規模な標識再捕獲調査の結果を報告している．この盆地の中央約 $1.5\,\mathrm{km}^2$ は水田で，周囲のスギの人工林には多くのギャップが存在するという典型的な冷温帯の里山であった（図 2.1 参照）．調査は，繁殖期に入った 8 月下旬に行なわれ，20 名以上が同時に 4 ルート（林内ギャップを 2 ルート，水田域を 2 ルート，延べ 7 km 強）を規定の速度で歩きながら，出現した個体を捕獲し，性別やエイジ（発育段階）などを記録して放逐し，再捕獲を繰り返したのである．2001 年では 11 回繰り返し，林内ルートで合計 8000 頭，水田ルートで合計 5500 頭に個体識別番号を施したものの，再捕獲数は 100 頭弱にすぎなかったという．日あたり個体数は，雄で約 2 万頭，雌で約 2.8 万頭と推定され，雄では半数が，雌では 3 分の 2 が林内ギャップにつねに存在していた．水田は産卵時のみ訪問する場所にすぎず，成虫は生涯の大半を林内ギャップで過ごしているという本種の里山景観の利用状況がはじめて明らかにされたのである．

アカネ属に対する標識再捕獲調査は，さまざまな水田において行なわれてきたが，再捕獲率が低いためか，充分な解析はなされていない．暖温帯の谷戸水田において 7 月から 12 月まで週 1 回標識再捕獲調査を続けた田口・渡辺（1984）によると，この間に出現した 8 種のアカネ属のうち，個体数を推定できるだけの再捕獲個体を得られたのは，ミヤマアカネとマユタテアカネの 2 種にすぎなかったという．前者はほとんど処女飛翔をせずに羽化場所の

水域から離れない種であり，後者の夜間の寝場所は谷戸水田に隣接する雑木林の中である．推定生存率から計算された羽化後まもない個体の期待寿命は，前者で約3週間，後者で約2週間だった．一方，調査水田の中の特定の水田内に限ると，ナツアカネとアキアカネ，コノシメトンボ，ノシメトンボ，キトンボはまったく再捕獲されておらず，これらの種の移動活性の高さがうかがえる．アキアカネについては，多量に標識してもほとんど再捕獲のないことを水田 (1978) は報告しており，この種では，毎日かなりの移動飛翔の行なわれている可能性が高い．

5.4 移動・分散

(1) 長距離移動

他の昆虫と比べれば，均翅亜目でも不均翅亜目でも，体に比較して大きな翅をもち，高い飛翔能力を示して広範囲を飛行することが可能である．Percherである前者でも，追い風に乗れば数百kmから数千kmも移動するとBrooks (2002) は指摘した．その中には，海を渡る種も含まれている（第2章参照）．そもそも，水田を除き，蜻蛉目の幼虫が生活できるような浅い水域は自然界に多くない．普通，そのような水深の浅い池や沼へはさまざまな植物が侵入しやすいので，乾燥化して湿性遷移の進行が早くなり，産卵には不適当な植生景観となってしまいがちである．したがって，次代の子孫を残すために広範囲を飛行できる能力は，新しい生息場所を開拓するという点で適応的であるにちがいない．生活史戦略の分類でr-戦略者といわれる種であるほどこの傾向は強いことが知られている．

蜻蛉目における長距離移動と渡りは明確に区別されてこなかったが，Corbet (1999) は，飛行距離の長短と飛行時の生理的状態などを基準として「飛行タイプ」を4つに分類してみせた．すなわち，処女飛翔と通勤飛行，季節的退避飛行，そして移住飛行（≒渡り）である．およその飛行距離はこの順に長くなり，飛行距離の長い種ほどr-戦略者的であるという．また，このように飛行距離の長い種ほどもとの繁殖場所に戻ることは少なく，新しい繁殖場所に移住する傾向があるため，分散力の強い種といえるからでもあ

る．しかし，移住飛行（≒渡り）をしない種であっても，飛行距離は種によって大きく異なっていることがわかってきた．

羽化場所から最初の休息場所までの飛行である処女飛翔の場合，ほとんど動かないヒヌマイトトンボやミヤマアカネ，アオハダトンボなどから，アキアカネのように水田域から山地まで飛行する種が存在する（第2章参照）．定義上，すべての種において，成虫は必ず経験する飛翔といえるので，その飛行距離の長短は生活史に大きく関係しており，長距離の処女飛翔を行なう種であるほど，同じ個体が羽化場所に戻ってくる確率は低く，r-戦略者的な形質をもっていることが明らかにされてきた．一方，通勤飛行は，繁殖期間中に何回も繰り返される往復飛行であり，たいていは，繁殖場所と休息場所（＋寝場所や採餌場所）との往復となる．休息場所の選択をいい加減に行なってもそれほど不都合は生じないだろうが，繁殖場所へは正確にやってこなければならない．したがって，太陽コンパスやランドマークなどが利用されているはずで，飛行移動距離はせいぜい数 km にすぎないようである．

アキアカネの処女飛翔が長距離となるのは，Corbet (1999) によれば，季節的退避という目的も含まれているからだという．季節的退避飛行とは，同じ個体が行きと帰りの間に必ず休眠を挟んでいることである．乾性休眠（熱帯性の種に多い）であろうと夏眠（アキアカネやタイリクアカネで知られている）や冬眠（ホソミオツネントンボは小春日和で活動し，休眠打破の刺激が知られていないので「越冬」かもしれない）であろうと，この休眠は前繁殖期に生じていることが知られてきた．このうち乾性休眠を示す種とは，乾季を避けるために湿潤な気候帯の存在する場所まで飛行する種といえるので飛行距離は長くなる．一方，冬眠する種は，季節の進行を耐えればよいので，羽化場所近くに留まっていることも可能であり，飛行距離は短くてかまわない．

長距離飛行中の成虫は活発な飛翔行動を示し飛翔速度も速いため，標識再捕獲法を用いることはできない．田口・渡辺 (1986) は1年を通して，同一の水田において見られたアキアカネに対して，羽化した個体や秋に出現した個体，晩秋に再び出現した個体など，可能な限りすべての個体を捕獲し標識を施しても，1頭も再捕獲できなかったと報告した．Corbet (1999) は，蜻蛉目における長距離飛行とは，既知の繁殖場所からはるかに離れた場所（気

象観測船上や大洋島などを含む)での飛来例や偶然の観察例を集計し,他の昆虫(群生相のバッタなど)の研究例から推測している部分が多いと述べている.

(2) 日常の移動

将来にわたって比較的安定して持続する水域を生息場所とする種は,長距離の飛翔能力をもっていても,通常は飛行範囲を限定していることが多い.イギリスのヒースの草原に点在する開放的な池に生息する *Coenagrion mercuriale* というイトトンボ科の種において,性的に成熟した個体に標識を施したところ,そのうちの70%が生涯に50 mも移動しなかったという(図5.12).ただし,0.12%の個体は1 km以上移動しており,この種の移動能力が低いわけではないことがわかる.Watanabe and Mimura (2004) が明らかにしたヒヌマイトトンボの場合,1回の飛行距離は20-30 cmで,1日に直線距離で9 m程度(前繁殖期),27 m程度(繁殖期)の距離しか移動しなかった.この種は羽化後,生涯にわたって密生したヨシ群落の下部で生活しており,極端に低い移動活性はヨシ群落との密接な関係をうかがわせる.

里山景観において生活しているシオヤトンボの場合,飛翔季節を通じて里山林と水田の両者で標識再捕獲調査を行ない,再捕獲された個体のエイジと

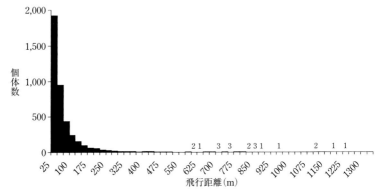

図 5.12 繁殖期の *Coenagrion mercuriale* が生涯に移動した距離の頻度分布 (Thompson and Watts, 2006 より改変).

捕獲地点を調べることにより，生活史に占める「移動」の意義が明らかにされてきた（Watanabe and Higashi, 1989）．「移動」を，前繁殖期内と，前繁殖期から繁殖期，繁殖期内の3つに分類すると，雄は前繁殖期をおもに丘陵域で過ごし，成熟すると水田域に移動し，繁殖期内には水田に留まっていたという．また，丘陵でも成熟した雄が再捕獲されるが，そこでは摂食や休息の場と見なされている．一方，雌は羽化後，丘陵へ移動し，成熟すると水田域に戻ってきたが，そこに留まることはなく，水田域と丘陵域の間の移動は雄よりも激しかった（図5.13）．

繁殖場所である水域と，摂食場所である里山林を往復する種は多い．たとえば冷温帯に生息しているノシメトンボの場合，雌が産卵のために水田域を訪問するのは1週間に1回程度で，1-2時間ほどの滞在時間にすぎないという（Susa and Watanabe, 2007）．水田域を繁殖場所とし，周囲の雑木林をね

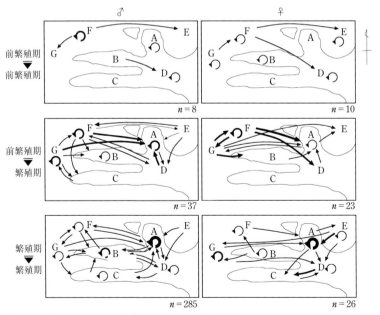

図 5.13 谷戸水田一帯におけるシオヤトンボの移動．
A-D は谷戸水田，E-G は周囲の雑木林を示す．矢印の太さは移動個体の多さを示している．n は移動を追跡できた個体数（Watanabe and Higashi, 1989 より改変）．

表 5.2 カワトンボの週あたりの平均移動距離（m/週）（調査地の位置関係は図 5.14 を参照）（田口・渡辺，1992 より改変）．

	調査地	未成熟個体		成熟個体	
橙色翅型雄	雨降川	126.3± 83.4	($n=3$)	20.9± 1.8	($n=77$)
	穴 川	110.4± 29.1	($n=18$)	58.8±10.0	($n=63$)
	小松川	413.6±247.7	($n=7$)	81.9±25.9	($n=40$)
透明翅型雄	雨降川	10.6± 5.4	($n=6$)	16.2± 2.7	($n=25$)
	穴 川	56.1± 15.3	($n=20$)	48.2± 5.6	($n=108$)
	小松川	49.7± 34.3	($n=10$)	48.8±21.0	($n=40$)
雌	雨降川	12.7	($n=1$)	20.1± 5.9	($n=8$)
	穴 川	134.1± 50.6	($n=18$)	65.5±12.0	($n=33$)
	小松川	―	($n=0$)	69.4±35.8	($n=8$)

n：個体数．

ぐらとして，毎日のように往復する種としては，マユタテアカネ（田口・渡辺，1987）やナツアカネ（田口・渡辺，1995）などが知られている．これらの種は，飛翔頻度が高かったり生涯の移動距離が長くても，水田域と周囲の雑木林という里山景観から逸脱することはまれであった．水田域と周囲の雑木林を移動の最終目的地としないアカネ属としてはアキアカネが知られている（田口・渡辺，1986）．

田口・渡辺（1992）は，カワトンボの前繁殖期の個体は摂食活動が中心なので，特定の場所に固執する必要性は低いことを示した．すなわち，前繁殖期の週あたり平均移動距離は繁殖期に比べてはるかに長い（表 5.2）．しかし，透明翅型雄ではこの傾向が認められなかった．また，橙色翅型雄と透明翅型雄で支流間の移動が少数確認されたものの，雌では確認できなかった（図 5.14）．移動はいずれも隣り合う支流間だけで認められ，移動の確認できた個体の割合は橙色翅型雄と透明翅型雄でそれぞれ全標識個体数の 3.7% と 1.9% である．したがって，成虫の支流間の移動交流がそれぞれの生息地における個体群の動態に大きな影響をおよぼしているとは考えられない．むしろ，この地域の個体群は，それぞれの狭い生息地に隔離されていると考えられる．支流間の低移動率は，巨視的に見れば分水嶺を越える個体群の移動交流の確率がほとんどゼロに等しいことを示唆するので，下流域で分布の連続性が保証されないと，それぞれの個体群は各河川の上流部に隔離されてし

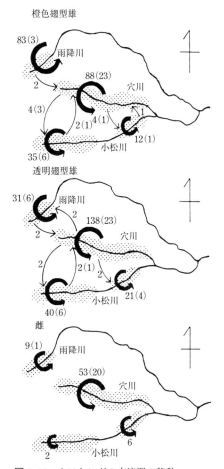

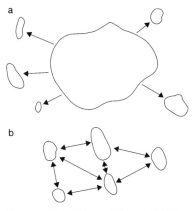

図 5.14 カワトンボの支流間の移動．影（点刻で示してある）の部分は生息域，（ ）は前繁殖期の個体数を示す（田口・渡辺，1992 より改変）．

図 5.15 島と大陸との関係から分類されたメタ個体群の例．
a：大きな生息地（≒大陸）からつねに小さな生息地（≒島）へ移出が起こっているメタ個体群，b：中規模の生息地間で移動・交流が生じているメタ個体群（New, 2009 より改変）．

まうといえ，本種の保全を考えるうえでの重要な知見となっている．

　New（2009）は，メタ個体群における生息地間の移動様式を2つに分類した（図5.15）．1つは，大きな安定した生息地が中心にあり，つねに安定した個体群を維持しながら周辺の小さな生息地へと移出させているメタ個体

群である．すなわち，大陸と島の関係のように，一方通行の移動といえよう．これらの小生息地はつねに不安定で，それぞれの地域個体群が頻繁に絶滅しても，大生息地からの移入に助けられるので，全体として見れば安定して存続する個体群となる．もう1つは中規模の生息地のネットワークであり，それぞれの間で相互の移出入がつねに生じている代わりに，どこの生息地でも絶滅が起こりうるメタ個体群である．成虫の日常の移動と幼虫期の生息場所を考慮すれば，蜻蛉目の個体群は，原則として，後者のメタ個体群であるといえよう．すなわち，蜻蛉目の生活史にとって，幼虫の生息場所（＝産卵場所）間の成虫の移動・交流は，メタ個体群の観点から，重要な問題なのである．

第6章　群集生態学
——食う-食われる関係

6.1　群集構造

(1) 種数の推定

　生き物の棲む世界とは，それぞれの生き物が自分勝手にもっとも棲みやすい場所を選択して生活しているように見えても，実際は，生物どうしの複雑な相互関係に大なり小なり縛られて生活しているといえる．そのような実際の生活空間は小地域（patch）と定義されることが多く，しばしば，それは大洋中の「真の島」と対比されてきた（図 6.1）．すなわち，自分たちは棲

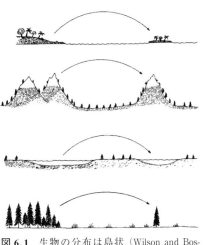

図 6.1　生物の分布は島状（Wilson and Bossert, 1971 より改変）．

むことができないものの他種は棲むことのできる生息場所を大海原とすると，それによって囲まれた小さな生息場所が「棲み場所の島」といえるからである．山脈の尾根沿いを生息地としている種にとっては独立峰の頂上付近が「島」といえ，大きな湖を生息地としている種にとっては小さな池が「島」という位置づけとなろう．したがって，森林の樹冠部で生活している昆虫なら，草地の真ん中にポツンと1本立っている高木の梢も「島」となる．

特別な場合を除き，生き物は1つの「島（≒同じ物理的空間）」に1種だけで存在することができない．同所的に多くの種が存在し，それぞれの種の間でさまざまな種間関係（≒相互作用）を生じているのである．したがって，島の生物群集がある程度安定しているなら，その場に存在する種の数だけ生態学的地位は存在するといえ，物理的に「島」が大きければ，地形は複雑になり，植物群落も多様になるので，生息できる種はさらに増加していくにちがいない．

特定の分類群に属する種（あるいは，似たような生活様式をもつ種）の数は「島」の面積の3乗根（4乗根の場合もある）の形で増加するという経験則が昔より知られてきた．すなわち，S を種数，A を島の面積，C を $A=1$ のときの S の値とすると，

$$S = CA^{0.3} \quad [すなわち \log S = \log C + 0.3 \log A]$$

となり，これを種数-面積曲線という．この関係式を利用すれば，たくさんの仮定を必要とするものの，未知の「島」の種数を推定することは可能となる．

蜻蛉目を主体とする生物群集の場合，経験的に，1つの水域に存在する幼虫群集や1つの水田に出現する成虫群集というようなギルド内の群集として解析されることが多かった．蜻蛉目は生態系における第二次消費者（＝小型肉食動物）という位置づけであるため，蜻蛉目の種間に生じる相互作用の複雑さは，餌となる小動物の群集の多様さを反映していることになる．一方，蜻蛉目という餌の種類が多様になっていれば，それらを餌とする動物たちの種も多様となっているにちがいない．この考え方は，移動性が乏しく，水域という生息場所の境界を確定しやすい幼虫群集に適用しやすかったようで，さまざまな水域においてサンプリング調査が行なわれ，種数や種構成が記載されてきた．

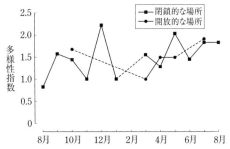

図 6.2 溜池の閉鎖的な場所と開放的な場所における蜻蛉目幼虫の多様性指数の季節変化（東・渡辺，1998 より改変）．

東・渡辺（1998）は，谷戸水田上部に設置されている溜池における幼虫群集を調べ，閉鎖的な場所と開放的な場所を比較したところ，前者の多様性指数（シャノン・ウィーナー指数）は年間を通して約 1.5 前後だったものの，後者では変動が大きく，計算できない月も多かったという．開放的な場所とは，溜池と水田の接している部分であり，開放的な場所を好むシオカラトンボやギンヤンマ（≒ r-戦略者）の産卵場所となっていた．これらの種は活動範囲が広いので，溜池へは偶発的に訪れた可能性が高い．また，卵越冬する種の多かったことも，冬の幼虫群集を貧弱にした理由であったろう．逆にいえば，溜池の奥という樹林に囲まれた閉鎖的空間は，その環境を恒常的に選択している種がつねに存在し，種の移出入が少なかったことと，幼虫越冬する種が比較的多かったことで，多様性指数は安定していたのである（図 6.2）．

普通，蜻蛉目の幼虫群集が多くの種で構成されていると，その種多様性を根拠に「トンボにとって好適な」水環境が形成されていると見なされている．唯一の例外が「ヒヌマイトトンボの保全」を目的にする場合で，生息地となるヨシ群落下部で成立すべき幼虫群集は，まったく逆の視点をもつ必要があると Iwata and Watanabe（2009）は指摘した．生息地は汽水という特殊な水環境に成立した密生したヨシの群落であり，一般的な蜻蛉目の幼虫の生存には不適といえ，結果的に，ヒヌマイトトンボだけの単純な種構成をもたらしていたからである．この単純な種構成は，幼虫期から成虫期を通じて，他

の蜻蛉目の餌となりやすいヒヌマイトトンボにとっては好適であるといえよう．

　蜻蛉目の成虫の飛翔活動範囲は1つの植物群落内に収まらない種がほとんどなので，成虫を主体とした蜻蛉目群集の範囲を特定することはむずかしい．そのため，特定の植物群落に飛来した種のリストというような植物群落を主体とした群集記載が多く，結果として，出現種数の多少を比較するのみで，詳細な群集構造の解析は行なわれてこなかった．

　生物群集の解析において，とくに移動力の大きい成虫の出現種数だけで勝負するには限界があった．「たまたま採集できた種（あるいは，できなかった種）」の数によって，生物群集の評価が変わってしまうからである．そこで，種数だけでなく，それぞれの個体数のデータも得て，種数と関係づけることができれば，種数の多少で単純に生物多様性を判断するよりは，信頼性の高い判断ができるかもしれないと考えられるようになってきた．横軸に個体数の多い種から順番に並べ，縦軸に対応する個体数をとれば，第1位の種（優占種）から順位が下がるにしたがって，個体数はみるみる減っていくのが普通であろう．この減少する傾きが緩いときは，個体数の少ない種がかなり生息していることを，傾きが急のときは，第1位の種の個体数が多すぎたり，個体数の少ない種があまりいなかったりすることを示す．したがって，傾きが緩ければ群集の多様性は高く，傾きがきつければ多様性が低いことになる（元村の法則：第1章参照）．しかし，生息場所という「島」を狭く考えれば考えるほど，移動力の大きい種は対象とした「島」を飛び出して生活していることになるため，このような関係はあやふやになってしまう．蜻蛉目の成虫という飛翔性昆虫では，複数の生態系を股にかけて活動しているために生活範囲を特定しにくかったり，個体数の推定が簡単ではなかったり，現実の調査時間帯にすべての種の活動時間帯は一致しないのが普通であったりすることなど，調査をするために乗り越えねばならない問題点が多すぎるからである．

　一般に，生物群集の種数と個体数の関係は，個体数の多い少数の種とほんの数個体しかいない多くの種から成り立っている．そこで，種数-個体数関係の縦軸と横軸を逆にとり，横軸の個体数を対数にすると，調査で得られた総個体数が少ないときはL字型になり，理論的には，得られた総個体数が

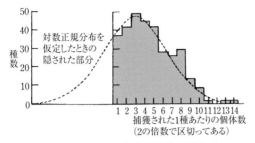

図 6.3 オクターブ法でまとめた蛾の群集（Krebs, 1972 より改変）．

増加するとともに，ピークが見えるようになっていく．図6.3は，ライトトラップで捕獲した蛾の種数-個体数関係で，横軸に捕獲した個体数を2の倍数ごとに整理すると，2の3乗（=8）の個体数を捕獲した種数がもっとも多かったことを示している．すなわち，ここをピークとした切れた対数正規分布となったのである．したがって，さらに調査を繰り返して捕獲個体数を増やせば，ピークはどんどん右へと移動するはずで，左側の隠された部分（さらにまれな種）が見えるようになってくるといえ，この分布全体を積分すれば，全体の種数を推定できることになる．しかし，蜻蛉目群集に対して，このような解析はなされたことがない．

　蜻蛉目の成虫のように，飛翔し，移動力の大きい昆虫類に対しては，単純なスウィーピングを行なうだけで，出現したすべての種とその個体数の関係を把握することがむずかしい．また，黎明薄暮のみを活動時間帯とする種もあり，生息種数を推定するための調査を行なうには，さまざまな困難が立ちはだかっている．しかし，一様な環境で比較的安定している群集と見なせる場所では，コツコツと調査を繰り返すことで，調査回ごとに付け加えられるべき新しい種は少なくなり，ある一定の上限をもつであろうことが経験的に知られてきた（図6.4）．この関係を利用した簡単なモデルとして，

$$\Delta S = a - bS$$

が提案されている．ここで，Sは累積出現種数を，ΔSはiから$i+\Delta i$になったときに追加された種数である．すなわち，調査日（回）が進めば進むほどΔSは少なくなり，最終的にはゼロになってしまうはずである．

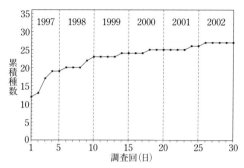

図 6.4 累積種数曲線.
1.5 km の小川の岸で毎年 5 日間ずつ蜻蛉目の成虫の調査をした結果（Oertli, 2008 より改変）.

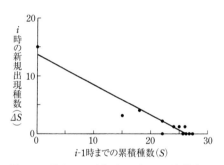

図 6.5 ダラーン（ネパール）の二次植生に生息している蝶の種数の推定.
回帰直線は,
$\Delta S = 13.52 - 0.52\,S$, $r^2 = 0.93$, $p < 0.001$
で, S_∞ は 25.8 となる（渡辺, 2007 より）.

　S と ΔS はほぼ直線関係になると仮定して回帰直線を描くと，S 軸との交点（S_∞）はその地区に生息する全種数と推定できる（図 6.5）．ただし，この方法は，野外の実情とは合わない前提条件があることに注意せねばならない．すなわち，①調査開始から終了まで，S_∞ の数だけの種がつねに必ず存在しているという決定論モデルであること，②どの種も同じ個体数で存在していなければならないという非現実性，③どの種の個体もすべてランダムに

分布しているという非現実性，④すべての種に対する捕獲効率はつねに一定，などである．また，S_∞ は過小推定になりやすい．しかし，残念ながら，蜻蛉目群集において，このような解析も試みられていないのが現状である．

（2）食物網

ある1つの生物群集の特徴は，その中に含まれる個々の種の間に見られる種間相互作用（＋非生物的環境との相互作用）によって決まってくる．近年，これらの相互作用は，直接効果や間接効果として，めぐりめぐって，まったく関係がないと思われているような種の動態にも影響を与え，最終的に，その生物群集の動態にかかわってくることが明らかにされてきた（第1章参照）．一般に，生物群集を構成する種が豊富になればなるほど，相利共生や食う-食われる関係，競争などの相互作用の種類は多く，関係が複雑になっている．このうち，食う-食われる関係は生物群集内で食物網をつくりだし，それが生物群集の構造と機能を特徴づける出発点と考えられてきた．基礎となる生産者の地位は，陸上では主として植物が，陸上の水域では植物プランクトンや水生植物が担っている．したがって，蜻蛉目は生産者を食う一次消費者を食う二次消費者（あるいは，それよりも高次の消費者）という地位にいて，もちろん，蜻蛉目を食うさらに高次の消費者がいるので，蜻蛉目は「中間消費者」という位置づけになるだろう．ところが，幼虫期を水域で成虫期を陸上で過ごすため，餌生物の種類も天敵の種類もそれぞれの生活場所で異なっている．この特性は「幼虫期と成虫期を含めた蜻蛉目を中心とする生物群集」を認識したり，確定したりすることをたいへんむずかしくしている（図1.10参照）．

操作的に幼虫期と成虫期を別々の「蜻蛉目群集」と認識して，1つの地域における蜻蛉目の種の豊富さや分布構造，非生物的環境とのかかわりなどを解析した研究は多い．また，複数の植物群落を含む地域（≒景観）における成虫の蜻蛉目相は，多くの地域において記載されるようになってきた．確かに，蜻蛉目の種数が多ければ，食われる小動物の種数も個体数も多く，それらの小動物の食う生産者（≒植物）も豊富であるにちがいない．蜻蛉目を食う動物たちの種や個体数も豊富になっているだろう．逆に，蜻蛉目の種数が少なければ，貧弱な生物群集が推定されることになる．しかし，これらの蜻

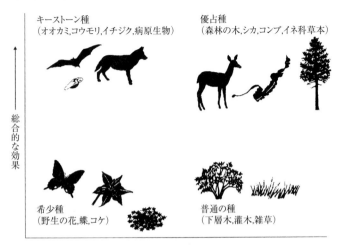

図6.6　キーストーン種と現存量の関係.
ある1つの種の地域個体群を保護・保全することで，その個体群が属する生物群集の大部分が同時に守られるような種をキーストーン種という．この図では，オオカミやコウモリ，イチジクなどがそれにあたるが，これらの種は生物群集内の現存量の観点から見るとかなり低い量しかない．しかし，これらの生物は生物群集に大きな影響を与えている．蝶やコケ，野生の花などは，同様に生物群集内に占める現存量は少なく，希少種や珍種も多いが，生物群集に与える影響は大きくない．現存量の観点での優占種は森林の樹木やシカなどがあげられ，生物群集に対する影響力は大きいといえる．なお，現存量は大きくても生物群集に与える影響が小さい種もある（Primack, 2004より改変）.

蜻蛉目群集の解析において，蜻蛉目の個々の生活史とそこから生じる種間相互作用などに焦点をあてた研究例はほとんどなかった．Corbet（1999）は，蜻蛉目を幼虫期と成虫期に分け，それぞれにおける共生生物や病原体，寄生者，捕食者，餌動物について，詳細に記載している．Stoks and Córdoba-Aguilar（2012）は，成虫の生活に対する寄生者の重要性を強調した．すなわち，体内寄生者はたいてい消化管に寄生するので，摂食した餌の消化吸収効率を妨げるだけでなく，雌では成熟卵の蓄積場所も狭めている．一方，ミズダニのような外部寄生者は，成虫の飛翔能力を低下させ，その結果として，採餌効率を低下させたり，鳥などの捕食者から逃れにくくしているという．

図 6.7　アンブレラ種のイメージ（Friend, 1992 より改変）.

　ただし，Allen and Thompson（2010）によると，ミズダニに寄生されたイトトンボ科の *Ischnula pumilio* の成虫は，寄生されていない成虫よりも分散力が高かったそうである．

　生物群集の特徴の基礎となる食う-食われる関係から導かれる群集の安定要因を探る第一歩は，キーストーン種やアンブレラ種の発見である．前者の例として，高校教科書にも載るようになった岩礁帯のヒトデとは，その存在により，食う-食われる関係を通して，生物群集の構造と動態の大きな影響を与える種であった．一般に，生物群集において種間相互作用に大きな影響を与え，個々の種の個体群動態と，その結果として群集の構造と動態に大きな影響を与える種であれば，生産者であろうと消費者であろうと，現存量の高低にかかわらず，キーストーン種と見なすことになる（図 6.6）．すなわち，イチジクのような植物や植食動物であるゾウ，ライオンにとりつくジステンバーのウイルスもキーストーン種と見なされてきた．一方，後者のアンブレラ種とは，食う-食われる関係の頂点に位置する種である（図 6.7）．したがって，これらの点を考慮し，生活史と対照させると，蜻蛉目がキーストーン種やアンブレラ種と見なされる可能性は低いといえよう．

(3) 群集の変遷

　個々の生き物は，生まれ成長し子孫を残して死んでいくが，この間にさまざまな種内・種間の相互作用を生じ，それぞれの個体群は時間とともに変動することになる．その結果として，生物群集も時間とともに変動せざるをえない．四季のある温帯以北の地方や雨季乾季の生じる熱帯地方において，多くの昆虫類はそれぞれの季節に適応した生活史をもっている．すなわち，成虫の飛翔期間は季節によって変動し，それに対応して捕食者や被食者の個体群が変動するため，生物群集は季節変動を繰り返す．したがって，生息場所の非生物的環境が安定していれば，生物群集の季節変動の予測可能性は高く，毎年同じように蜻蛉目の成虫は姿を現わし季節とともにうつろうこととなり，「夕焼け小焼けのアカトンボ」を時候の挨拶とできるのである．

　蜻蛉目の生息環境を構成する複数の植物群落のうちの一部でも植生遷移の途上にあり，その群落に出現していた植物の種類が変遷すれば，それらを餌とする植食動物の種構成も変遷することになる．とくに二次遷移の初期では，出現植物の種類の交代が早いので，それらを寄主植物とする植食動物の種類の交代も早い．対応して，植食動物を餌とする肉食動物の種類も変化していくことになるが，寄生蜂や寄生蠅などの種特異的な捕食寄生の種を除き，特定の植食動物のみを餌とする肉食動物は普通存在しないので，植食動物の種構成の変化よりもゆっくりと変化していく．このように考えると，蜻蛉目では，比較的短期間の植生遷移に対応した種構成の変化は鈍いといえよう．ただし，長期的に見ると，植生遷移の結果，木本の出現によって閉鎖的な樹林が成立すれば成虫の飛翔空間が物理的に限られてくるため，そこを生活の場としていた蜻蛉目の種構成は大きく変化することになる．

　植生遷移が進行して極相群落となったとき，定義上，群落を構成する植物の種類の交代はないといわれてきた．すなわち，極相とは，特定の気候と土壌条件の下で安定して，半永久的に維持されていくのである．わが国における極相とは，大ざっぱに，南半分が照葉樹林で北半分が落葉広葉樹林であり，優占種となる高木層の樹木は，どちらも陰樹という耐陰性に優れた種と見なされてきた．前者はシイ・カシ，後者はブナである．このような極相林は，とくに照葉樹林の場合，林床は昼でも暗く，常緑樹であるために1年を通し

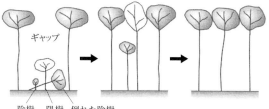

図 6.8 ギャップ更新の模式図.

て光環境はつねに暗いので，陰樹といえども林床は光不足となって稚樹は育ちにくい．これでは，種類の交代は起きないかもしれないが，高木層の樹木の次代も成長できないことになる．

近年，極相林の更新とは，高木層を構成する樹木が寿命などによって枯死して倒れ，林内に小さなギャップが生じ，そのギャップで稚樹が成長して林冠をふさぎ，ギャップを埋めていくというギャップ更新であることが理解されるようになってきた．ギャップは林内のあちこちにできては埋められ，できては埋められることになる．ギャップが大きければそこに陽樹も侵入でき，陽樹が高木層まで達した後に陰樹と置き換わることになるので，もとの陰樹の林冠に戻るまでには時間がかかってしまう．結果的に，極相林の林冠には部分的に陽樹が存在することになり，安定した極相林とは，陰樹と陽樹のモザイク状の森林といえるのである（図 6.8）．

寝場所や休眠場所とする以外，蜻蛉目の成虫が暗い林床や林冠を利用することはほとんどない（Corbet, 1999）．前者の環境では，光が足りずに視界の確保に支障をきたし，餌を得ることができなかったり，捕食者の接近を感知しにくかったりするであろう．後者の環境では，茂った枝葉がじゃまをして自由な飛翔活動が妨害されるからである．したがって，従来の定義の極相林では，特別な場合を除いて，蜻蛉目の成虫の生活場所とはなりえないといえよう．そもそも暗い環境では餌となる小昆虫の生息もおぼつかなく，種類も数も貧弱である．しかし，極相林内に生じたギャップは明るく，出現植物の種類は豊富で，芽生えたばかりの植物の葉は柔らかく，植食性昆虫類の餌となりやすい．ギャップをランドマークとして集まって，さまざまな群れ行動を示す昆虫類もいる．岩崎ら（2009）は，昼の林内ギャップは小昆虫の飛翔

がもっとも多くなる時間帯であり，それに対応してノシメトンボの採餌活動が活発に行なわれていることを明らかにした．また，多くの蜻蛉目の成虫が，性的に未熟な期間を林内ギャップで過ごして摂食に専念していたことが報告されるようになり，植生遷移と蜻蛉目成虫の生活場所との関係は，現在，全面的に再検討すべきときにきているといえよう．

6.2　優占種

　動物群集を構成する種を個体数の多い順に並べたとき，もっとも多い種は優占種と定義されている．この優占種を出発点として，順位の低下とともに低下する個体数の減衰の様子で群集の多様性を評価する試みは，1930年代の元村以来，さまざまな群集について報告されてきた．一般に，種数が多く個体数は徐々に低下していく群集を多様性の高い群集，種数が少なく個体数は急激に減少してしまう群集を多様性の低い群集，と見なしている．しかし，群集を構成するそれぞれの種は季節変動するのが当然である蜻蛉目の成虫群集に対して，このような解析法はなじまない．ほぼ同じ生息環境で同所的に生活していて，似たような環境要求（たとえば餌昆虫の種類や量，物理的な飛翔空間など）をもっているのは，里山林内における前繁殖期のアカネ属成虫のみであろう．これらの種でも，繁殖期になれば，里山林の利用方法は大きく異なるようになる．また，ウスバキトンボのような放浪癖のある種は，しばしば群れとなって飛来し，通過していくのみなので，このような種も群集解析にはなじまない．

　田口・渡辺（1984）は，谷戸水田に出現するアカネ属の成虫を，7月から12月までの毎週，標識再捕獲を繰り返したところ，8種のアカネ属が記録され，優占種はミヤマアカネ（7-8月）からマユタテアカネ（8-9月），ナツアカネ（9-10月），ヒメアカネ（10月）の順に入れ替わり，アキアカネの群飛が10月以降にしばしば認められたと報告した．コノシメトンボとノシメトンボ，キトンボは，ごく少数の個体が調査水田の上空を通過したのみであったという．処女飛翔をほとんど示さず，一生を羽化した水田で定着しがちのミヤマアカネを除き，水田で発見・捕獲した個体は性的に成熟しており，さまざまな繁殖行動が認められたので，水田におけるそれぞれの月（≒季節）

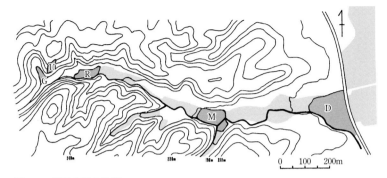

図 6.9 谷戸水田の地形.
影の部分が水田で，右端の道路より右側は広い水田となっている G，R，M，D が調査水田で，G が谷の最奥につくられた水田である．U は雑木林が伐採されたばかりの斜面で，多くのアカネ属成虫はここを経由して林内のねぐらへ戻っていく（Watanabe and Taguchi, 1988 より改変）．

は，個々の種の繁殖時の環境要求に対応していたと考えられている．

1つの水域において定点観測し，出現する蜻蛉目成虫の優占種が季節によって交代していくという報告例は少なくない．水田の場合，田植え直後にはホソミオツネントンボが産卵にやってきて，その後シオヤトンボが飛来するようになり，夏になるとシオカラトンボやオニヤンマがパトロールし始める水田もある．秋になればアカネ属がやってくるにちがいない．しかし，同じ季節でありながら水田の周囲の環境によって出現（≒飛来）するアカネ属の優占種は異なっていることが Watanabe and Taguchi（1988）によって明らかにされた．すなわち，図 6.9 に示すように，田口・渡辺（1984）の調査地点 M を含む谷戸水田において，谷戸のもっとも奥の急斜面につくられた水田（G）から R，M と下流に向かい，平野部の水田に隣接する D までの4カ所を調査場所とし，同時調査を4年間にわたり，毎10月に行なったところ，この時期の M の水田では，ナツアカネが優占し，マユタテアカネが衰退を始め，ヒメアカネが増加し始めていた．しかし G の水田では，ヒメアカネが極端に優占して他種はほとんど認められず，R の水田ではマユタテアカネが，D の水田ではナツアカネが優占していたという．すなわち，一見すると，里山景観で同所的に生活しているように見えるアカネ属でも，種に

よって生息地選択は微妙にずれており，優占種はそれぞれの水田の物理的環境条件によって異なっていたのである．もちろん，それぞれの種の飛翔習性の日周性も関係しており，飛翔活性の強弱や，選択された寝場所と水田との距離，なわばり行動を代表とするような種内関係を生じる繁殖習性，そして種間関係も群集構造に影響を与えていたにちがいない．たとえば，GとR，Mの水田では，出現したすべての種において連結態（≒交尾や産卵などの繁殖活動が行なわれていた可能性が高い）が観察されていたものの，Dの水田で連結態が観察されたのはナツアカネで，まれにマユタテアカネとミヤマアカネが，年によってアキアカネの連結態が認められたにすぎなかったという．したがって，これらの結果は，単一で局所的な水域のみにおいて蜻蛉目の成虫群集の構造を調べても，その地域一帯の蜻蛉目群集を反映していないことを示している．個々の水域をそれぞれ地域全体の中において位置づけるか，水域を含むさまざまな植物群落をまとめた景観という概念を考慮しなければならないといえよう．

6.3 餌

(1) 採餌成功

　蜻蛉目の成虫は，普通，自らよりも小さな双翅目や膜翅目，鞘翅目などの幅広い種類の飛翔性昆虫類を餌として捕獲している．これらの餌の豊富さと蜻蛉目成虫の採餌飛翔の習性には大きな関係があり，飛翔生活様式（percher か flyer）と対応した空間特性をもつ場所が選ばれているといわれてきた（Corbet, 1999）．たとえば，percher の採餌行動は待ち伏せ型となるので，活動場所が草本植生の内部であったり，枝葉が複雑に入り組んだ樹林の内部であったりする．一方，flyer は飛翔しながら採餌するので，ある程度大きな飛翔空間の確保されている場所が必要である．開放的な池の上空に出現した蚊柱などに繰り返し突入して摂食する成虫というような観察例は多い．いずれにしても，採餌飛翔の頻度（結果としての採餌成功率）は，成虫のその後の栄養状態に大きな影響をおよぼし，雄間の闘争や雌の生涯産下卵数にかかわってくることになる．したがって，採餌行動を示している成虫の生活場

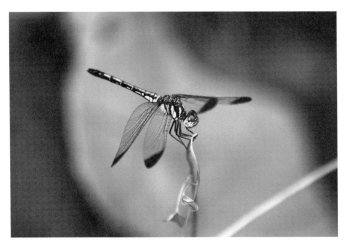

図 6.10　林内ギャップで静止しているノシメトンボ．

所とは，餌昆虫の豊富な場所にちがいなく，採餌飛翔の頻度は，小昆虫の飛翔個体数と同調的に増減するのが普通である（Baird and May, 1997）．

　水田一帯における飛翔習性の観察から，これまで，ノシメトンボの日中の活動は休まずに飛翔し続ける flyer と見なされてきたが，林内ギャップにおいて，ノシメトンボの雌雄は木の枝先や草の茎先などに静止することが多く，percher と呼ばれる生活史をもっていることが Watanabe *et al.* (2004) によって明らかにされた．Percher が採用している待ち伏せ型の採餌行動とは，静止場所近くを飛翔して通過しようとする小昆虫に飛びかかって捕獲する方法で，このような採餌行動を示す成虫の採餌飛翔の頻度についての研究は多くの種について行なわれている（Shelly, 1982；May, 1984）．採餌飛翔の頻度は日周変化し，性別や生活場所の温度環境などによって異なることも指摘されてきた．

　林内ギャップで生活しているノシメトンボは，終日，採餌を行なっていた．ノシメトンボの静止場所はギャップ内の辺縁部であり，やや陰になる場所が多い（図 6.10）．頭をギャップの中心部へ向けて定位するので，静止場所は，背後がやや暗く，前面が明るい見通しのよい光環境といえる．その結果，餌となりうる小昆虫の静止場所周辺への飛来は発見しやすかったかもしれない．

174　第6章　群集生態学——食う-食われる関係

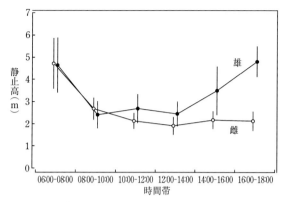

図 6.11　林内ギャップにおけるノシメトンボの静止高の日周変化（±SE）（Watanabe and Kato, 2012 より改変）．

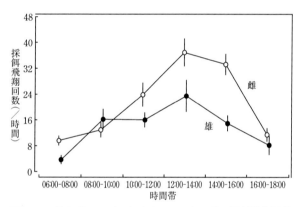

図 6.12　林内ギャップにおけるノシメトンボの採餌飛翔回数の日周変化（±SE）（Watanabe and Kato, 2012 より改変）．

襲いかかった後，戻ってきた静止場所で口を動かして餌を食べ尽くすまでには数秒かかるが，よほど大きな餌ではない限り，ほとんどの餌は10秒以内に完食している．したがって，ノシメトンボは，採餌飛翔後，間を置かずに次の採餌飛翔を開始できるといえよう．

　林内ギャップにおいて，早朝から日没までの連続観察の結果，朝夕の気温の低い時間帯の静止場所は高いところで，日中には1-2mの高さに静止して採餌していることが明らかになった（図6.11）．Watanabe and Kato

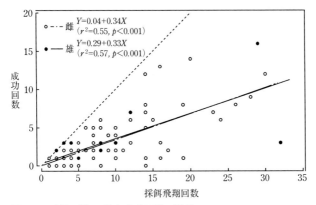

図 6.13 採餌飛翔回数と成功回数の関係.
点線上では採餌成功率が100%となる（Watanabe and Kato, 2012 より改変）.

(2012) は，気温の低い早朝や夕方に採餌活性は落ちるものの，気温の上昇する日中は，雌で時間あたり40回，雄で時間あたり20回程度の採餌飛翔を行なっていたことを見いだしている（図6.12）．すなわち，正午前後，雌は1-2分に1回の摂食を行なっていた．また，雄よりも雌のほうが摂食量は多かった．なお，採餌と採餌の間に個体間干渉や静止場所移動を含まないと仮定すれば，静止場所近辺への小昆虫のおおむねの飛来間隔は採餌飛翔の頻度といえ，ギャップはノシメトンボにとっての餌昆虫が豊富に飛来する場所であったといえる．

　これまで，採餌飛翔の成功確率は，採餌後の個体の口器の動きの観察で判断されてきた．たとえば，Sakagami et al. (1974) はシマアカネで3.6%，東(1973) はアキアカネで50.8%と報告している．Corbet (1999) はこれらの記録をまとめて，餌の捕獲成功率は種によって2.7%から100%近くまで変異に富み，その理由を，percherにおいては，静止場所の位置やその種の飛翔習性，餌の飛翔習性によると述べた．岩崎ら (2009) の観察では，大ざっぱにまとめたノシメトンボの捕獲成功率が，雌で43%，雄で49%であったという．Watanabe and Kato (2012) は，静止個体ごとにくわしく解析し，成功率には個体差のかなりあることを明らかにした（図6.13）．ただし，雌雄の成功率は33-34%と差がなかったようである．

（2）餌昆虫

岩崎ら（2009）は，ノシメトンボの採餌場所であるスギの人工林内に生じたギャップにおいて，餌となる小昆虫の高さ別の構成と個体数を調べ，静止場所の高さの詳細な日周変化が小昆虫の個体数がもっとも多い高さの日周変化と同調していることを示した．ノシメトンボの採餌場所となっている林内ギャップでスウィーピングしたところ，餌となる可能性のある小昆虫は，双翅目がもっとも多く，次いで膜翅目，半翅目，鞘翅目，総翅目，鱗翅目の順となったという（図6.14）．種数-個体数の順位曲線の減少はかなり急で，日中の林内ギャップにおける飛翔性小昆虫の群集は比較的単純だったようである．

餌となりうる大きさの小昆虫の林内ギャップにおける飛翔活性は朝と夕に低く日中が高くなり，ノシメトンボの採餌活性はそれに対応していた．小昆虫類の飛翔高度は，地表面近くから数mの高さまで拡がっているが，4mほどまでが活動高度らしく，それ以上の高さを飛翔する小昆虫類は少ない（図6.15）．待ち伏せ型の採餌行動において，捕獲のために飛翔する方向は静止場所より上方であるのが普通なので，ノシメトンボは静止場所から0.5-2m上空の小昆虫をおもに捕獲し，静止場所より下側に向かって採餌飛翔を行なうことはないといえる．ノシメトンボの静止場所の地表面からの高さは最低でも1mはあったので，静止場所は採餌行動に都合のよい高さだったのである．

ノシメトンボの採餌飛翔距離は，朝に長く昼に短い傾向が認められた．一般に，採餌飛翔の距離が長くなるほど捕獲成功率は低下する（Baird and May, 1997）．したがって，昼，静止場所の近くを飛翔する小昆虫は捕獲しやすかったかもしれない．すなわち，餌の豊富さの変化に対応して，捕獲を試みる獲物までの距離を調整し，静止場所を選んでいた可能性がある．

Worthington *et al.*（2005）は，待ち伏せ型の採餌行動を示すアカネ属の *Sympetrum vicinum* が飛翔して捕獲を試みる獲物の大きさは0.8-5mmの範囲であることを報告した．*S. vicinum* に比べてやや大型のトンボ科の *Libellula luctuosa* は8mmの大きさの獲物に対しても捕獲を試みることがあったものの，その割合は2-5mmの獲物に捕獲を試みる割合よりも非常に低かっ

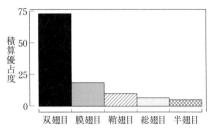

図 6.14 林内ギャップにおける目別捕獲数と出現頻度から計算した積算優占度(岩崎ら,2009より改変).

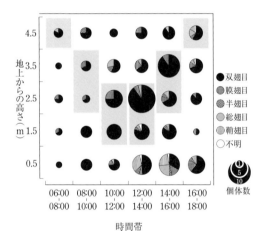

図 6.15 林内ギャップで捕獲された小昆虫の種数と個体数の日周変化.
網掛けの部分は,その時間帯にノシメトンボが静止している高さから捕食可能な高さを表わしている.この結果,地表近くを除くと,ノシメトンボは比較的餌の多い高さを選んで,静止していることを示している(岩崎ら,2009より改変).

たと Olberg *et al.* (2005) は述べている.したがって,採餌を行なっている日中に,高さ 1.5-4.5 m を飛翔する体長 1-5 mm の小昆虫はノシメトンボの好適な餌だと考えられた.岩崎ら (2009) は,このような小昆虫の乾燥重量は,平均すると 1 頭あたり約 0.17 mg であり,ノシメトンボの雌雄が 1 日に捕獲に成功した小昆虫の数は雌で 108.5 頭,雄で 89.3 頭だったので,1 日に

捕獲した小昆虫の積算乾燥重量は,

$$雌では\quad 0.17 \times 108.5 = 18.4\ \text{mg}$$
$$雄では\quad 0.17 \times 89.3 = 15.2\ \text{mg}$$

と計算した．一方，野外で捕獲したノシメトンボの雌雄が排出した糞量を用いて，給餌量と排出糞量の関係式から日あたり摂食量を推定すると，雌で 17 mg，雄で 10 mg となっており（第3章参照），雌は体重の 17% の餌を毎日摂食していたことがわかった．やや小ぶりなアキアカネでは 13.9-14.5% という記録（Higashi, 1978）があり，アカネ属の摂食量はかなり多いといえる．なお，同時期に，繁殖期のノシメトンボを室内飼育しながら行なった摂食実験でも同様の結果が得られている（Watanabe et al., 2011）．したがって，非なわばり制の種では雄の摂食量が少なくなるという一般則を，ノシメトンボも示していたといえよう．摂食量における雌雄差は，雌の莫大な卵生産努力によるためである（Susa and Watanabe, 2007）．一方，Watanabe et al. (2005) は，連結して林内から水田に飛来し，連結打空産卵を行なうまでの雄の体温が雌よりも 2℃ 高いことを示し，連結飛翔中の雄は，雌よりも羽ばたきの頻度が高いことを示唆した．しかし，羽ばたきという飛翔コストの増加によるエネルギーの消費量は，雌の卵生産コストによるそれを上回ることはないようである．

　集中的にノシメトンボの個体数が推定された信州の盆地（約 1.5 km^2 の水田の周囲）の里山林において，8月下旬，雌は日あたり約1万8000頭，雄は日あたり約1万1000頭と推定されていた（Watanabe et al., 2004）．これらの雌雄すべてが1日あたりそれぞれ 108.5 頭と 89.3 頭の小昆虫を捕獲しているとすれば，林内ギャップで1日にノシメトンボに消費される小昆虫の合計頭数は，

$$18000 \times 108.5 + 11000 \times 89.3 = 2935300\ 頭$$

と計算される．この地域一帯における成熟したノシメトンボの飛翔期間は約1カ月だったので（Susa and Watanabe, 2007），ノシメトンボが林内ギャップで捕食している小昆虫は莫大な数に上るといえよう．

第7章　景観生態学
——生息環境のレベル観

7.1　複合生態系

　一般に，飛翔性昆虫は複数の植物群落を股にかけて生活しているので，物理的な生息空間は三次元となり，その範囲を定量的に特定し，境界を定めることは行ないにくい．そのため，初期の蜻蛉目の研究では，池や水田のような水域や単一の水生植物群落で完結できる幼虫期と同様に，1つの植物群落において成虫の捕獲を試み，その場で群集は完結しているという操作的な前提をもっていた．しかし，わが国のように地形がモザイク的に入り組んでいる場所において，ある1つの植物群落は，平面空間としても立体空間としても小さく，その中に生じている飛翔空間だけで生活史を完結している種はほとんどいない．ちょっと飛翔すればただちにその群落から飛び出して，別の群落へ入ってしまうからである．したがって，特定の植物群落を決め，そこに存在していた蜻蛉目の成虫を捕獲して群集と見なすことには無理のあることが理解されるようになってきた．人間の目からではなく，対象とする昆虫群集にとっての生息環境として，複数の植物群落をまとめて認識せねばならないといえよう．たとえば，性的に成熟した蜻蛉目の成虫の場合，繁殖行動を示す水域と，休息場所であったり摂食場所であったり寝場所であったりする近くの樹林をまとめて考えねばならないのである．

　蜻蛉目は幼虫期を水中で過ごし，羽化後ただちに水域を離れ，性的に成熟するまで樹林や草地などで生活している．蜻蛉目の多くの種がこのような処女飛翔を行なうことが明らかにされて以来，水域に隣接した樹林の存在が生活史にとって重要であることが認識されるようになってきた．処女飛翔の行く先となっている樹林は，多くの種にとって，性的に成熟するまでの摂食場

所であるとともに，隠れ場所でもある．樹林内の湿度は樹林外よりも相対的に高く，気象条件も温和なので，体のまだ柔らかい未熟期の成虫にとって，体温さえうまく調節できれば，好適な非生物的環境条件であるといえよう（Watanabe et al., 2005）．個々の樹木の枝葉がつくりだす物理的構造やその結果としての多様な光環境を巧みに利用しながら，成虫は，飛翔活動をある程度自由に行なえる空間に定位し，終日，小昆虫の摂食に努めている．定位する場所は種によってそれぞれ異なるが，不均翅亜目の flyer と見なされる種であっても，未熟な成虫は樹林内で percher 的行動を示し，ギャップを利用していた．このような場所には，餌となる小昆虫が多く集まっているからである．一方，均翅亜目では，ギャップよりも，さらに飛翔空間の狭い陽斑点を利用する種が多い（図7.1）．

　樹林は性的に未熟な時期の成虫の採餌場所として利用されるだけではない．モノサシトンボ科やアオイトトンボ科，ヤマイトトンボ科に属する多くの種は，性的に成熟しても産卵時以外は樹林内に留まる傾向をもち，とくに「樹林性イトトンボ類」と呼ばれている（図7.2）．これらの種の雄は樹林の林床植生の上に生じる陽斑点を排他的に占有し，繁殖活動を行なうことが多い（Watanabe et al., 1987）．また，陽斑点は，成熟した成虫の休息場所や，なわばり闘争などによって水域の繁殖場所へ侵入できなかった雄が，休息中の雌を探索する場所ともなっている（Watanabe and Taguchi, 1997）．したがって，このような種の分布は水域の周囲に樹林が保たれている地域に限られるので，現在では，比較的人為の影響の弱い山間部に限られるようになってしまった．もっとも，田園地帯で普通に見られる種の多くも，日中は池沼や水田で活動し，夕方になると近傍の樹林内をねぐらとしている．雑木林と溜池が接しているような里山では，このような日常の移動を示す種がとくに多い．いずれにしても，樹林と水域のどちらが欠けても生息できず，成虫が日常の移動飛翔ができる距離範囲内でつねにひとまとまりになっている生息地が必要なのである．したがって，繁殖場所や幼虫期の生息場所となる水域のみに焦点をあてても，隣接する陸上の植生環境（樹林の構造など）を考慮しなければ全生活史を理解することはできないといえ，この観点は蜻蛉目昆虫の分布・生存を決定する重要な要因となることが明らかになってきた．このような水域と周囲の樹林を併せた地域を「複合生態系」という．

図 7.1 林内の陽斑点で静止するアマゴイルリトンボの雄.

図 7.2 樹林性イトトンボ類・モノサシトンボの雄.

ノシメトンボの生活には，林内ギャップという採餌場所（＋休息場所・寝場所）と水田という繁殖場所の異なる2つの植生環境が必須であった．午前中の産卵時間帯に林内ギャップに留まっていた雌は，保有している成熟卵が少なく，産卵衝動は低く，採餌活動を行ないながら卵を成熟させている．このような雌に対して雄は求愛行動を示さないので，林内ギャップでは雌雄間に繁殖活動がまったく見られない．求愛や交尾という行動が見られるのは，早朝の林縁部であり，産卵できる状態となった雌が林内から出てきたときに生じている．雌は一生の間に水田を数回訪れるだけで，それ以外は林内ギャップで過ごし，採餌活動に専念しているので，ノシメトンボは樹林と水田の複合生態系に強く依存した生活史をもっているといえよう．すなわち，水田と集落，裏山という「里」の景観が存在しないと本種個体群は維持できないのである．

　産卵場所である水域の近郊の樹林を積極的に利用している種も知られるようになってきた．たとえばカワトンボの場合，雄に出現する2型（橙色翅型と透明翅型）の樹林の利用方法はまったく異なっている（Watanabe and Taguchi, 1990, 1997）．すなわち，成熟期において，橙色翅型雄は，朝，寝場所である樹林から出て，産卵場所となる開放的な小川でなわばり行動を示し，夕方，樹林内へ戻って寝ている．一方，透明翅型雄は，小川へ出ても，なわばりをつくらず，橙色翅型雄がつくったなわばりの近くのやや暗い閉鎖的な場所に定位し，定位場所をめぐる闘争に敗れた透明翅型雄は樹林内へ追いやられ，陽斑点をたどって徘徊し，雌と出会えば交尾している（第4章参照）．

　性的に成熟しても樹林内に留まって生活している成虫の生理生態学的研究も進み，とくに，成虫の体温調節機構が解明されてきた（第3章参照）．成虫の体温は，周囲の気温と直射光によって受ける熱，風の3つに影響を受けるが，体温を可能な限り安定させるために示されるさまざまな習性が報告されている．カワトンボの例では，橙色翅型雄は直射光を受けても体温が極度に上昇しない機構をもち，透明翅型雄はその働きが弱いので，生息地選択が前者では開放的，後者では閉鎖的環境とならざるをえないことが明らかにされてきた．雌は，透明翅型雄と同様の体温調節機構をもっているため，開放的な小川で終日生活するのはむずかしいが，産卵は開放的な水面上の植物の

組織内に行なうため,しばしば,水の飛沫を浴びたり,自ら腹部を水中につけたりして,体温を強制的に下げようとしている.これらの観察例は,夏季に,開放水域よりは樹林内が多くの成虫にとって好適な熱環境であることを示唆するとともに(Watanabe, 1991),水域に加えて樹林(≒雑木林)の面積や質が蜻蛉目の生活史に重要であることを認識させるようになってきた.すなわち,多くの蜻蛉目において,全体としての生活史を考えるには複合生態系(≒景観)という基礎概念が必要なのである.

7.2 里山

(1) 雑木林

わが国では,山並みから流れ出た中小の河川がそれぞれ海へ注ぎ,河口部にできた小さな沖積平野に集落が発達してきた.周囲には田畑がつくられ,とくに水田は平野部から河川に沿って上流部へと拡がっている.昔の人々は,どんなに小さな谷であっても急斜面でなければ水田耕作を試みたようで,丘陵や標高の低い小尾根に囲まれた谷の中に可能な限り段をつくって水田を増やそうとしてきた.このような水田を「谷津田」または「谷戸水田」という.さらに極端になると,斜面はすべて「棚田」となり,わが国の特筆すべき風景として注目を集めるようになってきた.ただし,棚田は日本の原風景という専売特許ではなく,熱帯から亜熱帯に至る東南アジアのあちこちで見ることができる.

谷戸を流れる沢は小さく,どの地域でも豊富な水量を確保できるとはいえず,そのような地域では溜池をつくって灌漑用水に利用している.この水田灌漑用の溜池は,普通,谷戸水田の上部に設置され,長い間に背後の雑木林とともに独特の複合生態系(=里山景観)を呈するようになってきた.雑木林にはアカマツやコナラが多く,かつての人々は薪炭林として活用したという.

溜池と雑木林と水田という3点セットが昔の人々にとっての生活空間であったとしたら,このような里山景観は文部省唱歌の「ふるさと」の典型といえそうである.すなわち,小尾根にはウサギが跳ね,溜池や用水路ではコブ

ナが泳ぎ……，そして今，老親しか住んでいない……（後半は皮肉）．

「里山景観」とは人間がつくりだした半人工物である．溜池をつくって水をためるのは，田植えなどで稲がたくさん水を必要とするときに使うためであった．田の水落としを行なう夏季から翌春までは水を必要としないので，溜池の水量は人間の都合によって増減し，年によっては干上がることもあったにちがいない．水田も，もちろん，人間の都合によって，田植えから稲刈りまで，四季を通して植生景観と水環境を変化させられているが，この季節変化は毎年ほぼ恒常的に繰り返されている．一方，雑木林の場合，四季の変化は毎年同じではない．雑木林は植生遷移の途中相の落葉樹林なので，もし雑木林に人手が入らなかったら，下生えの陰樹が年々大きくなり，いつのまにか上層木を追い越して優占し，昼なお暗い鬱蒼とした「極相林」になってしまう．人間が 20-30 年間隔で雑木林の高木を切り倒し，切り株から萌芽させるからこそ，再び似たような雑木林へと戻っていくのである．この繰り返しを何回も行なうことで，結果的に，典型的な雑木林が維持されてきた．すなわち，里山景観とは，落葉樹の高木がつねに存在する雑木林だけではなく，伐採直後の切り株だらけの草地的な植物群落や下草刈りをつねに行なわねばならない背の低い萌芽林，下枝落としを行なわねばならない林などと，典型的な雑木林へと移行するまでの途中相となるさまざまな種類の植物群落が包含されていなければならないのである（図 7.3）．里山景観を構成するすべての要素は，人間によってつねに影響を受けているといえよう．このことは，人間の手が従前のように入らなくなれば，里山景観が変質していくことを意味している．

人間生活と密接に結びついた「里山」を生息場所とする動植物は，1 年の季節周期と 20-30 年周期の植物群落の変化を併せた環境に適応した生活史をもたねばならなかった．春，美しい花を林床や林縁部に咲かせる草本の多くは「spring ephemeral（春の短命な妖精）」といわれ，夏，雑木林の樹冠が閉じて林床が暗くなると成長を止め眠りに入り，秋になって木々が落葉し林床が明るくなると芽を出し始めている．すなわち，これらの植物は 1 年中樹冠が閉鎖した暗い林床では生育できない．人間が手を入れなくなった雑木林では遷移が進み，暖温帯では常緑広葉樹林へと移行するので，これらの妖精たちは消滅してしまうのである．

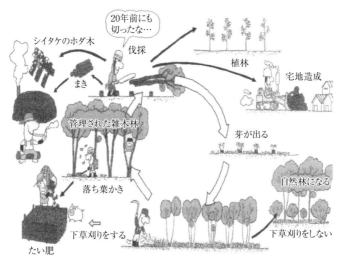

図 7.3 人と雑木林の関係.
早春の林床に咲く可憐な花を愛で,夏の木陰で涼を取り,秋の紅葉を楽しむような雑木林とは,定期的な伐採とその後の下草刈り,落ち葉かきなどという管理をしっかりとせねばならない(日本自然保護協会,1979より改変).

　過去から現在まで,里山という定義が不変であったとしても,里山景観の拡がりや質は50年ほど前に行なわれた拡大造林事業の前後で大きく異なっていたことが知られるようになってきた(揚妻,2013).太平洋戦争前後の混乱期を除き,それまでの日本各地の平地や丘陵地には,しっかりとした森林は少なく,草地や荒地,疎林が拡がっていたらしい.化学肥料が開発・使用される前なので,これらの場所は採草地や放牧地,落葉落枝の採集場所,薪炭林などとして利用されていたため,どちらかというと過度に収奪されがちだったからである.したがって,現在と比べれば,土地は痩せ,集落周辺の植生は貧弱で,結果的に,動物相も貧弱であったにちがいない.里山林とは鬱蒼とした雑木林ではなく,人間にとっては使い途のないどうでもよい雑木だらけの疎林の状態であったといえよう.ただし,機械化が進んでいなかったため,人間の手の届かない「奥山の自然林」は相対的に多かったようで(図7.4),それに対応して,動物たちの分布も集落から離れるにつれて多く

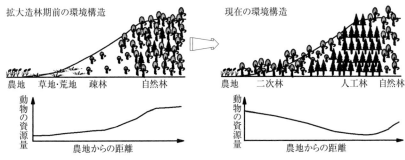

図7.4 森林から農地までの環境構造の時代的な変遷と，推測される野生動物にとっての資源量の変化（揚妻，2013より改変）.

なっていたようである．

　1960年代における燃料革命による薪炭林の利用の減少や，化学肥料の普及による里山林からの収奪という人為圧力の低下に加えて，住民の高齢化などによる農耕地の放棄は，集落周辺に拡がっていた草地や荒地，疎林における遷移の進行を促したらしい．その結果，二次林としての雑木林が集落の周辺に出現し，落ち葉かきの頻度が減って土壌は肥沃となり，生物相の豊かな里山景観が出現してしまったようである．ところが，拡大造林によってつくられた人工林（とくにスギやヒノキの針葉樹林）がその背後に成立したので，集落から自然林に至る連続的な生物相の変化は分断され，人工林の大きさによっては，それまで生息していた動物たちが行なっていた雑木林と自然林との間の交流がしにくくなってしまった．その結果，里山の昆虫たちとは，里山という隔離された空間で完結できる生活史をもつ種のみになったのである．成虫期に移動力の大きい蜻蛉目におけるこのような変化は，まだ充分に明らかにされていないが，同一の里山における戦前の蜻蛉目相を現状と比較すれば，その違いが見えてくるかもしれない．

　Watanabe et al. (2004) は，手入れの悪いスギの人工林に生じたギャップが，皮肉にもノシメトンボにとっての好適な生活場所になり，個体数の減少に歯止めをかけている可能性を指摘した．一方，コナラなどの落葉樹が優占し，適正に維持管理されている里山林の場合，明確なギャップは存在しない代わりに，林内は木漏れ日が多く比較的明るいので，アカネ属の生活空間に

は事欠かない．関東地方以南のこのような里山では，複数のアカネ属が同所的に生活していると Watanabe and Taguchi（1988）は述べている．しかし手入れのよいスギの人工林にはギャップが生じず，林全体が閉鎖的となってしまうので，アカネ属の生活空間は林道沿いなどに限られてしまう．里山林の変遷は，ノシメトンボをはじめとするアカネ属成虫の生活や個体数変動に大きな影響を与えていたのである．

（2）溜池

蜻蛉目のうち，人々が生活している場にやってきて身近な昆虫となって親しまれたり，人間によって改変された自然環境や，人間によってつねに影響を受けている場所で生活している種は，都市部の修景池などに飛来する r-戦略者を除くと，溜池や水田などで幼虫期を過ごす種といえる．これらの種は，近くの雑木林を処女飛翔先とし，採餌場所に利用し，繁殖期になった後も休息場所として利用していることが多い．谷戸水田の1年が，稲の成長に伴う植物群落の物理的な変化（開放水面，湿性草地，乾性草地，裸地などによる高さの変化や群落内空間の量的質的変化を含む）を示し，水管理による水域の拡がりも劇的に変化していることと比較すると，水量の大変動があるとはいえ，溜池はかなり安定した水域で，蜻蛉目にとっては幼虫期の予測可能な生息環境であるといえる．松沢（2012）によると，多くの蜻蛉目が生息する溜池には，流入部にヨシなどが優占する抽水植物帯が広く形成され，水面には浮葉植物が生育し，水際に沿って樹林帯が分布しているという．

谷戸水田の最上部に設置された典型的な溜池の場合，上流側には雑木林が繁茂するので，溜池の水面には日中でも日陰ができやすい．高木層を構成するコナラやイヌシデなどの枝が水面の上まで張り出して覆うこともあり，水生植物は出現しにくくなっている．一方，水田に面したほうの溜池は開放的で，直射日光の影響を強く受け，水温がやや高い．溜池上流部からの比較的冷たい滲出水が緩やかに移動しているものの，池全体の水温を均一化するほどの力はないのが普通で，溜池内に水温の偏りを生じさせるからである．管理の程度によっては，コウホネやヒルムシロなどの浮葉植物も侵入しやすく，水生動物の分布にも大きな影響を与えていると東・渡辺（1998）は述べた．

冬季に結氷する溜池は多い．春季になると溜池の日あたりのよい場所では

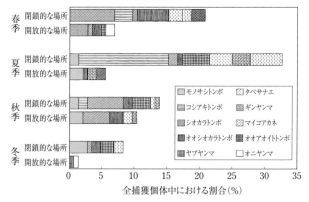

図7.5 溜池の閉鎖的な場所と開放的な場所で捕獲した蜻蛉目幼虫の割合の季節変化. 全捕獲個体数を100として計算した (東・渡辺, 1998より改変).

コウホネが芽生え始め, メダカやオタマジャクシ, ミズスマシなどが活動を始める. 夏季になると, さまざまな蜻蛉目の成虫の飛来とカエルやイモリなどの両生類の活動がさかんになり, 秋季になるとコウホネが減り始め, 11月にはほとんど消滅してしまう. 昆虫類や両生類などの活動は11月になるとほとんどめだたなくなるのが普通である.

溜池に飛来する均翅亜目は, モノサシトンボ科やアオイトトンボ科, ヤマイトトンボ科などの樹林性イトトンボ類と, 草地に囲まれたような日向を好むイトトンボ科である. 不均翅亜目の成虫も, 均翅亜目と同様, 閉鎖的な環境を好む種と開放的な環境を好む種の両者が含まれている. すなわち, 森林の縁や木陰となっている池沼を好むタベサナエやクロスジギンヤンマ, オオシオカラトンボが飛来する一方, 開放的な環境を好むシオカラトンボとアカネ属もやってくる. 飛来する成虫の種を反映した溜池における蜻蛉目幼虫群集も, 開放的な場所と閉鎖的な場所により異なっている (図7.5).

溜池は, 蜻蛉目昆虫にとって, 交尾や産卵を行なう場所である. 繁殖活動を行なっていた成虫の典型的な飛翔経路を解析した東・渡辺 (1998) は, 成虫の飛翔する場所やなわばりのための占有場所, 産卵場所は種によって異なっており, 溜池を取り巻く雑木林の構造が, 成虫にとって多様な生息環境を

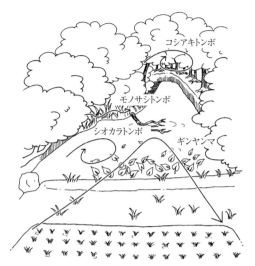

図 7.6 夏季の溜池の景観と飛来した蜻蛉目成虫の典型的な飛翔経路（東・渡辺，1998 より改変）．

与えていると結論づけた．谷戸水田の上部に堰によってつくられた溜池は，水田に面する堤防部分を対象として，毎年草刈りが行なわれる．したがって，堤防部分は樹木で覆われることはなく，開放的な環境が維持されている．一方，溜池の背後は，水量の確保のため樹木の生育が許されている．大きく育った樹木は枝を池の水面上まで伸ばすので，溜池の奥は年間を通して木漏れ日しかあたらない薄暗い環境となりがちである．このような里山と溜池の関係が安定した独特の景観をつくり，多種多様な蜻蛉目の生息場所をつくりだしてきたのである（図 7.6）．

典型的な里山-溜池環境は，閉鎖的な環境と開放的な環境を併せもっている．そこでは，樹林などの薄暗い環境を好む種と開放的な環境に適応した種が同じ溜池内に生息していた．しかし，両者の幼虫は溜池の中ですみわけている．したがって，典型的な里山-溜池環境では，樹林-池沼複合生態系の指標生物群集となる樹林性イトトンボ類から，都会の池でも見られるシオカラトンボのような種に至るまで，さまざまな蜻蛉目昆虫が利用していたのである．

7.3　水田

（1）水環境

　人間が農耕地をつくり定着生活を送るようになると，それまで自然生態系の一員として生活史を全うしていたいくつかの種が侵入し，生活の場とするようになってきた．作物を食害し収穫量を減少させるような種は害虫として認識され，爾来，人々はそれらの種の排除に頭を悩ますことになったのである．一方，このような人為環境に密接にかかわり合いながらも害虫化せず，個体群を維持してきた種も少なくない．これらの種は，たいてい，出現季節が限られ，人々の身近で付かず離れずに生活するため，わが国では，いつしか季節の風物詩とされるようになってきた．田園地帯における「秋のアカトンボ」はその代表といえよう．

　これまでに定義されてきた里山景観とは，水田や溜池，農業用水路などという水界生態系と，畑や草地，人工林などの陸上生態系がモザイク的に入り組んだ複合生態系であった（武内ら，2001）．その主たる構成要素である水田は，日本において，弥生時代を起源とし，現在では北海道から沖縄まで拡大し，1年に1回という短期的ではあるものの，田面水という広大な水界生態系を生じさせている．しかし，陸域の水環境として，現在のわが国の水田ほど特殊な水環境はない．前年の秋から翌年の春まで，多くの水田は干上がって乾燥している．早ければ菜種梅雨のころから，遅くても梅雨入りまでには水田に水が入れられ，田植えが行なわれる．水の張られた水田の水深は浅く，流れは目に見えないほど遅い．水域を利用する昆虫たちにとって，沼とも池とも定義できない広大で浅い止水域が一夜にして生じるのである．しかし，この開放的な水域は，稲の急速な成長によって短期間で覆い尽くされ，「水落とし」によって盛夏には消滅し，単純で一様な草地へと変貌してしまう．したがって，秋の刈り取り時，多くの水田に水は存在せず，せいぜい周囲の用水路に流れている程度なのである．すなわち，水田においては，稲の成長にしたがった水のコントロールや，稲の成長それ自身などが水界の生物相の成立――構造と機能――と消滅に重要な影響を与えており，アカネ属のいくつかの種はこのような環境を生活空間の一部として組み込むことに成功

図 7.7 一般的な水田の水管理の季節とそれに対応したアキアカネの生活環.
5月の連休前後に田植えが行なわれる場合, 水田への水入れは4月中ごろに行なわれ, 越冬した卵から幼虫が孵化してくる. したがって, 幼虫時代を水田で過ごすアカネ属は, 孵化が比較的斉一となり, 羽化も斉一で, その後の齢の進行も斉一である種が多い. 7月の中干しまでに羽化したアキアカネは, 処女飛翔により水田を離れて山地へと移動してしまう. 性的に成熟して水田へ戻ってくるのは9月の稲刈り前後になってからで, 繁殖活動はそれから開始される. 地方によっては, 4月中旬に田植えを, 8月末には稲刈りを行なっており, 水田の水環境の季節変化の違いは, 生息しているアカネ属の種構成に影響を与えている (渡辺, 2007より).

してきた生き物といえよう. しかし, それぞれの種では産卵習性の違いをはじめ, その生活史における水田の利用状況もまた異なっている.

近年, 刈り取りの終了した水田は, 裏作やその他の農作業が行なわれず, そのまま放置されて冬を越すことが多くなってきた. そのため, 1年の半分近くは広大な裸地が出現することになり, 降雨があればところどころに水たまりが生じることになる. その大きさはさまざまで, 1日で干上がってしまうものから, 何カ月も湿潤が維持されることもある. 水たまりの消長に応じてさまざまな種類の草本が侵入してくるので, 翌春の水田は硬く乾燥した裸地の部分が斑点状に残る草地と化すようになってしまうのが普通である. 降雨がなくとも土壌が湿っていたり水たまりの散在している水田は, 湧水などの供給されやすい谷戸水田の上部に残存するにすぎない.

乾燥した水田の土の中で冬を越したアカネ属の卵は, 田への水張りと同時にいっせいに孵化を始める. ミジンコをはじめとした小動物も同時に増殖を始めるので, 水田という浅い水域の中には, 幼虫にとっての餌が豊富に用意

されるといえよう．一斉孵化した幼虫は，かなりそろって成長していく．水落とし前の季節になると，稲は充分に成長し，水田の中に開放水面は存在しない．そのころがアカネ属の羽化時期となるので，通常の水田の水管理が行なわれている限り，アカネ属の幼虫にとっては水不足にならないといえよう．結果的に，アカネ属は人間の水田に適応した生活史をもっていたのである（図7.7）．日浦（1975）は，稲作と関連した灌漑水系の発達がアキアカネのような種の増加をもたらしたと述べた．

（2）春-夏

春になって，水田に水が張られ，田植えが行なわれると，真っ先に姿を現わす蜻蛉目は成虫越冬した種である．中部地方の里山の谷戸水田では，4月中旬に田植えをすることが多く，そこへは成熟した体色となったホソミオツネントンボが周囲の雑木林から飛来し，田植え直後の稲の葉や茎に産卵を始めている．谷戸の奥の水田であるほど飛来数は多くなるが，産卵期間が短いことと，田植え直後の稲に大きな害が認められないことなどにより，人々に気がつかれにくく，この時期のホソミオツネントンボの存在にはほとんど関心が払われていない．一方，水田の周囲の雑木林の中には，夏から，秋，冬を通して，全身が焦げ茶色のホソミオツネントンボの未熟期の個体が見いだせる．とくに，晩秋から冬の間，小春日和なら，明るくなった雑木林の低木層や草本層の間を飛翔しているのが見られるであろう．今後，里山の雑木林の観察会がさらにさかんとなれば，ホソミオツネントンボは，冬の観察会のときのもっとも身近なトンボとして認められるかもしれない（図7.8）．

ホソミオツネントンボの産卵季節が終了したころから，谷戸水田の奥のほうではシオヤトンボが羽化を始める．年1化性のシオヤトンボの飛翔季節が終わる5月末ごろから，シオカラトンボが出現し始め，活動は夏の終わりまで続く．シオヤトンボとは異なり，シオカラトンボは谷戸の出口や広大な水田という開放的な環境を好み，飛翔距離は長いので，水田だけではなく，明るい池や沼，都市部の人工池などにも出現し，さらには，住宅の庭の池にもやってきて産卵している．その結果，雌があえて「ムギワラトンボ」と別種のように呼ばれるほど，シオカラトンボは身近な蜻蛉目として親しまれてきた．

図 7.8 林内の枝に静止しているホソミオツネントンボの前繁殖期（＝未熟期）の雄（香水敏勝氏提供）．

夏になると，谷戸の奥や，水田と雑木林の境界という半日陰には，シオヤトンボに代わってオオシオカラトンボが飛翔するようになる．これらのシオカラトンボ属3種は，水田のところどころに生じているつねに水で湿った泥の中や用水路の泥の中で幼虫として冬を越し，谷戸水田周囲の雑木林を処女飛翔先とし，摂食場所や寝場所としている．シオカラトンボ属3種は，水田における飛翔季節や生活場所をたがいにずらして生活しているといえよう．

（3）秋

蜻蛉目に分類される昆虫は世界に約5500種おり，日本には約210種が生息している（Corbet, 1999）．このうちアカネ属は21種が記載され，世界中のアカネ属の約25%に相当するという（井上，1996）．上田（1988）によると，これらの種の多くは水田や溜池などを含む里山景観を生息地としている．幼虫時代を水田で過ごし，成虫になると処女飛行により近くの里山林へ移動し，成熟すると水田へ戻ってきて繁殖行動を行なうという生活史をもっているのである．

夏の終わりになると，水田の上空を飛び回る蜻蛉目の成虫は，優占種は移

り変わるものの，初冬まで，アカネ属が主人公となるのがわが国の田園風景である．刈り取り後の水田は乾燥しているため，他属の成虫はほとんどやってこない．一方，アカネ属のすべての種は卵越冬をし，卵は乾燥した土の中やある程度湿った土の中で冬を生き延びることができる．冬季に数カ月間干上がってしまうような湿地においてもアカネ属が羽化してきたという記載は多い（新井，1984）．早春に乾燥した水田の土を取ってきて水に浸しておくと，まもなくアカネ属の幼虫が孵化してくることも知られている．

　越冬したアカネ属の卵は，田への水入れとほぼ同時に孵化するので，田への水入れに伴って，さまざまな種のアカネ属の幼虫が同時に成長を開始する（日浦，1975）．その結果，アカネ属という複数の種の集まった幼虫群集ではありながら，実際には，たった1つの種個体群のように幼虫は振る舞い，サイズ依存的な食う-食われる関係をもち，そしてたぶん，幼虫どうしの共食いも生じているであろう．いずれにしても，アカネ属の幼虫は稲の伸長成長と競い合うようにして成長し，水落とし直前には，水中から空中への脱出に成功するのである．水田におけるアカネ属の羽化はそれぞれの種で斉一的であることを田口・渡辺（1984）は示した（図2.17参照）．

　幼虫時代，あたかもたった1つの種であるかのように振る舞っていたアカネ属は，成虫時代になって，振る舞いが多様化し，わが国の蜻蛉目の成虫に見られるさまざまな飛翔習性や採餌習性，繁殖活動を，たった1つの属で示すようになる．すなわち，まず，処女飛翔の距離が種によって大きく異なっている．もっとも長距離移動を行なうのはアキアカネで，羽化場所の水田からはるかに離れた山地帯（まれには高山帯まで）へと飛翔していくという（上田，1988）．もっとも短距離の移動を示すのはミヤマアカネで，羽化場所の水田の畔や隣接する灌木などを含む藪までしか移動せず，水田の中に留まる個体も多い（田口・渡辺，1985）．その他のアカネ属は，これらの中間的な距離の処女飛翔を示し，多くは，近傍の雑木林や里山林の中へと入っていく．たとえば，水田で羽化したノシメトンボは周辺の樹林へ移動し，そこで採餌しながら前生殖期を過ごしている（Watanabe et al., 2004）．

　前繁殖期の長さも種によって異なっている．一般的に，処女飛翔で長距離移動する種は前繁殖期が長く，短距離移動する種は短い．前繁殖期の長さが半年を超えるホソミオツネントンボほどではないにしろ，アキアカネの前繁

殖期の長さは2カ月を超え，ミヤマアカネでは1-2週間であり，他の多くのアカネ属はそれらの中間の長さである．

　成熟した後，アキアカネは処女飛翔先から去ってしまう．すなわち，山から降りるのである．このとき，集団で一定の方向に飛翔することがあり，「秋の空高く，アカトンボの大群が飛んでいた」という報告例は多い．このような移動は「群飛」と呼ばれている（田口・渡辺，1986）．マユタテアカネやヒメアカネの雄は，処女飛翔先の雑木林から出て，毎日，朝から夕方まで，水田で活動するが，夜の寝場所として，もとの雑木林を利用することが多い．これらの種の雌は産卵時のみ水田を訪れ，それ以外は雑木林の中で摂食したり休息したりしている．一方，成熟しても，雌雄とも処女飛翔先の樹林に留まる種もいる．ノシメトンボの場合，処女飛翔先の林内ギャップで摂食活動を行ない続け，雌雄の出会いの頻度は高くても繁殖活動は生じない．繁殖期の長さは約1カ月半で，雌の水田への訪問回数は生涯に数回にすぎず，ノシメトンボの成虫時代の生活場所は樹林内が中心といえよう．

　他の不均翅亜目と同様，アカネ属の繁殖活動は主として午前中に行なわれる（Watanabe and Taguchi, 1988）．雌雄は繁殖場所である水田と周囲の林との境界部分や繁殖場所からやや離れた場所で出会い，交尾するという（新井，1983）．たとえば，マユタテアカネの雄は，毎朝ねぐらである林から水田へ向かい，林と水田の境界となる林縁部において，産卵のために飛来してくる雌を待ち構えている（田口・渡辺，1987）．

　雌雄の水田への出現状況によって，アカネ属は2つに分けられてきた（図7.9）．両性ともほぼ同数で水田域に出現する種と，雌の数が雄に比べ極端に少ない種である．水田が主たる産卵場所であるアカネ属にとって，出現性比の違いは雌雄間の繁殖行動の違いを反映している．たとえば，ヒメアカネの雄は産卵場所でなわばりをつくって雌の飛来を待ち，マユタテアカネは水田内を徘徊して水田へ飛来し稲上で休息する雌を探索している．これらの種の雌は，産卵時のみ水田へ飛来するだけなので，水田を1日の生活の場とはしていない．したがって，雄は，水田の中に出現する産卵場所近辺に朝から晩まで居座って雌の飛来を待つか，積極的に水田上をめぐって雌を探すしか手がないのである．その結果，見かけ上，性比は雄過多となってしまう．一方，アキアカネやナツアカネ，ノシメトンボなどのように連結産卵する種の場合，

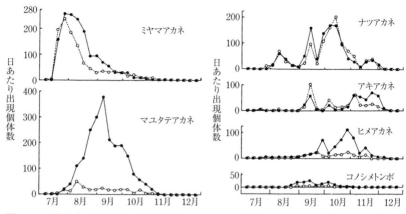

図 7.9 関東地方西部の谷戸水田に出現したアカネ属幼虫の日あたり個体数の季節消長．黒丸が雄，白丸が雌を表わす．ミヤマアカネがアカネ属の中でもっとも早く出現することがわかる．マユタテアカネとヒメアカネの出現性比は大きく雄に偏っており，繁殖活動様式が他種と異なっていることを推測させる（田口・渡辺，1984 より改変）．

図 7.10 水田において交尾中のアキアカネ．

産卵時以外の生活場所は周囲の雑木林なので，水田に存在する成虫の性比は 1 対 1 に近くなる（図 7.10）．

稲刈り後の水田にはアキアカネが好んで産卵にやってきて，降雨後の一時

的な水たまりに産卵している．9月に平野部へ降りてきたアキアカネは，さらに数十kmの移動を行なって，平野部のあちこちの池や水たまりで産卵を続けるという（田中，1983）．しかし11月になるとそこからは姿を消し，再び谷戸水田に多数が出現するようになる．彼らの翅の老化は著しく，体も産卵のためか汚れているものが多い．おそらく平野部の生き残った個体が集まってきたと考えられる．ねぐらと産卵場所が接している谷戸水田のような地形は，晩秋のアキアカネにとって好都合の環境といえそうである（田口・渡辺，1986）．

　もし，水田耕作が毎年安定して継続されているとしたら，打空産卵する種にとっては，水田全体が一様な産卵場所となるので，産下卵は水田全体に分布することになる．これに対して，打泥産卵や打水産卵する種の卵の分布は，水田のごく一部に限られてしまう．刈り取り前の水田なら，密生した稲の株の間に入り込めないため，水田の縁に残っている泥水しか産卵場所はなく，刈り取り後では，降雨後の水田内にところどころできた水たまりがおもな産卵場所となるにすぎないからである．したがって，翌春，田に水が入った直後では，打空産卵する種の幼虫が水田全体に分布し，その他のアカネ属の幼虫は局所分布している可能性が高い．すなわち，水田耕作が毎年安定して繰り返されている田園地帯では，打空産卵する種が多く生息し，生息が少なくなっている水田ではなんらかの要因が不安定であることを予測させる．この結果は，トンボの生活を理解するためには，水域と陸域を併せた複合生態系の概念を導入する必要があるとともに，とくにわれわれの身近なトンボであるほど，人間による水域の管理方法がトンボの生息状況に影響をおよぼすことを示している．

7.4　プール・人工池

　蜻蛉目の成虫は，学校プールを，やや水深はあるものの，一定の大きさの止水の開放水面と見なしているであろう．ただし，人間の都合に合わせて，プールの水体は1年に1回必ずカタストロフィックに攪乱されることは知らないにちがいない．しかも，原則として，授業期間中の学校プールは塩素などで消毒され，目に見える大きさ以上の植物の侵入はつねに排除され，たぶ

ん，その間に産下された卵は殺されている．したがって，学校プールには少量の植物プランクトンしか存在せず，生産量は極端に小さいことが野外の止水域との大きな違いといえよう．その結果，一次消費者は当然少なく，蜻蛉目幼虫の餌は欠乏気味であることが予想される．それにもかかわらず，プール授業期間以外は放置されているためか，生息している蜻蛉目幼虫の個体数は思いのほか多いことが知られるようになってきた．

近年，学校プールが蜻蛉目幼虫の生息場所として見直されるようになってきた．学校プールは，一部地域を除き日本の小中学校に必ず設置され，その多くが戸外で校庭の端に位置し，防火用水の役割ももたせるため，水はつねに蓄えられている．学校プールへの蜻蛉目成虫の飛来は頻繁に目撃され，プール掃除のときには多くの幼虫を得られることがわかり，教材として使用する小学校も増えてきた．小学校プールが浅く，中学校プールは深いので，蜻蛉目の幼虫がせいぜい1mほどの深さまでの水深を好むことを考慮すると，中学校よりも小学校のプールが，構造上，幼虫の生活場所になりやすいといえ，都市部において，公園内の人工池とともに小学校プールは，蜻蛉目幼虫が生活できる貴重な水域となっていることが明らかにされてきたのである（松良ら，1998）．

これまで，学校プールが都市部において蜻蛉目昆虫の生息できる人工水域であるという位置づけは必ずしも確立していなかった．夏季のプール使用中は，蜻蛉目幼虫を含め，ほとんどの水生生物の連続的な生存が期待できないからである．しかも学校プールは，毎年，児童・生徒のプール学習の前の6月に掃除され，水はすべて入れ替えられてしまう．したがって，前年の秋から成立していたプール内の水生生物群集は，少なくとも年に1回，水と一緒にきれいさっぱりと流されてしまうのである．すなわち，蜻蛉目幼虫の生活場所としての学校プールという水域は，毎年，夏の始まりにゼロにリセットされ，プール実習終了後から新たな出発が始まるということを繰り返しているといえよう（図7.11）．

学校プールにおける水環境の周年変化は，蜻蛉目幼虫にとって必要な摂食場所や避難場所などを提供するはずの水生植物群落などを成立させない．プール授業の季節を除いた期間において，プールの底に堆積している近所から飛んできた葉や枝，土埃などしか幼虫の生活場所にならないのである．しか

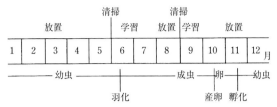

図 7.11 京都市内における小学校プールの運営と飛来するタイリクアカネの発生経過.
この学校では，年に2回のプール掃除が行なわれて，生息環境が攪乱されるが，タイリクアカネの生活史は，結果的に，その攪乱時期をうまく避けることができている（小松，1999より改変）.

も開放水域なので，腹部末端を水面に触れて産卵する「打水産卵」か，空中で卵を振り落とす「打空産卵」を行なう種しか産卵できない．したがって，学校プールとは，毎年必ず起こる水環境の大変動と貧弱な水生植物群集をもつ不安定な生息地といえ，それに対応して，学校プールで幼虫期を完結できる種のみが存在できるのである．

羽化後，性的に未熟な期間を樹林で過ごすような種は，市街地の学校プールにやってこられない．それらの種を定着させようとするなら，学校プールに隣接してかなり密生した樹林を造成せねばならず，学校プール設置の目的とはかけ離れてしまう．したがって，学校プールとは時間的だけでなく空間的にも不安定な生活場所であるといえる．

環境変動が大きいとはいえ，学校プールには，1年を通してほぼ水が満たされているので，幼虫期間が短く，処女飛翔先に柔軟性をもち，長距離飛翔を行なえる種なら，生息場所に利用できるかもしれない．また，6月のプール掃除の時期に幼虫期ではない生活史をもつ種ならば，成育できる可能性が高い．秋に産卵し，卵越冬して初夏に羽化するという種や，幼虫越冬して6月までに羽化する種も，生息可能である．前者の代表はアカネ属，後者ではシオカラトンボやアオモンイトトンボ，ギンヤンマがあげられる．アオモンイトトンボとギンヤンマの場合，風などによって吹き飛ばされてきて浮かんでいる発泡スチロール片や枯れ枝，プールの縁の水抜き孔にたまったゴミや泥が，産卵基質だったという（松良ら，1998）．秋も遅くなってから成長を

始め，冬の低温で死んでしまったウスバキトンボの幼虫の死体は，翌春に出現する各種水生動物の餌となり，それらの水生動物は他の蜻蛉目幼虫の餌となっている．

　都市化が進んでいない三重県津市の場合，学校プールで蜻蛉目幼虫と同時に捕獲された水生昆虫は，ユスリカの幼虫ばかりでなく，カゲロウ類やマツモムシ，タイコウチ，ミズカマキリ，アメンボ類，ミズスマシ，ガムシ，ゲンゴロウ類など多様であった（渡辺，1999）．とくにゲンゴロウ類の種数は多く（延べ7種），幼虫も頻繁に捕獲されている．一方，蜻蛉目幼虫は延べ13種が記録されたが，個々のプールでは，それぞれ多くて数種，通常は2-3種しか生息していなかった．内訳は，アオモンイトトンボ，オオアオイトトンボ，ギンヤンマ，ハラビロトンボ，シオカラトンボ，ショウジョウトンボ，マユタテアカネ，コノシメトンボ，ノシメトンボ，ナツアカネ，アキアカネ，オオキトンボ，ウスバキトンボである．このうちの大部分の種は6月のプール掃除までに記録されている．比較的多くのプールで採集できたのはシオカラトンボとショウジョウトンボ，ノシメトンボの3種であった．なお，オオアオイトトンボは，丘陵につくられた小学校で，プールの水面の上に張り出した樹木の枝に産卵したようであり，学校プールに生息する種としては例外と考えるべきであろう（図7.12）．京都市内の小学校プールを調べた例では，11種のトンボの幼虫が生息していたという（松良ら，1998）．

　学校プールで確認された種は，一部を除き，開放的な環境を好む種であった．マユタテアカネなど性的に未熟な時期の生活場所として樹林を必要とする種は少なく，得られた幼虫の個体数も少なく，プールへ飛来し産卵した雌の数の少なかったことが予想される．一方，シオカラトンボやウスバキトンボは，成虫の移動分散能力が強く，開放的な環境を好むため，学校プールへ進出することができたといえる．なお，夏のはじめに羽化し，羽化場所から移出してしまうアキアカネは，水たまりや湿地で打泥産卵するため，学校プールではほとんど認められない．

　学校プールに生息する種は攪乱された環境へ進出する能力のある種である．それらは森（1995）の報告した市街化した地域の小池や，福廣・岩本（1997）の調査した住宅団地内につくった人工池，瀬田・羽生（1997）のつくった都市公園の人工池に飛来した種とほとんど変わらない．このことは，

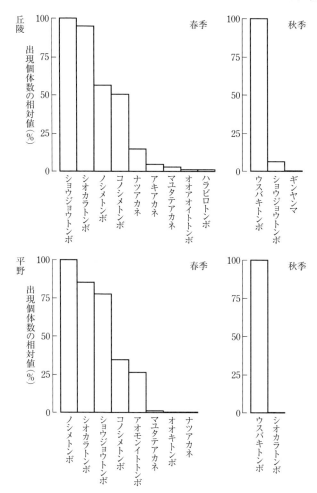

図 7.12 津市内の学校プールで得られた蜻蛉目幼虫．
学校プールは丘陵部と平野部に分けてある（渡辺，1999 より改変）．

市街地において小規模な池をつくったときに出現する蜻蛉目相を付近の学校プールに生息する蜻蛉目相で予測できることを意味している．いいかえれば，わざわざ小さな池をつくらなくとも，蜻蛉目昆虫を呼び寄せる目的だけならば，市街地でのフィールドとしてプールを位置づけることが可能といえるのである．

第8章　保全生態学
——自然の恵み

8.1　人為の影響

（1）保護施策

　個々の地域個体群において個体数の増減をもたらす要因はさまざまであるものの，かつて，われわれ人間の活動とは関係なく生物的要因と非生物的要因が働いていたとき，種個体群は長期的に見れば安定した変動を示していた．その結果，生き物たちの極端な絶滅は生ぜず，1600年から1900年までなら年間0.25種が絶滅していたにすぎないと推定されている．ところが，1900年から1960年にかけては年間1種が，その後の15年間では年間1000種が絶滅するようになってきたという．それから現在までに，多くの分類群で種の大量絶滅が生じ始め，現在では年間4万種も絶滅しているといわれる．恐竜の絶滅のような過去に5回はあったとされる生物の大絶滅に匹敵する絶滅速度といえ，6番目の大絶滅が始まったといわれるようになってきた．しかし，過去の大絶滅との大きな違いは，天体の衝突ではなく，人間の存在，とくに人口増加が引き金となって生じてきたさまざまな経済・社会の急激な変貌による自然環境の悪化が主原因なのである．

　開発による生息地の破壊や乱獲による野生生物の減少が地球規模で進み，人為による種の絶滅防止と保護対策の実施が課題となってきたため，IUCN（国際自然保護連合）は絶滅のおそれのある種を選定し，その生息状況をまとめた「レッドデータブック」を3-4年ごとに発行するようになった．わが国でも，1991年に環境庁がIUCNのカテゴリーにもとづいて日本国内のレッドデータブックを編纂し，そのリストの中には多くの蜻蛉目が含まれてい

る.

　わが国においては，1997年の環境影響評価法の制定にもとづき，大規模な開発事業において，事業予定地内で貴重な動植物や生態系が発見された場合，開発による生物などへの影響を予測し，影響を最小限にする対策をとらねばならないようになった．このような措置はミチゲーションと定義され，「回避」と「低減」，「代償」に大別されている（田中，1998）．すなわち，「回避」とは保全すべき生態系を避けて開発計画を立てることであり，もし貴重な動植物の生息地が発見された場合，これを避けるように開発計画を変更しなければならない．たとえば，湧水や池沼などを生態系の拠点と定義し，それを回避するように開発計画を変更したり，残存させたりすることである．したがって，「回避」は3つの措置の中でもっとも優先されるべき措置といえるかもしれない．しかし現状の事業者アセスでは，事業者主体で大幅な設計変更を行なうことはむずかしいと指摘されている．

　「低減」とは，開発による影響を最小化することである．たとえば，道路をつくることによってやむをえず動物の生息地を分断してしまう場合，2つに分けられた生息地間を動物が自由に安全に行き来できるような橋やトンネルを設けることを指す．繁殖期や産卵期の間だけ工事を中断することも含まれる．また，休耕田などの遊休地をビオトープとなるように手を加え，生態系のネットワークの回復を求めることもあるという．さらに，その場に生息していた動植物を捕獲し，施工期間中に一時的に「避難させ？」，再びもとに戻すことも視野に入れられている．しかし，動植物のそれぞれの生活史や種内・種間関係を定量的に明らかにしないまま行なえば，100％もとの状態に戻すことはできないであろう．そもそも，調査法すら確立されていない生物も多いので，効果的な「低減」となったという判断材料すら得られないという指摘の声も多い．

　「代償」とは，開発行為により保全すべき動植物の生息地や生態系が消失する場合，これと同等の機能をもつ生息地や生態系を新たに創出することである．すなわち，開発によって失われる貴重な生息地に対して，別の場所にそれと同等以上の面積を確保するという「ノーネットロス」という概念で，アメリカで最初に提唱された（石谷，2012）．たとえば，茨城県ひたちなか市の沢田湧水湿地に計画された大規模な県営港湾事業において，海側での土

地の掘り下げ工事の影響で湧水が枯れ，地下水位が大幅に低くなると予測されたので，地下水位と水温の変動を観測し，湧水による水の供給があって夏季の水温が高くなりすぎない場所を代替生息地に選定し，新たな池を造成したところ，保全対象としたオゼイトトンボ成虫の移入が確認できたという（日置ら，2003）．

個々の生物が絶滅を始めれば，それぞれの地域の生物多様性は減少していく．このような多様性は「種多様性」と認識され，ある1つの生態系に含まれる種の豊富さとそれぞれの種が占める割合（相対的な優占度）で評価されることが多い．すなわち，それぞれある程度の数の種が存在している生態系を比べようとしたとき，存在する種数が多くても，もっとも優占した種の個体数が極端に多い（≒それ以外の種の個体数がどれも極端に少ない）と，種多様性は低くなってしまうのである（第6章参照）．

種多様性より1段低い階層の多様性を「遺伝的多様性」という．個体群を構成する個体がもっている遺伝子は，詳細に見れば，それぞれの個体で異なっている．したがって，環境が変化したとき，遺伝的多様性の大きい個体群では，それに対応して生残できる遺伝子をもった個体の存在する可能性が高く，それらの子孫が次世代の個体群を維持していくことになる．しかし，遺伝的多様性が低い個体群では，変化した環境に対応して生残できる遺伝子をもった個体が存在しないかもしれず，そうなれば子孫は残せず，個体数の激減を招いてしまう．遺伝的多様性の維持は個体群にとって重要な問題なのである．

種多様性より1段上の階層の多様性は「生態系の多様性」である．地球上に見られる非生物的環境要因のうち，とくに，温度と水環境の組み合わせによって，極相といわれるさまざまな森林や草地がつくりだされてきた．また，そこへ至るさまざまな途中相も存在し，これらの生態系をいくつも併せた景観が生態系の多様性の基礎といえる．景観を構成する生態系の種類の多様性が高ければ，生態系どうしの関係も複雑になってくるであろう．個々の生態系はそれ自身で安定しているので，それぞれで生活している種の数が多いだけでなく，めぐりめぐってそれぞれの個体群の動態も安定することになる．種の絶滅は起こりにくくなるにちがいない．

わが国の場合，種の絶滅が顕著に認められるようになったのは，第二次世

界大戦に敗北し，戦後の高度成長期が始まってからといわれている．その結果，人間による生物多様性を脅かす要因として「生物多様性国家戦略」なるものが環境省で策定され，重点項目として4種類あげられることになった．そこでは，まず第1として，生き物の乱獲や沿岸地域における埋め立て，宅地や工業用地のための森林伐採など，人間活動や開発に関係して生じてきたものが指摘されている．蜻蛉目に関していえば，河川改修や池沼の埋め立て，汚染などの生息環境の悪化があげられよう．また，水田に散布される農薬などが幼虫期の生息環境を悪化させ，個体数の減少を招く原因と認められるようになってきた．しかし，蜻蛉目の生活史にとって重要な処女飛翔先と水域の間の移動については関心が払われていないのが現状である．処女飛翔先の生息場所の改変は問題外としても，移動経路にあたる地域で土地の改変が行なわれれば，移動が妨げられ，処女飛翔先へ行けなかったり，処女飛翔先から戻ってこられなくなってしまうということは，なかなか理解されていない．このような点が考慮されないと，次の世代の個体数は激減することになろう．

　Thompson and Watts（2006）は，イギリスのヒースの草原に散在する池でイトトンボ科の *Coenagrion mercuriale* の成虫に標識を施して個体数を推定し，池間の移動を調べたところ，図8.1に示すように，1つの池を除いて，他の池間の個体群では，相互に移動交流が生じていることを明らかにした．これらの池（＝生息地）を併せたメタ個体群と見なせると結論づけたのである．しかし，ヒースの草原につくられた1本の小道は，成虫の移動にとってなんら物理的障害にならないにもかかわらず，調査中にそれを横断した個体はたった1頭にすぎなかったという．すなわち，めったに車の走らないような小道であっても，この種の成虫にとっては飛行をためらわせる障害となり，この場所のメタ個体群は小道によって分断され，2つの小さなメタ個体群に分割されてしまったといえる．小さなメタ個体群は大きなメタ個体群より絶滅の危険性は高いので，小道をつくったことは，この地域に生息する本種個体群の存続確率を減少させたといえよう．なお，Soluk *et al.*（2011）は，道を横切ろうとする蜻蛉目の成虫のうち，飛翔高度の低い（2m以下を飛ぶ）種は車と衝突しやすく死亡率が高いと報告し，長期的視点では，個体群動態に大きな影響を与えるだろうと述べている．

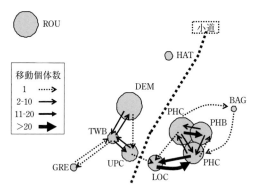

図 8.1 イングランドのヒースの原野に散在する沼における *Coenagrion mercuriale* の成虫の移動経路．
丸の大きさは，各沼の個体群の相対的な大きさを示す．
矢印は移動が確認された個体数，アルファベットは沼のコード名（Thompson and Watts, 2006 より改変）．

　第2の重点項目として，自然に対する従来の伝統的な働きかけの減少があげられている．すなわち，現在，農業形態が変化し，里地・里山などの中間山地に人間の手が入らなくなり，人間生活に適応した生活史をもつ生物たちが減少を始めているのである．谷戸水田（谷津田）が放棄されれば，乾燥して草地化し，遷移は進行するにちがいない．蜻蛉目の幼虫の生息地となっていた水域は消滅してしまう．
　第3は，人間が意識的・無意識的に持ち込んだ外来生物の増加である．ブラックバスやブルーギルなどは蜻蛉目幼虫の捕食者として知られ，個体数を著しく減少させたという報告は多い．第4としては，地球全体の温暖化によるわが国の生物相に対する影響で，とくに高山帯や島などの生物相に対する影響が予想されている．

（2）身近な蜻蛉目

　今日，人間の影響をほとんど受けてこなかった「人跡未踏の地」といわれるような「真の自然」は，ヒマラヤなどの高山地帯やアマゾン源流域に拡がる熱帯雨林，極地方，湿地帯などといった限られた地域でしか見いだすことができない．農業を覚えて以来1万年の間，人間は広大な森林を農耕地や放

牧地にどんどん変えてきたからである．地球上の植生景観は森林から草地へと変化し，サハラ地方やシルクロードは砂漠となってしまった．化学肥料の過剰使用により，アメリカ大陸の内部では農地が塩害に悩んでいるという．さらに近年では，農耕地が住宅地や工業用地へと転用されつつある．

　わが国は地形が急峻で複雑なため，大型の土木機械が未発達の時代，大規模で一様な農耕地をつくることができなかった．その結果として，植生景観の多様なモザイク性は比較的保たれ，それぞれの植生単位は，人家や集落，田畑を中心とした人間生活の影響をさまざまな強さで受け，さまざまに変更させられて今日に至っている．したがって，中身は変質しているものの，多様な植生景観はわれわれの身のまわりで比較的保たれていたといえよう．ただし，このような人間による攪乱は，本来は自然の中で細々と生活していた動植物の一部に対して好適な環境を提供することとなって個体数を増加させてしまい，それらを現在のわれわれは「身近な自然」と感じるようになってしまったのである．

　家畜や作物を除いた生き物は，人間生活と関係づけると3つに分類されてきた．人間がほとんど足を踏み入れないような場所に棲んでいる「野生生物」と，人間がなんらかの影響を与えている場所に好んで生息する「人里生物」，人間に直接危害を加えたり，人間生活に必要な動植物（家畜や作物）を摂食したり，それらの成長を抑制したり，危害を加えたりする「害虫（害獣，雑草）」である．われわれ人間の存在自体が自然を攪乱しているので，この定義によれば，害虫を除き，われわれの身のまわりで見られるほとんどすべての生物は人里生物といえよう．すなわち，道なき道を踏み分けて高山へと分け入らねば「野生生物」にはお目にかかれず，道ばたに生える草本は「雑草」ではないのである．

　農耕地で生活している人里生物は人間の耕作季節に対応した生活史をもっている．第7章で述べたように，水田における田植え前の水入れと収穫期前の水落としは，アカネ属の幼虫の生息場所とはなっても，この水管理に対応しない生活史をもつ種は生存を許されない．したがって，十年一日の農作業の繰り返しは，結果的に，その場で生存できる種を選択してきたといえる．毎年同じ時期にプール掃除を行なうことも，プールに飛来する種を限定することになり，われわれの身近で見られる蜻蛉目に新しい種はほとんど追加さ

れないことになる.

　守山・飯島（1989）は，都市化が進むにつれて生息できる蜻蛉目の種は減少するものの，種によっては人為環境下でも生息が可能なので，われわれの目の前から蜻蛉目は消滅することがないと述べている．また，飛来する蜻蛉目成虫の種類は水域周辺の環境によって違うことを利用して，蜻蛉目昆虫を自然環境の保全度を知る指標生物群と見なそうとする活動も多い（長田ら，1993）．しかし，住宅団地などの中に小規模な池をつくって蜻蛉目昆虫を呼び寄せる近年の環境保護活動は，成虫が飛来すれば事足りるとし，蜻蛉目の幼虫相や前繁殖期の生活場所（雑木林）に注意が払われないなど，どのような種を生息させるかという展望をもたずに行なわれていることが多いのは事実である．個々の種の生息環境を充分に理解し，蜻蛉目を指標とした池沼-樹林複合生態系や里山の景観を評価する必要があろう．今や，身近な昆虫であるトンボを「子どもたちの遊び相手」から「われわれのよき隣人」へと，認識を改めるべきときになったのかもしれない.

（3）都市部の蜻蛉目

　近年，自然環境の保全の重要性が認識されるようになり，各種の開発に際しても地域の自然を残存させる試みがなされるようになってきた．また，自然環境がほとんど消滅してしまった都市部でも，わずかに残存している緑地を核にして自然復元の努力がなされている．ドイツ・バイエルン州内務省建設局はこれを「ビオトープの創造」と呼び指導書を刊行した（ドイツ国土計画研究会，1993）．そもそも，都市部の植生景観は，蜻蛉目の生活史の適応や進化とはまったく無関係に成立しているといえよう．庭園や街路樹，住宅地の庭の植物は，必ずしも在来種に限られないばかりか，植物群落としての空間構造も無視されて植栽されている．一方，都市部を流れる河川のほとんどはコンクリートブロックによる「三面張り」で護岸され，「洪水の起こらない川」となってきた．その結果，氾濫原は消滅し，岸には植物が茂らず，蜻蛉目の幼虫の生息にとっては不適当な環境になったばかりか，水質も悪い．近年，洪水を防ぎながら水生生物の生息できるような「多自然型川づくり」が試みられているとはいえ，蜻蛉目にとっての生活環境を満足させるまでには至っていないのが現状である．どの種をどれだけ生息させるかという目的

があやふやであることと，それぞれの種の生息場所の定量化がなされていないのが問題といえよう．

　都市公園には，しばしばコンクリートによる「すっきりと」整備された池や噴水が設置されている．これらは蜻蛉目の幼虫にとって好適な水深の浅い水域であるものの，幼虫の隠れ場や餌場となる抽水植物や沈水植物は排除されている．むしろ，手入れが行き届かず，底に泥のたまっている池のほうが，ユスリカやイトミミズなどが発生しやすく，幼虫期の好適な生息場所になっている可能性が高い．

　都市部を縦横に走る道路と無秩序に高さを競うコンクリートの構造物は，蜻蛉目の成虫の通常の移動飛翔を行なう際の障害物となっているばかりか，彼らの活動空間に対して，彼らの進化の過程でこれまでに経験したことのないような光環境や熱環境，気流の変化を生じさせている．しかし，都市の上空を成虫が飛翔するのを見ることはまれではない．これらの種の多くは，高高度を滑空飛翔することができるからである．その結果，このような飛翔習性をもつウスバキトンボが都市公園の池を繁殖場所に利用していたという報告例は多い．西日本では，長距離移動するタイリクアカネの羽化も都市公園で見られている（松良ら，1998）．比較的樹木の多い公園には，コシアキトンボもやってくる．また，アキアカネのような長距離移動する種の成虫も季節によっては見られるかもしれない．このように考えると，都市部で見られるトンボとは，その場に定着せず，一過性の種である可能性が高く，都市部のその場で個体群がつねに維持されている種とはいい難いのである．

　蜻蛉目の存在が注目を集めるようになったのは，近年，自然環境の保全の重要性が認識され，各種の開発に際しても地域の自然を残存させる試みがさかんになったからである．Chovanec and Raab（1997）は，ドナウ川に沿ってつくられたレクリエーション用の親水公園において，計11年間にわたって蜻蛉目相を調査し，人工的につくられた水域であっても，絶滅危惧種の避難場所になりうることを示した．わが国においても，環境教育や社会教育の立場からトンボを指標とした親水環境の整備が強調された結果，住宅地の中の親水公園を「トンボを呼び戻す池」にする運動や，これらの動きに対応した「自然観察会」などの市民運動も行なわれるようになってきている．しかし，つくった池に蜻蛉目が飛来したとしても，高い内的自然増加率をもち繁

殖力が旺盛で移動力の大きいr-戦略者がやってきただけの可能性があり，種の生活史を充分に吟味したモニタリング例はほとんどない．さらに，成虫が飛来すれば事足りるとし，幼虫や未成熟期の成虫の生活場所（雑木林）に注意が払われないなど，どのような種を生息させるかという展望をもたずに行なわれてきた．田中ら（2013）は，茨城県水戸市内につくった人工池を6年間観察し，合計で31種の蜻蛉目成虫の飛来と41種の幼虫を確認したという．茨城県南部に散在する約70の溜池で確認された幼虫41種に匹敵するといえ，その理由として，人工池周辺に水生昆虫の供給源の存在をあげている．しかし，同時に，適宜の浚渫の必要性を指摘した．実際，造成時の人工池の水深は1mだったのが，5年経過すると0.1m以下になるので，「トンボ池」の維持・管理として年1回程度の浚渫という労力（＋金銭）負担が問題になるという．

　かつての「種の保護」という考え方は，絶滅の危機に瀕している種に限定され，とくにわが国では「手を触れないこと」が保護であるとして，その種の生活史や生息環境の変動を無視した対策のとられることが多かった．極相に生息しているK-戦略者ならば「手を触れないこと」が保護になっても，遷移の途中相に生息している種では，「手を触れないこと」は遷移の進行を招いてその種にとっての生息環境を悪化させてしまい，保護をしたことにはならない．とくに里山景観に生息する種の多くは，人間の手の入った遷移の途中相を生息場所としているので，里山景観を維持するという「人間による維持・管理」が必須となる．このような視点で，生息環境の保護・保全・管理が考えられるようになったのは最近のことである．さらに，近年，絶滅危惧種や環境指標種のみを保護の対象にせず，いわゆる「普通種」の生息も保全すべきであると考えられるようになってきた．個々の種ではなく群集の視点が重要であることに気がついたからである．自然界における複雑な食物網が解明されればされるほど，どの種も生態系の構成要素の1つであり，欠かすことはできないことも強調されてきた．したがって，ある1つの種の生活史を取り出しても，その種を主体とした生態系の考え方から出発せねばならない．たとえば蜻蛉目のように水中と陸上の両方を生活場所としている場合，考えねばならない生態系は少なくとも2種類はあるので，「複合生態系」あるいは「景観」という概念が必要となるのである．

蜻蛉目の成虫は，水田をはじめとするさまざまな場所を飛び回りながら小昆虫を捕らえており，それらの多くが害虫であると思われたため「トンボは益虫」と認識されてきた．確かに，カやハエ，ブユなどを成虫は食べるが，これらの餌すべてが害虫とは限らない．もっとも現在の日本では，これら「見ず知らずの虫たち」は「不快昆虫」と名付けられているので，そのような立場から見ても「トンボは益虫」という地位を保つことができる．しかし，生態系の中での食う-食われるの関係を思い起こせば，蜻蛉目の餌となる小昆虫は，蜻蛉目の個体数よりもはるかに多量に存在しなければならないのは自明であろう（第6章参照）．とすれば，「益虫のトンボ」がたくさん生息する場所には，それを上回る数の不快昆虫や害虫がそこに生息していてもらわねばならないのである．トンボ池をつくって「自然を呼び戻す」運動が，そこまでの覚悟をもっているようには思えない．

8.2　侵入と帰化

　景観の多様性が失われ，経済的効率のために里山空間が軽視されると，人里生物たちの生活空間は狭められてしまう．この結果は「比較的自然が残された地域」と「工業化された人間生活の場」の緩衝帯の役割も果たしていた「里山景観」の動植物の減少を招き，生活史を著しく特殊化させた種から順番に絶滅させてしまった．

　生活史を特殊化させた K-戦略者は，普通，r-戦略者よりも体は大きく，寿命も長い．このような特徴は，生息環境が少々悪化したとき，子孫をたくさん残せなくとも自分自身の体だけならなんとか維持できることを意味するので，長い目で見ないと，個体数が減少しているかどうかわからない場合がある．生息環境の悪化や個体数の減少に気がついたとき，個体群を構成している個体の大部分が老齢となっていたり，繁殖可能な個体が近縁個体ばかりになっていたりすると，個体数の回復は望めなくなってしまう．そうでなくとも，K-戦略者の増加率は r-戦略者より低いのである．

　少数の個体から出発して短時間で増殖できる r-戦略者がもつ性質は，生息環境が悪化すれば，ただちにその場を見捨てて分散できるという点で有利である．たとえ分散した子どもの 99% が新しい生息地にたどり着けなくと

も，残りの1%さえ生き残れば充分にもとがとれるからである．したがって，r-戦略者の絶滅とは，長距離移動ができるとはいえ，その移動分散できる潜在的な距離の中に，新たな生息地が存在しない場合といえるであろう．このような視点に立てば，大都市とは，「超」長距離移動に長けた r-戦略者のみが生きられるように，結果的に人為的な生息地選択の圧力をかけているといえるかもしれない．

意図的であろうとなかろうと，人間の移動とともに本来の生息地から新しい場所にやってきて，世代を繰り返し，定着してしまった生物を「帰化生物」という．とくに，先史時代にやってきて定着したと考えられる種は「史前帰化生物」と名付けられ，今では，その多くがわが国の生物相のもともとの構成員という顔をして暮らしている．

多くの帰化生物は r-戦略者であるため，攪乱された場所の植生環境が遷移によって変化すると，個体数が減少したり，その場からは消滅したりしてしまう．したがって，つねに攪乱が続いている都市部や里山では，帰化生物の侵入・定着する確率が高く，結果として，これらの種が在来の種よりももっとも身近な生物となってしまうことがある．この性質を利用して，帰化生物の存在を自然環境の「負の指標」とする場合もある．たとえば，アオマツムシは，造成後，庭木が根付いたばかりの住宅地や公園の樹木に多く生息しているが，樹木が根付き下生えなども安定してくると個体数を減らし，また，本来の雑木林や社寺林にはめったに生息していない．

極相が森林となるわが国では，樹林と水域のいろいろな組み合わせが本来の蜻蛉目の生息場所となっており，樹林の状態が極相林に近くなるほど，r-戦略者や侵入種は生息しにくくなると考えられてきた．一方，人間による環境改変の度合いが強いほど，侵入草本の出現確率の高い裸地的な場所となっている．そこは蜻蛉目にとって開放的な空間といえるので，逆にいえば，蜻蛉目の種の存在の有無や存在量によって植物群落や景観の自然の保たれ具合が評価できるといえよう．しかし，陸生の侵入植物が繁茂して樹林を形成すると，蜻蛉目の種多様性が減少した例を Samways（2006）は紹介している（図8.2）．すなわち，南アフリカにおいて，本来，乾燥気味で疎林状態であった池の周囲の植物群落に木本の侵入種が定着し閉鎖的な樹林が形成されると，蒸散によって池の水位は下がり，干上がった場所は水を飲みにきた家畜

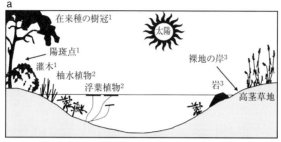

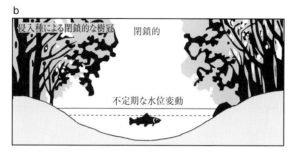

1：前繁殖期の成虫の生活場所や繁殖期の成虫の休息場所，2：産卵場所，3：羽化場所や日光浴場所．

図 8.2　南アフリカにおいて，在来の水域景観(a)と侵入植物によって変更させられた景観(b)．
前者は開放的で蜻蛉目の生活場所がさまざまに用意されているが，後者は閉鎖的で蜻蛉目の生活空間が減少した．さらに外来魚が導入されると，後者での蜻蛉目の種多様性は極端に減少してしまう（Samways, 2006 より改変）．

たちによって踏み固められてしまったという．岸は裸地化し，成虫の休み場となるような草地は消滅した．林冠が発達することで樹林内には陽斑点やギャップが生ぜず，未熟期の成虫の生活場所は存在しない．池の上空は閉鎖的になるので，幼虫の生活場所である水生植物は消滅する．現地では，このような池に魚（これも侵入種）を導入したので，蜻蛉目相はさらに貧弱になってしまったという．

　人間は自らの分布を拡大する過程で，農耕や牧畜のための栽培植物，家畜の移送など，意図的にさまざまな種を移動させてきた．近年では，船舶や飛行機，鉄道，運河，道路などの発達が地理的障壁の高さを低くしたため，意

図するしないにかかわらず,さまざまな種を移動させてしまったようである.この結果,生物進化の常識をはるかに超えた大規模で長距離の移動が生じ,さまざまな侵入生物が生み出されてしまった.侵入生物の害虫化による農作物への被害から始まって,在来の生態系構成種と生態学的地位をめぐる競争,遺伝子の攪乱なども生じている.後二者の場合は在来種の絶滅を導くことが多く,種多様性保全の視点からも注意が喚起されるようになってきた.

わが国の侵入種において,蜻蛉目の場合,諸外国とは事態がかなり異なっている.四方を海に囲まれているため,海を渡って長距離を飛翔してくる種は限られていた.そのような種は,何百年も昔から飛来しては定着・絶滅を繰り返していたらしい.しかし,これらの種は益虫ではなくとも害虫でもないため,注意が払われてこなかったようである.また,意図的に人間が導入したこともなかった.海という地理的障壁は高く,これによって日本列島の独特の蜻蛉目相は保たれてきたといえる.ところが,近年,ベニイトトンボなどいくつかの種の新生息地がわが国で「発見」されるようになった.それぞれの種における本来の生息地の分布と新発見場所の分布,成虫の振る舞いや行動を検討すれば,これらの種は自発的に移動・分散する過程で当該の生息場所にたどり着いたとは考えられない.すなわち,人工池などへ無神経に持ち込まれた水草などとともに移動させられたと結論づけざるをえない状況なのである.本質的にはブラックバスなどの密放流と変わらないが,ブラックバスが内水面の漁業に正と負の経済的影響を与えているのに対して,新しい生息場所へ移動させられた多くの蜻蛉目は,作物に対して経済的な害を与えないように見えるため,そのまま存在が受け入れられてしまっていることが多い.

8.3 ミチゲーション

(1) ヒヌマイトトンボの発見

1997年,伊勢地域における下水道普及率向上のため,三重県は伊勢市の宮川河口域の田園地帯に「宮川(下水道)浄化センター」を建設する計画を立てた.環境アセスメントの調査対象となったのは,浄化センター用地とし

ての水田や休耕田，畑地の 19.5 ha である．その際，建設予定地北側の水路に成立していた小さなヨシ群落（10 m×50 m）で，当時，絶滅危惧種 IA 類とされていたヒヌマイトトンボが発見された（渡辺ら，2002）．

　ヒヌマイトトンボは 1971 年に茨城県涸沼ではじめて発見・記載された小型の均翅亜目である．成虫の体長は約 3 cm にすぎない．その後 1996 年までに 16 都府県の計 33 カ所で記録されたが，この間に 7 カ所の個体群は壊滅したという（広瀬・小菅，1973）．発見された生息地のすべては河口部の河川沿いや海岸沿いに位置し，海水の影響を受ける低湿地に成立した「汽水域のヨシ群落」である．このようなヨシ群落の多くは，葦簀づくりの材料供給源として利用されていたが，現在ではほとんど放置され，河川改修や河口域の開発に伴って消失しつつあった．それとともに，ヨシ群落に依存した生活史をもつヒヌマイトトンボの地域個体群が消滅してしまうことは容易に予測され，1991 年のわが国初のレッドデータブックにおいて，本種は「危急な保護」を必要とする絶滅危惧種 IA 類に指定されていたのである．

　宮川浄化センター建設予定地内で発見されたヒヌマイトトンボの生息するヨシ群落への淡水の供給源は，家庭排水と地下水，降雨，水田から越流する農業用水であった．ヨシ群落の下流は水門で海とつながっている．ただし，水門は潮が満ちると閉じられるため，満潮時の海水は原則として水路に流入せず，海水がヨシ群落に満ちることはなかった．その結果，ヨシ群落内はつねに汽水に保たれていた．なお，群落内の水深は 5 cm 以下で，水路の高低差がほとんどないため，通常は，水の流れを視覚により確認することはできない（渡辺ら，2002）．

　浄化センターが完成すると生活排水はすべて下水へ流されることになるので，この水路への淡水の供給は止まってしまう．また，水田域はすべて浄化センターの敷地となるため，今まで越流していた灌漑用水という淡水もなくなってしまう．その結果，ヨシ群落に供給される淡水は，降雨と地下水だけとなり，淡水の流入量は減少するので，塩分は上昇することが予想された．また，流入水量の減少とともにヨシ群落の水深は浅くなるので，土砂や枯れたヨシの堆積が進んで乾燥化し，生息地は陸地化していくにちがいない．したがって，浄化センターの完成のころには，ヨシ群落は生息地としての機能を失い，ヒヌマイトトンボの地域個体群は壊滅すると予測されたのである．

そのため，三重県はこの事態を避けるためにミチゲーションを行なうこととした．

ミチゲーションのうちの「回避」は，浄化センター建設計画の中止や建設場所の変更を伴うことなので不可能であった．また，浄化センターの建設が影響を与える範囲はヨシ群落に留まらず，生息地周辺に拡がっていた水田の改変を伴い，水路の水環境そのものが大きく変化するので，「低減」による環境への影響の最小化は有効な対策とはなりえない．したがって三重県は，この個体群の保全に対して，もともとの生息地の個体群を保護しながら，新たな生息地を創出する「代償」を適用したのである．

当時，ヒヌマイトトンボの生息地を創出する代償ミチゲーションの試みは，山口県宇部市の道路建設計画地（原，2000）や利根川の橋梁建設工事（山根ら，2004）で行なわれていた．しかし，新しい生息地を創出しても，その後の追跡調査を行なわなかったり，生息地となるヨシ群落の維持・管理を行なわなかったため，代償ミチゲーションの結果の評価は不充分となっている．代償ミチゲーションの成功と判断するための目的が明確につくられず，保全対象となるヒヌマイトトンボの生活史戦略と生息地の植生環境，非生物的要因についての詳細な情報の取得方法を確定できなかったからであろう．それらを考慮した生息地の設計計画が構築されていなかったからである．保全の対象が蜻蛉目昆虫の場合，卵期や幼虫期にとっての水環境とともに，成虫の生息地となる植生景観や地形といった陸上環境を併せた生活史について明らかにしておく必要があるとCorbet（1999）は指摘している．このような生態学的な情報が充分に得られたならば，ミチゲーションの目標や達成度を具体化しやすく，想定した結果が得られない場合においても，原因を追及することが可能となり，対策を講ずることができると田中（1998）は述べた．

宮川浄化センター建設予定地でヒヌマイトトンボが発見された当時，ヒヌマイトトンボの個体群や行動，生活史戦略，生息環境などすべてについて，定量的な研究報告は存在しなかった．わかっていたことは，成虫は河口に近い汽水に成立したヨシ群落の下部で発見されること，アオモンイトトンボなどによる捕食がしばしば観察されたこと，幼虫は塩に耐性があること，などである．生息地としてそれまでに発見されていたヨシ群落の多くは，ゴミが流れ着いてたまり，ヘドロ状となって悪臭が発生し，周辺の住民からは苦情

表 8.1 絶滅が危惧されるような種をモニタリングするときの項目と内容（Campbell *et al.*, 2002 より改変）．

モニタリングの対象	内容
1. 対象とする種	
生息の有無の確認	
個体群動態	個体数とその変遷，地域個体群の数とその変遷，個体群の消滅の有無
個体群パラメーター	出生率，死亡率，齢構成，遺伝的多様性，移動・分散力，構成個体の生理状態
2. 相互関係をもつ種	餌生物，捕食者，競争者，寄生者，捕食寄生者，外来種
3. 生息地	生息場所の広さと変遷，生息場所の質と変遷

が出て，刈り取られたり，浚渫や埋め立てされたりしがちであったという．2000年以前は保全のためのさまざまな案が提出され始めたばかりの段階だったのである．

　ミチゲーション・プロジェクトにおいて，「将来にわたってヒヌマイトトンボの地域個体群が存続するであろう」という結果を示すためには，適正な個体数の推定法を開発し，個体群動態を定量的に把握する必要があった．また，新たにつくりだす生息地を設計するためには，成虫にとって好適な生息環境（ヨシ群落の構造と非生物的環境）と，幼虫にとっての好適な生息環境（主としてヨシ群落下部の非生物的環境）が定量的に把握されていなければならなかった．小さいとはいえ，発見された生息地は，少なくとも，過去20-30年は地域個体群を存続させてきたはずである．そこで，この生息地におけるヒヌマイトトンボの成虫と幼虫，またヨシ群落の動態，非生物的環境要因の4つについて，徹底的に定量的調査を行ない，その結果をお手本（コントロール）としてミチゲーションに役立てようとしたのである．Campbell *et al.*（2002）は，ミチゲーション・プロジェクトにおけるモニタリングとして，対象種と，それと相互関係をもつ種，生息地の3つをつねに考えるべきであると指摘した（表 8.1）．

（2）生活史の解明

　日本に産する 200 種を超えるトンボの大部分は，羽化後まもなく，水域を離れて樹林や草地へと移動し，性的に成熟してから，水域へ戻って繁殖活動

を行なっている．ところが，ヒヌマイトトンボを含む数種は，羽化後も羽化場所から離れず，幼虫の生息場所と同じ植物群落で一生を過ごすという特異な生活史をもっていた．成虫は5月下旬から8月上旬に出現している．

標識再捕獲調査のデータはJolly-Seber法で計算し（後にはManly and Parr法も用いた），各種の個体群パラメーターが推定された．図5.8に2003年の飛翔期間を通して推定した日あたり個体数の変化を示してある．発生のピークは7月前半で，このときの日あたり個体数は雌雄合計で約3000頭と推定された．すなわち，6頭/m^2と計算でき，この生息地の個体群密度はかなり高かったといえよう．

一般に，野外の蝶や蜻蛉目について標識再捕獲法を適用すると，雄よりも雌の再捕獲率が低くなり，結果として，雌の推定個体数が雄よりも大きくなったり，推定値に対する分散が大きくなったり，推定不能になったりすることが多い．ところが図5.8では，雌雄の発生消長がほぼ同じであるとともに，推定日あたり個体数の変化も似ていた．この結果は，本種個体群に長距離の処女飛翔は存在せず，雌雄が同様の移動飛翔を行なっていることを裏付けているとともに，標識再捕獲法が完全に閉鎖的な1つの生息地内で適正に行なわれたことも意味している．

ヨシ群落内で羽化し，性的に成熟した成虫は，もっぱら水面から20 cmほどの高さの茎や葉に静止し，1時間に3-6回しか飛翔せず，1回の飛翔でも30 cmしか移動しないことも明らかになった（Watanabe and Mimura, 2004）．静止場所であり活動場所でもある群落下部は，ヨシの稈が密生し（稈と稈の間は約5 cm），直線的に長距離を飛翔するような種では活動しにくい空間である．相対照度は10%に届かない．雄の背胸部にある4つのエメラルドグリーンの点は蛍光色的で，薄暗い光環境で目立つ一方（図8.3），雌は隠蔽的な体色といえた．これらの結果は，成虫のヨシ群落内での飛翔活性が低く，卵から成虫までの全生活史をヨシ群落下部に頼っていたことを示している．

ヒヌマイトトンボの雌は単独でヨシの朽ちた茎や葉の組織内に産卵する（広瀬・小菅，1979）．産卵基質は水面上にあるものの，塩を含んだ水分を吸って腐り柔らかい．また，倒伏して沈水しやすい産卵基質も多く，ヒヌマイトトンボは卵期から汽水の塩分に曝されているといえる．

図 8.3 ヨシ群落下部で静止するヒヌマイトトンボの雄.

発見されたヨシ群落には，ヒヌマイトトンボ以外の蜻蛉目幼虫は存在しなかった（Iwata and Watanabe, 2009）．この群落内で他種が排除されている大きな原因は塩分であり，当時，10-15‰の濃度が測定されていた．隣接する放棄水田などで生活しているアオモンイトトンボとアジアイトトンボ，モートンイトトンボのうち後二者は，塩があると孵化率は低下し（図 3.15 参照），幼虫の生存率も低かった（図 3.16 参照）．一方，アオモンイトトンボはヒヌマイトトンボと同様の塩耐性をもっており，ヨシ群落内に侵入できない理由は塩分ではなく，光環境（高密度のヨシの稈を含む）であると考えられている．

ヒヌマイトトンボの生息地を創出するうえで必要となる生息地の無機的環境も調査され，成虫の活動するヨシ群落の水面から 20 cm の高さは相対照度が 10% ほどであり，相対風速は 14% にすぎないことが明らかにされた（渡辺ら，2002）．生息地のヨシが高密度で繁っていたためであり，ヨシ群落下部は暗くて湿度の高い無風の空間である．

幼虫の生息場所であるヨシ群落を流れる汽水の塩分は，上流部からの淡水の流入量の違いによって季節変動を示していた．すなわち，4 月下旬から 6 月中旬にかけて宮川河口域一帯の水田地帯で耕作が始まると，宮川用水が導入されて多くの農業用水路は水で満たされ，田面水が維持されるようになり，

地中に浸透したり水路に排出されたりする淡水の量は増加し，この地方一帯の地下水位も上昇していく．さらに梅雨に入ると降雨量も増えるので，これらの影響により，ヨシ群落内の塩分濃度は低く推移するようであった．しかし田の水落としが始まって農業用水の供給が終了すると，群落内の塩分濃度は上昇し始める．産下された卵が孵化し，若齢幼虫期を過ごす7-8月はもっとも塩分濃度の高い季節となっていた．その後，台風や秋の長雨によって再び降水量が増えるため，9月以降の塩分濃度は低下している．これらの結果は，新しくつくりだすヨシ群落をヒヌマイトトンボの生息地とするためには，群落下部の相対照度を低く保ち，ある程度の濃度の塩分をもつ汽水を維持する必要があることを示していた．

(3) プロジェクトの経過

ミチゲーション事業として，ヒヌマイトトンボが発見された生息地を保護するとともに，隣接してその4倍の広さのヨシ群落を新しくつくりだすことになった．それまでに得られたヒヌマイトトンボの生活史にかかわるデータをもとにして，生息地の設計図は検討・書き直しが何回も繰り返されたのである．そこでは，つくりだす群落の中に流す汽水の塩分の調節方法や，ヨシの移植方法，群落内の地形の微小な起伏の建設方法，水量の確保など多くの工夫を行なっている．それと同時に，ミチゲーションのモニタリング調査結果を既存生息地と比較し，定量的に評価する方法を定めるため，成虫期と幼虫期の個体群パラメーターや各種の環境要因の調査方法の工夫も行なった．

2000年まで，発見された生息地の周囲の水田では耕作が続けられていたが，浄化センターの建設予定地として三重県が買い取ったため，2001年にはすべての水田耕作が放棄されていた．水田が乾燥すれば地下にしみ込む水量は減り，越流して生息地へ流入する淡水は少なくなってしまう．その結果，ヨシ群落内を流れる水量は減少し，ヒヌマイトトンボ幼虫にとって不適な環境になる可能性が考えられた．そこで，工事が完成するまでの2年間は，従来続けられてきた水田耕作と同様の水管理を放棄された水田で行なうこととした．すなわち，宮川用水から水を引き，稲は植えないものの田起こしをして開放水面を保ち，生息地周辺の水環境の現状維持を図ったのである．

ヒヌマイトトンボの代償ミチゲーションを目的とした人工的なヨシ群落は，

発見した生息地の南隣の放棄水田に，2003年1月，密生したヨシの純群落とするために，ヨシの根茎を密植してつくられた．このヨシ群落に汽水を供給するため，生息地の下流に設置した取水口からくみ上げた海水（約20‰）と，仮設の池に蓄えた淡水を混合させて放流している（松浦・渡辺，2004）．

2003年春，植栽されたヨシの発芽は遅れ，成長も既存生息地より悪く，根茎を密植したわりには明るい群落環境となってしまった．隣接する生息地から，ヒヌマイトトンボの成虫が進出してくれたものの，アオモンイトトンボやシオカラトンボ，ギンヤンマなど，多くの蜻蛉目成虫が飛来し，ヒヌマイトトンボの成虫は捕食され，好適とはいえない環境だったようである．

他種の蜻蛉目成虫の飛来は，翌2004年春のヨシ群落内の幼虫群集に反映されていた．調査時にもっとも捕獲個体数の多かったのは開放的な環境を好むアオモンイトトンボの幼虫であった．アオモンイトトンボの幼虫はヒヌマイトトンボの幼虫と同程度の塩耐性をもっているので（岩田・渡辺，2004），ヒヌマイトトンボの強力な生息地競合者であり，かつ捕食者として新たにつくったヨシ群落内で振る舞っていた可能性が高い．アオモンイトトンボ幼虫が多く捕獲された時期および区画ではヒヌマイトトンボ幼虫の捕獲個体数は少なく，両種の分布には負の相関があった（Iwata and Watanabe, 2009）．アオモンイトトンボの存在によってヒヌマイトトンボが排除されていた可能性がある．しかし，ヨシ群落の年々の成長によって，アオモンイトトンボ成虫のヨシ群落内への侵入はしだいに減少していった．この種の幼虫がしだいに集中分布の傾向を見せたことは，パッチ状に残されたヨシの稈密度が低く開放的になっていた場所に成虫の生息が制限され，そのような場所でのみ，産卵が行なわれてきたからと考えられている（図5.1参照）．少数の他種の存在を完全に排除することは達成されていないものの，年々，人工的につくったヨシ群落における蜻蛉目幼虫の群集内でヒヌマイトトンボの占める割合は圧倒的に高くなってきたとともに，個体数も増加してきた．ヨシの密生した閉鎖的な汽水環境は安定してきており，このような環境を維持すればヒヌマイトトンボ個体群は将来にわたって保全されていく可能性が高いと考えられている．

成虫の個体数を定量的に推定するためには，標識再捕獲調査を適用するしかない．ここで，体長3cmに満たない小さな弱々しいイトトンボに，標識

を施して再捕獲を繰り返すためには,さまざまな工夫が必要であった.手荒く扱えば体を痛め,死んでしまう.そこで,捕獲した個体を1頭ずつ二酸化炭素で麻酔するなど,さまざまな技術を開発して標識再捕獲を行なってきた.これが可能であったのは,生息地が狭かったからである.しかし,新しくつくったヨシ群落は発見された生息地の4倍の広さがあり,生半可な標識再捕獲を行なえば,再捕獲率が下がるなどして,推定値の分散が大きくなり,有意差の検討ができなくなってしまう.といって,集中的な標識再捕獲を行なえば行なうほど,ヨシを踏み倒してしまう危険性が高くなってくる.ヨシが倒伏すればその部分が明るくなり,ヒヌマイトトンボの捕食者の侵入する確率は高くなるだろう.さらに,将来,標識再捕獲の未経験者が調査を行なう可能性を考えると,できる限り成虫に触れないですむような調査方法を開発しなければならなかった.

2003年と2004年の成虫の調査には,標識再捕獲法とライントランセクト法を同時進行させ,前者で得られた推定日あたり個体数と後者で得られた計測数の関係を得るという目的が含められた.その結果,

雄:$\text{Log } Y = -0.4075 + 0.7130 \text{ Log } X, \quad r^2 = 0.58$

雌:$\text{Log } Y = -0.4157 + 0.6402 \text{ Log } X, \quad r^2 = 0.56$

という関係式を得た.ここで,Yは推定日あたり個体数(頭/m^2),Xはライントランセクト調査における観察数(頭/10 m)である.ただし,雌雄がほぼ1対1であり,ライントランセクト調査で雄のほうが発見しやすいことなどにより,推定個体数は,原則として,雄の数を2倍にすることにした(Watanabe and Iwata, 2007).

推定日あたり個体数の消長は一山型を示していたので,スムーズな放物線に近似して積分すれば,延べの総個体数となる.これを生態学的平均寿命で割れば,個体群の総数を推定することができる.幸い,この地域個体群は隔離されていた.したがって,Jolly-Seber法で推定できた日あたり加入数は,羽化数ということになり,この合計値が個体群の総数となるので,積分した値を総数で割れば,生態学的平均寿命となる.一方,推定された日あたり生存率からも生態学的平均寿命を求めることができる.その結果,どちらの方法でも,生態学的平均寿命は約7.5日(2003年)と計算された.

2003年は900頭弱が新しくつくったヨシ群落に飛来したと推定されたが,

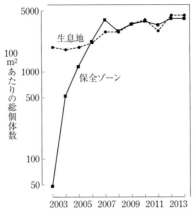

図 8.4 生息地と保全ゾーンにおける成虫の 100 m² あたりの推定個体数の年変化.

成虫の移動力の低さなどにより，もとの生息地近辺に留まる個体が多かった．しかし，それにもかかわらず，翌春の幼虫調査では，ヒヌマイトトンボの雌は新しくつくったヨシ群落の広範囲で産卵していたことを推測させた．実際，2004 年には，群落全体から成虫が羽化し，総個体数は 1 万頭を超えたのである．2005 年には 2 万 4000 頭と増加し，単位面積あたりに換算すると，ミチゲーション開始 4 年目にして，もとの生息地に匹敵する高密度を達成した（図 8.4）．また，幼虫調査から，本種のみの生息地となりつつあることが明らかとなり，汽水の塩分管理とヨシ群落の閉鎖性が機能して捕食者を排除できたといえよう．本種は新しくつくったヨシ群落に定着したといえ，今後も現在と同様の維持管理を続けていけば，半永久的に個体群を維持することが可能であると考えられている（渡辺，2009）．

第9章　蜻蛉目の生態学
―― トンボの存在意義

9.1　教材としての蜻蛉目

　わが国における初等・中等教育の特徴とは，文部科学省の検定をしっかりと受けた教科書が数社から発行され，そこに含まれる内容が全国一律にすべて教え込まれることである．上級の学校への入学試験問題はその内容から出題され，教科書検定官の意向に沿わねば，ほんの少しの逸脱さえ許されない．したがって，検定済み教科書の内容は犯すべからざるものとなり，西欧世界の聖書のような位置づけになってしまった．また，近年の分子生物学や生理・生化学の発展によって生じた単元の増加の影響を受けて，高校生物の教科書における生態学や行動学の分野の頁数は減少し，取り上げられる生き物の種類はさらに限られ，結果的に，教員の自由裁量によって扱われる教材生物の種類や量は減少の一途をたどっている．

　1974年4月，文部省特定研究「科学教育」の1つの班として「環境教育カリキュラムの基礎的研究」がスタートした．総括を担当した沼田（当時千葉大学教授）は報告書の中で「一般的な生物の環境としての扱いはよくなされているが，環境問題の中心になる人間環境についてはほとんど扱われていない．自然保護などについての扱い方も十分ではない」と小・中・高校の学習指導要領や教科書を批判している．その後，伊藤ら（1989）は，高校教科書における生態分野の記述や概念の誤りを指摘するとともに，日進月歩で進んでいる生態分野でも，生理・生化学と同様に，新しい知見を載せるべきと提案した．現在，ようやくこれらの批判に対応した教科書がつくられるようになってきたものの，高校の教科書の生態分野は依然として枚挙主義から抜け出していない．しかも，教科書では生理・生化学分野の重要視が続き，有

9.1 教材としての蜻蛉目

機化学や物理学の基礎教育の前に DNA の構造や機能を教えねばならないという逆転現象さえ起きてしまった．一方，生態分野はたいてい教科書の最後尾に置かれているにもかかわらず，習ったばかりの基礎的な高校数学（たとえば対数）すら，説明に用いるのをためらわせている．授業の進捗状態によっては「最後の章（＝生態分野）は自分で読んでおけ」で終わってしまうこともまれではないらしい．

生態分野を生物学の最初に配置して導入しやすくしている欧米の生物学の教科書も多い中で，日本の高校生物教科書における各分野の配置の画一性は異常ともいえよう．分野配置の順序は恣意的で，大学に籍を置く生物学者の政治的力関係の反映といわれている．その結果は，研究室で白衣を着て試験管を振るのが格好いい生物学と思う教師をつくってしまった．マスコミではやされるバイオテクノロジーなどというカタカナ語に惑わされて，学問ではなく技術の取得に走る教員養成系学生も後を絶たない．もっとも基礎的な生き物の生活を理解しないで卒業した彼らは，生態学を教師用指導書の範囲内で表面的にしか教えられぬであろう．一方，小学校低学年では児童を野外へ連れ出すことが多いとはいえ，野外へ連れ出しても，身近な生物の生活をほとんど理解していない教員であるならば，よくて花や虫の名を暗記させるだけ，悪くすれば児童の気分転換としかならない．このような生物学教育の状況において，蜻蛉目が教材として取り上げられている高校教科書はごくわずかとなり，蜻蛉目の行動や生活史の記載はほとんど消滅してしまった．唯一の例外は，古生代石炭紀の想像図の中にメガネウラという蜻蛉目の祖先を飛ばせている．強烈な皮肉である．

渡辺（1999）は，小学校において，プール掃除直前（6月上旬）の学校プールに平均的には 2-3 種の羽化間近な蜻蛉目幼虫が生息し，その密度は，プールサイドを 1 m 歩くごとに 1 頭見つけられる程度であることを報告した．これは，労せずして幼虫の行動を観察したり，羽化を観察するための教材が得られることを意味している．この時期の幼虫とは，ほとんどがアカネ属で，終齢幼虫の終期となっている．すなわち，採集した後，餌を与えずとも羽化が可能なので，児童・生徒にとって扱いやすく，教室内に持ち帰っても「短期間の教材」として都合がよいといえ，自然学習に利用している学校も多い．やってみようトンボ池ワーキンググループ（1998）は，プールで「救出」し

た幼虫を育てて羽化を観察させることを小学校1・2年生の生活科の教材にすべきと提案している．また，秋に多く出現するウスバキトンボの幼虫は小学校4年生の理科「季節と生物」の教材になると述べている．教材生物として必要な条件は，

　(a)生徒が扱いやすい
　(b)飼育などに手間がかからない
　(c)増殖率が高い
　(d)生活史を制御できるもの

と苗川（1986）は指摘した．このような点を考慮すると，プール掃除直前に捕獲した蜻蛉目幼虫は生徒にとっても取り扱いやすい生物といえる．また，同時に捕獲できる各種の水生動物も，種の同定を試みたり，簡単な容器で飼育することにより，生活科や理科の教材として活用できるにちがいない．生方（1988）は，高等学校生徒を対象として蜻蛉目を材料とする生態学的研究の調査方法をくわしく紹介している．

　翅に標識を施しやすい蜻蛉目の成虫は，しばしば課外授業などで標識再捕獲法の対象動物となってきた（守山ら，1992）．とくになわばり制をもつ種では，プールや池などの狭い水域でも繁殖活動を行なうので，観察が比較的容易だからであろう．しかし，このような種のほとんどは飛翔力の大きいr-戦略者なので，標識再捕獲調査を中心に生活史を明らかにしようとすると，広い範囲を調査地域とせねばならず，また，1回の授業時間中に結果を出せないので，高等学校の授業の中には組み込めないと考えられている．

　標識再捕獲法は，個々の個体の翅に異なる番号を記入することから始まる．この方法は手間がかかり，多くの調査参加者がいなければ成り立たない（第5章参照）．しかし，逆に，この点が児童・生徒の調査活動の利点となる可能性を秘めている．大谷（1988）は，野外のモンシロチョウを「アマチュア的で中学生でもデータが取れる」ような標識個体の観察でも，それを徹底的に続けることでその種を理解することができ，多くの副産物を得られると述べた．実際，このような標識再捕獲調査を行なってみると，推定個体数ばかりでなく，調査中にさまざまな行動を観察する結果となり，思いのほか多くの生物学的情報を得たり，調査参加者の教育効果を高めたりすることができるという（渡辺，1993）．また，この方法は高度な機器を必要とせず，ネッ

トとペンとノートがあれば中学生や高校生でも行なえるので，野外調査の導入として利用しやすい．田口・渡辺（1985）は，高校生だけでなく，出身母体や年齢の多様な集団がこのような調査を行なう過程と調査後の参加者の教育効果を解析し，個人個人のモチベーションや能力だけでなく，調査中におけるチームプレーが結果を生み出していることを強調した．

　昆虫類への標識の方法は多くのテキストで紹介され，施した標識は，その個体の寿命に影響を与えず，未標識個体と行動に違いのないという前提が注意点としてあげられている．しかし，教科書などで紹介されている標識技術の多くは，専門的でありすぎたり，比較的大きな個体に対応した標識方法であったりして，児童・生徒に対する教材としての吟味がなされていなかった．とくに小型の昆虫類を対象とする場合，標識を施すことで個体に傷をつけてしまう危険性をほとんど指摘しないのは，教材として提案する配慮に欠けているといえよう．たとえば，蝶の翅に標識を施すとき，不注意にもてば，脚をとってしまったり，鱗粉を脱落させてしまったりすることは容易に想像できる．均翅亜目でも，小さなイトトンボ類であるほど，手でもつことによる脚の脱落の危険性はつねにつきまとっている．1本でも脚のない個体の場合，放逐時には正常に飛翔できても，餌となる小昆虫を捕獲しにくくなるため，もとの個体群に戻されても未標識個体よりも摂食量が少なくなり，寿命や雄間闘争，産下卵数などに不利が生じる可能性が高い．一方，不均翅亜目の場合，羽化直後のまだ翅の柔らかい個体を別とすれば，傷つけることなく翅に数字を書くことは，中学生や高校生でも可能である．

　蜻蛉目のうち，典型的ななわばり行動を示す種の雄は定住性が強く，標識後に注意深く放逐すれば，その場でただちになわばり行動を再開することがある．翌日以降にもやってくることが多いので再捕獲率も上がり，標識再捕獲法を用いた研究材料として都合がよいと見なされてきた．とくにpercherの場合，静止中に翅がたたまれていても読めるような位置に標識を施しておけば，その後，わざわざ再捕獲せずに読み取れるので，個体識別して行動を観察するにも好都合である．これまでの高校生物の教科書であげられてきた「なわばり」行動の例はアユやホオジロなど，児童・生徒が簡単に観察することのできない動物が大半であった．夏季の里山の水辺でいっせいに羽化するアオハダトンボのような種は，大型で比較的ゆっくりと飛翔するのではじ

めての生徒でも捕獲しやすく，また「真のなわばり」をもつため定着性が強く，課外授業の教材に適していると渡辺ら（1998）は指摘した．

9.2 研究としての蜻蛉目

日本における大プロジェクトの決定は，たいてい，"必ず儲かる"という金がらみのものである．そうでない基礎的なプロジェクトに政策担当者が決断を下す場合は，すべて外圧によるといってもよい．近年の環境問題に対する予算措置もその例に漏れず，この傾向は「なんの役にもたたない天皇の学問」と見なされた基礎的生物学に対する研究費の配分方法に端的に現われている．とくに生態学などは野外で花や虫の名前を調べるだけで，100年前の博物学や分類学，生理学の雑種と考えられ，生物学の中でもその地位は一段と低く見られてきた．逆にいえば，DNAから個々の個体の血縁関係を解析し，行動などにおける最適戦略を説明しようとする社会生物学的分野は，時流に乗り，生態分野の中でも脚光を浴びている．その基礎となる概念は「利己的遺伝子」であった．

蜻蛉目において，交尾中，雄のペニスが雌の交尾嚢から以前に注入された別の雄の精子を掻き出しているという「精子置換」現象を Waage（1979）が明らかにして以来，それまで，個々ばらばらに記載されていた成虫の繁殖行動や習性は，「利己的遺伝子」の立場から統一的に解釈できるようになった．蜻蛉目は精子（間）競争の研究に大きな寄与を果たしたのである．その後，他の分類群でも，繁殖行動において精子置換現象が続々と発見され，その機構の多様さや複雑さが明らかにされて，精子競争の研究は，行動学や習性学に加えて，形態学や生理学，分子生物学までを包含する大きな学問分野になってきた（Simmons, 2001）．その結果，近年の蜻蛉目の繁殖戦略の研究では，精子競争や精子置換の強さ・頻度の検討を避けて通れなくなってしまったのである．しかし，蜻蛉目が魅力的な研究材料であると Corbet（1999）が主張しているにもかかわらず，他の分類群と比べて，蜻蛉目に関する生態学や進化学の研究論文は多くない．わが国のように，愛好家の数が多く，同好会誌での活動がさかんな国はいくつかあっても，世界を見渡すと，蜻蛉目に関するプロの研究者（＝査読付きの英文研究論文を繰り返し発表できる）

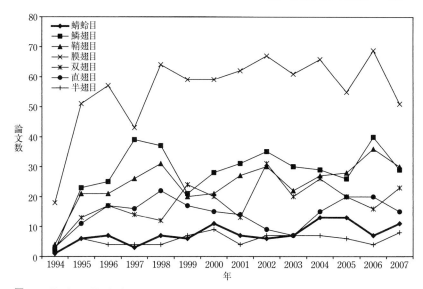

図 9.1 Ecology, Evolution, Journal of Evolutionary Biology, American Naturalist, Animal Behaviour, Behaviour, Ethology, Behavioral Ecology, Journal of Ethology, Ecological Monographs, Journal of Animal Ecology, Ethology Ecology & Evolution, Global Change Biology, に掲載された各分類群を扱った論文数の割合（Córdoba-Aguilar, 2008 より改変）．

の絶対数の少ないことが一因であろう．Córdoba-Aguilar（2008）は，蜻蛉目に含まれる多様な分類群が多様な習性をもち，その多様性が統一的理論との乖離を埋めきれていないと述べた．ただし，蜻蛉目に関する生態学や進化学の発表論文数がジリ貧になっているわけではない．むしろ，図9.1に示すように，世界の主要な雑誌に掲載されている論文の中で，ある一定のシェアをつねに確保してきたといえる．研究者の絶対数が多い害虫などを含む分類群の研究と比較すれば，論文生産力は高く，蜻蛉目のプロの研究者は健闘しているといえよう．この統計がとられた国際誌は生態や進化に関連した研究論文の掲載を中心としているので，蜻蛉目の性選択や生活史戦略，群集構造，理論などの論文が主体として数えられている．わが国とは違って欧米では，蜻蛉目が研究上扱いやすいモデル生物と見なされているといえよう．

　わが国のように陸域と水域がモザイク的に入り組んでいる地域では，蜻蛉目の系統学や分類学，生物地理学などは発展しても，生活史戦略を基礎とす

るような個体群レベルでの生態学は，成虫がもつ広大な生活範囲のために充分な情報が集まらず，なかなか研究論文としてまとまらないようである．その代わり，水際で行なえるような行動解析は，流水止水を問わずさまざまな物理的・生物的環境が存在するおかげで，さまざまな振る舞いをする種が認められ，蜻蛉目研究の発展に寄与してきた．一方，自然環境の指標となることを目的として，特定の水域に出現する蜻蛉目の種構成を解析する研究も多い．ただし，これらの研究のほとんどは，個々の種の生活史を充分に吟味していなかったり，生活空間の広さを検討していなかったりして，群集構造の解析でも，環境指標の研究としても，中途半端な結果に終わりがちであった．したがって，行政による絶滅危惧種などの指定には，経験のある愛好家の観察記録しか根拠とすべきデータがなく，詳細な研究による結果としての判断ではない種がほとんどである．

　ある1つの地域に生息する生物のうち，「特筆すべき種」や「絶滅危惧種」に関する生活史や個体群動態が明らかにされていることは，特別な場合を除いてはありえない．このような種は，一般に，個体群密度が低かったり，隠蔽的であったりするので，愛好家による観察記録はあっても，定量的な調査はほとんど行なわれていないからである．大学などの研究機関に属する専門家といわれる研究者は，「論文を書くこと」が仕事であるため，このような個体数が少なくて「調査しにくい生物」を研究対象とすれば，論文生産量が上がらず，結果として，研究者としての資質に疑問符が付けられ（≒しばしばトンボのマニアと見なされ），研究者としてのよいポジションを獲得することができなくなってしまう．したがって，保全すべき種（＝地域個体群）の生活史の定量的研究はまったく存在しないのが普通である．現実に保全のための根拠や方法を提示しなければならない状況に陥ったときは，これまでに明らかにされてきた他種のデータをもとにして，推論に推論を重ねた結果を利用せざるをえないといえよう．それに対して「砂上の楼閣」という批判はつねにつきまとっている．

　蜻蛉目の生態学においても，他の生き物を対象とした生態学と同様に，現況把握のための個体群密度の推定に数学的モデルを使ったり，野外調査から得たデータをさまざまな統計的理論にもとづいて有意性を検討しながら解析したりしていることは，一般にはなかなか理解されていない．これまでに行

なわれてきた自然環境調査の多くは，対象地域内の「適当な場所」で行なった昆虫採集の結果のリストを示すことで，地域の自然環境を記述しようとするものが多かったからである．「サンプリングして全体を推定する」という「野外調査の方法論」が理解されないため，地元の自然保護論者からは「A種があげられていないのは調査精度が悪い」という批判は絶えず生じている．しかし，「サンプリングして全体を推定する」という方法論は，順序正しく説明すれば，生態学的知識がなくとも理解できるはずである．このように考えると，保全生態学の研究者は，可能な限り一般的に理解できる定量的研究方法を流布すべきといえよう．

9.3　心の中の蜻蛉目

　かつて休耕田が奨励され，田園地帯に耕作を放棄された水田跡地が点在するようになると，大都市近郊ではセイタカアワダチソウが侵入し，秋になって花が咲くと，そこだけが真っ黄色になるという異様な光景が出現していた．セイタカアワダチソウを侵入外来種だと声高に叫ぶ以前ではあっても，多くの日本人は，それが日本古来から連綿と続いてきた景観とそぐわないものとして，眉をひそめて眺めていたらしい．1970年代初頭のころの話である．セイタカアワダチソウの分布拡大を防ごうと，芽生えを1本1本手で抜いていくという物理的作業をする市民グループや，ススキ草地に移行しない理由を解析しようとする研究者，純群落を形成しがちな種であるため他感作用物質（アレロパシー）があるにちがいないと化学物質を同定しようとする研究者など，多くの活動や研究が行なわれていた．これらの活動や研究の成果なのか，いつのまにか，眉をひそめるほどの広大なセイタカアワダチソウの群落は見られなくなっている．しかし，休耕田が減少したわけではなく，セイタカアワダチソウが絶滅したわけでもない．

　現在，農業の担い手の減少傾向は止まらず，高齢化はさらに進んでしまった．一方，売り物の米を取り巻く国内外の情勢は厳しさを増したため，可能な限り人件費をかけずに高品質・高収量（＋高収益）となる品種をつくりださねばならない状況となっている．その結果，谷戸水田のように機械の導入がむずかしく，水管理にも手間のかかる水田は，奥のほうから，順番に耕作

が放棄されていった．これらの放棄された水田は，それまでに米をつくっていたという実績がある（＝地味が豊かな）場所のため，水入れを中止し，代掻きをせず，田植えをしなければ，侵入してきた雑草や人里植物の成長の速さは他に類を見ないであろう．秋になって，これらの植物の刈り取りをしなければ，翌年には畦も朽ち始めるにちがいない．二次遷移は急速に進行していく．東ら（2004）は，放棄された谷戸水田へのハンノキの侵入経過と地下水位の関係を調べ，谷戸水田の跡地が急速にハンノキ林へ変化していくことを明らかにした．

　水田耕作を行なうことによって生じた人間の手の入った四季のうつろいは消えていくので，それを利用して生活していた生き物たちは衰退せざるをえない．「田んぼをつくる」という人々の暮らしの場でつくられてきた里山景観は徐々に消滅している．そして，稲作を中心として育まれてきた文化である「里山の風景」も，人々の心の中から櫛の歯が抜けるように1つ1つ消え始めた．それでも，「田んぼに赤とんぼ」というキャッチフレーズは，実態とはかけ離れても，残っている．

　地方の平野部に拡がる水田地帯が徹底的に機械化された農作業の形態となっていても，春の田植えから始まって，秋になるころには稲刈りが行なわれ，干されたり，うち捨てられた稲藁などがあったりと，四季のうつろいは感じられる．収穫祭としての秋祭りや，地区や学校の運動会など，稲作を中心とした文化の風景だけは，あちこちにまだ残っているといえよう．しかし，水田耕作の効率化を追求して用いられる化学肥料や農薬は，人間に対する悪影響がほとんどないとしても，水田を利用して生活している「ただの生物」に対して大きな影響を与えていることは顧みられてこなかった．とくに蜻蛉目のように，水域と陸域の両者を利用して生活している生き物の場合，どちらか一方の生息場所が攪乱されるだけで生息できなくなってしまう．とくに移動能力の低い幼虫期の生息場所である水域の攪乱は，大きな問題なのである．実りの秋に空を見上げても，トンボは飛ばず，澄みきった青空しかなかったら，「秋の風景を愛でて感傷に浸る」という日本の文化は変質していくのかもしれない．「沈黙の秋」？

　野外における生物の調査は，専門家の行なう純粋な学術研究や大学生に対する野外実習，高校生物部や市民グループが行なう地域の自然と親しむ活動

などと多様化している．純粋な学術研究を除くと，これらの野外活動は環境教育の中で主要な位置を占め，また，社会教育の提言を併せもつ中心的な存在であると考えられてきた．しかし高等学校までの生物学教育に適した野外実習の具体例はほとんど提案されていないのが現状である（松良，1986）．それにもかかわらず，近年，多くの大学や附属研究施設（臨海実験所を含む）で地域住民に対する「野外観察会」や「公開講座」などが開催されるようになってきた．

　野外での調査を含む観察会を開催するとき，参加者の資格を緩めると，出身母体や年齢，参加目的などが多様になる．それとともに，期待される調査結果のレベルは低下する．しかし，野外での自然環境調査を環境教育の重要な構成要素と考えるなら，調査参加者にある程度の到達感を与えつつ調査制度の向上を図らねばならない．このとき基礎とされるのが調査参加者へのアンケート調査であり，FD などといわれ，大学における教授法の改善も，主として講義の最終回に行われるアンケートの解析に依存することが多い．しかし，わが国の学生たちの多くは半強制的に講義に出席しているだけなので，受動的な回答になりやすく，充分なフィードバックになっていないと指摘されてきた．一方，野外調査は，出身母体や年齢が多様な集団ではあっても，自主的な参加者で構成されているので，参加者に対する一般的なアンケートを行なっても，野外調査に関する好意的な反応が大部分となってしまい，ここでも充分なフィードバックにはなっていない．調査中の内面の変化はうかがえないのである．そこで渡辺（1993）は，野外調査を行なったとき，調査最終日に感想を歌としてつくってもらい解析し，どの参加者も，調査グループ内の多様な人間関係から自己の存在感を得たり，自然の理解を深めていたことを明らかにした．たとえば，アオハダトンボのなわばり行動について終日観察（日の出から日没まで）を行なったときは，

　　アオハダを　じっと見つめて　日に焼けて　とってもきつい　個体追跡

だったという．Corbet（1999）は，トンボが日本人にとってのよい隣人であった証拠として，俳句の中に多数のトンボが読み込まれていることをあげている．信州の高原で行なったノシメトンボの調査参加者がつくった歌を最後にあげておこう．

　　ゲレンデに　しろきネットが　描く絵は　飛び去る夏の　アカネの飛跡

引用文献

揚妻直樹 (2013) シカの異常増加を考える. 生物科学, **65** : 1089-1116.
Allen, K. A. and D. J. Thompson (2010) Movement characteristics of the scarce blue-tailed damselfly, *Ischnura pumilio*. Insect Conservation and Diversity, **3** : 5-14.
Anholt, B. R. (1992) Sex and habitat differences in feeding by an adult dragonfly. Oikos, **65** : 428-432.
Anholt, B. R., J. H. Marden and D. M. Jenkins (1991) Patterns of mass gain and sexual dimorphism in adult dragonflies (Insecta : Odonata). Canadian Journal of Zoology, **69** : 1156-1163.
新井　裕 (1983) リスアカネの配偶行動. インセクタリゥム, **20** : 150-154.
新井　裕 (1984) 干上がった湿地におけるトンボ幼虫の生息状況. Tombo, **27** (1/4) : 32-34.
東　昭 (1986) 生物・その素晴らしい動き. 共立出版, 東京.
Baird, J. M. and M. L. May (1997) Foraging behavior of *Pachydiplax longipennis* (Odonata : Libellulidae). Journal of Insect Behavior, **10** : 665-678.
Banks, M. J. and D. J. Thompson (1987) Lifetime reproductive success of females of the damselfly *Coenagrion puella*. Journal of Animal Ecology, **56** : 815-832.
Beament, J. W. L. (1961) The water relations of insect cuticle. Biological Review, **36** : 281-320.
Bennett, S. and P. J. Mill (1995) Lifetime egg production and egg mortality in the damselfly *Pyrrhosoma numphula* (Sulzer) (Zygoptera : Coenagriionidae). Hydrobiologia, **310** : 71-78.
Birkhead, T. R. and A. P. Møller (eds.) (1998) *Sperm Competition and Sexual Selection*. Academic Press, New York.
Brooks, S. (2002) *Dragonflies*. The Natural History Museum, London.
Campbell, S. P., J. A. Clark, L. H. Cranton, A. D. Guerry, L. T. Hatch, P. R. Hosseini, J. J. Lawler and R. J. O'Connor (2002) An assessment of monitoring efforts in endangered species recovery plans. Ecological Applications, **12** : 674-681.
Chovanec, A. and R. Raab (1997) Dragonflies (Insecta, Odonata) and the ecological status of newly created wetlands : examples for long-term bioindication programmes. Limnologia, **27** : 381-392.
Corbet, P. S. (1999) *Dragonflies : Behavior and Ecology of Odonata*. Cornel University Press, New York.
Cordero Rivera, A. (1994) Inter-clutch interval and number of ovipositions in

females of the damselfly *Ischnura graellsii* (Odonata: Coenagrionidae). Etología, **4**: 103-106.
Cordero Rivera, A. (ed.) (2006) *Forests and Dragonflies*. Pensoft Publishers, Sofia.
Cordero Rivera, A. and R. Stoks (2008) Mark-recapture studies and demography. *In* (A. Córdoba-Aguilar ed.) *Dragonflies and Damselflies : Model Organisms for Ecological and Evolutionary Research*. Oxford University Press, Oxford. pp. 7-20.
Córdoba-Aguilar, A. (1999) Male copulatory sensory stimulation induces female ejection of rival sperm in a damselfly. Proceedings of the Royal Society of London Series B, **266**: 779-784.
Córdoba-Aguilar, A. (ed.) (2008) *Dragonflies and Damselflies : Model Organisms for Ecological and Evolutionary Research*. Oxford University Press, Oxford.
d'Aguilar, J., J.-L. Dommanget and R. Prechac (1985) *A Field Guide to the Dragonflies of Britain, Europe and North Africa*. Collins, London.
ドイツ国土計画研究会 (訳) (1993) 生き物の新たな生息域・道と小川のビオトープづくり．集文社，東京．(Bayerisches Staatsministerium des Innern Oberste Baubehörde (1987) Biotopgestaltung an Strassen und Gewässern. Oberste Baubehörde, München).
枝　重夫 (1976) トンボの採集と観察．ニューサイエンス社，東京．
江崎保男・田中哲夫編 (1998) 水辺環境の保全——生物群集の視点から．朝倉書店，東京．
Fincke, O. M. (1986) Lifetime reproductive success and the opportunity for selection in a nonterritorial damselfly (Odonata: Coenagrionidae). Evolution, **40**: 791-803.
Fincke, O. M. (1987) Source of variation in lifetime reproductive success in a nonterritorial damselfly (Odonata: Coenagrionidae). *In* (T. H. Clutton-Brock ed.) *Reproductive Success Studies of Individual Variation in Contrasting Breeding Systems*. The University of Chicago Press, Chicago. pp. 24-43.
Fincke, O. M. (1992) Consequence of larval ecology for territoriality and reproductive success of a Neotropical damselfly. Ecology, **73**: 449-462.
Fincke, O. M. (2011) Excess offspring as a maternal strategy: constraints in the shared nursery of a giant damselfly. Behavioral Ecology, **22**: 543-551.
Fincke, O. M., R. Jödicke, D. R. Paulson and T. D. Schultz (2005) The evolution and frequency of female color morphs in Holarctic Odonata: why are male-like females typically the minority? International Journal of Odonatology, **8**: 183-212.
Foster, S. E. and D. A. Soluk (2006) Protecting more than the wetland: the importance of biased sex ratios and habitat segregation for conservation of the Hine's emerald dragonfly, *Somatochlora hineana* Williamson. Biological Conservation, **127**: 158-166.
Fried, C. S. and M. L. May (1983) Energy expenditure and food intake of territorial male *Pachydiplax longipennis* (Odonata: Libellulidae). Ecological Entomology,

8 : 283-292.
Friend, M. (1992) *Naturens Hemiligheter*. Översättning Lennart Lundberg Forum, Stockholm.
福廣勝介・岩本一良（1997）高槻・阿武山団地における上の池公園のビオトープ事業の推進について．ランドスケープ研究，**61** : 105-110.
原　隆（2000）山口県宇部市の湾岸道路建設に関わるヒヌマイトトンボ保護対策委員会報告．Tombo, **42** : 39-41.
Hassall, C. (2013) Time stress and temperature explain continental variation in damselfly body size. Ecography, **36** : 894-903.
東　和敬（1973）トンボ数種の摂食量の推定．I．トンボの捕食飛行頻度の観察による推定．えびの高原野外生物実験室研究業績，**1** : 119-129.
Higashi, K. (1978) Daily food consumption of *Sympetrum frequens* Selys (Odonata : Libellulidae). JIBP Synthesis, **18** : 199-207.
Higashi, K. (1981) A description of territorial and reproductive behaviours in *Mnais pruinosa* Selys (Odonata : Calopterygidae). Journal of the Faculty of Liberal Arts, Saga University, (13) : 123-140.
Higashi, T. and M. Watanabe (1993) Fecundity and oviposition in three skimmers, *Orthetrum japonicum*, *O. albistylum* and *O. triangulare* (Odonata : Libellulidae). Ecological Research, **8** : 103-105.
東　敬義・渡辺　守（1998）典型的な里山の溜池における蜻蛉目幼虫の分布．三重大学教育学部研究紀要，**49**（自然科学）: 19-28.
東　敬義・渡辺　守・中川雅美・辻森久子（2004）里山の放棄水田に出現したハンノキの分布と地下水位．研究報告（三重県環境保全事業団），(10) : 15-23.
日置佳之・半田真理子・岡島桂一郎・裏戸秀幸（2003）継続的なモニタリングによるオゼイトトンボの個体群の絶滅危機回避．ランドスケープ研究　造園技術報告集，(2) : 156-159.
広瀬　誠・小菅次男（1973）茨城県涸沼におけるヒヌマイトトンボの生態．昆虫と自然，**8**（4）: 2-6.
広瀬　誠・小菅次男（1979）茨城県涸沼におけるヒヌマイトトンボの生態とその保護．遺伝，**33**（11）: 66-74.
日浦　勇（1975）自然観察入門．中央公論社，東京．
Horvath, G., P. Malik, G. Kriska and H. Wildermuth (2007) Ecological traps for dragonflies in a cemetery : the attraction of *Sympetrum* species (Odonata : Libellulidae) by horizontally polarizing black gravestones. Freshwater Biology, **52** : 1700-1709.
井上　清（1996）世界のアカトンボ・日本のアカトンボ．昆虫と自然，**31**（7）: 9-12.
井上　清・谷　幸三（1999）トンボのすべて．トンボ出版，大阪．
井上　清・谷　幸三（2005）トンボの調べ方．トンボ出版，大阪．
石谷正宇編（2012）環境アセスメントと昆虫．北隆館，東京．
伊藤嘉昭・渡辺　守・甲山隆司（1989）日本生態学会生態学教育検討専門委員会・中間報告．日本生態学会誌，**39** : 219-221.

Iwao, S.（1968）A new regression method for analyzing the aggregation pattern of animal populations. Researches on Population Ecology, **10**：1-20.

岩崎洋樹・須田大祐・渡辺　守（2009）里山林内のギャップで生活するノシメトンボ *Sympetrum infuscatum*（Selys）（トンボ目：トンボ科）の採餌活動．日本応用動物昆虫学会誌，**53**：165-171.

岩田周子・渡辺　守（2004）河口域の抽水植物群落に生息する均翅亜目幼虫の塩分耐性．昆蟲，**7**：133-141.

Iwata, S. and M. Watanabe（2009）Spatial distribution and species composition of larval Odonata in the artificial reed community established as a habitat for *Mortonagrion hirosei* Asahina（Zygoptera：Coenagrionidae）. Odonatologica, **38**：307-319.

Johansson, F. and F. Suhling（2004）Behaviour and growth of dragonfly larvae along a permanent to temporary water habitat gradient. Ecological Entomology, **29**：196-202.

加藤賢太・渡辺　守（2011）里山のスギ林内に生じたギャップで生活するノシメトンボの採餌飛翔．昆蟲，**14**：177-186.

加藤謄太（1950）トンボの異常交尾二態．新昆虫，**3**(11)：10-11.

Khelifa, R., R. Zebsa, A. Kahalerras and H. Mahdjoub（2012）Clutch size and egg production in *Orthetrum nitidinerve* Selys, 1841（Anisoptera：Libellulidae）：effect of body size and age. International Journal of Odonatology, **15**：51-58.

木元新作（1993）集団生物学概説．共立出版，東京．

Koenig, A. D. and S. S. Albano（1987）Breeding site fidelity *Plathemis lydia*（Drury）（Anisoptera：Libellulidae）. Odonatologica, **16**：249-259.

小松清弘（1999）学校及びその周辺に生息するトンボの教材化．昆虫と自然，**34**(10)：49-12.

Krebs, C. J.（1972）*Ecology*. Harper & Row, New York.

Land, M. F.（1997）Visual acuity in insects. Annual Review of Entomology, **42**：147-177.

Lloyd, M.（1967）Mean crowding. Journal of Animal Ecology, **36**：1-30.

MacArthur, R. H. and E. O. Wilson（1967）*The Theory of Island Biogeography*. Princeton University Press, Princeton.

Marden, J. H.（1989）Body building dragonflies：cost and benefits of maximising flight muscle. Physiological Zoology, **62**：505-521.

Marden, J. H. and J. K. Waage（1990）Escalated damselfly territorial contests are energetic wars of attrition. Animal Behaviour, **39**：954-959.

松良俊明（1986）生態学教育の現状——高校生物の教科書調査より．京都教育大学理科教育研究年報，**16**：1-9.

松良俊明・野村一眞・小松清弘（1998）都市の人工水域に生息するトンボ目幼虫の生態学的研究——小学校プールにおけるタイリクアカネ幼虫の発生状況およびその生活史．日本生態学会誌，**48**：27-36.

松浦聡子・渡辺　守（2004）ヒヌマイトトンボ保全のために創出したヨシ群落1年目の動態と侵入した蜻蛉目昆虫．保全生態学研究，**9**：165-172.

松沢孝晋（2012）環境アセスメントにおけるトンボの調査，保全対策について．石谷正宇編『環境アセスメントと昆虫』，北隆館，東京，pp. 100-125.
May, M. L. (1976) Thermoregulation and adaptation to temperature in dragonflies (Odonata : Anisoptera). Ecological Monograph, **46** : 1-32.
May, M. L. (1984) Energetics of adult Anisoptera, with special reference to feeding and reproductive behavior. Advances in Odonatology, **2** : 95-116.
Mayhew, P. J. (1994) Food intake and adult feeding behaviour in *Calopteryx splendens* (Harris) and *Erythromma najas* (Hansemann) (Zygoptera : Calopterygidae, Coenagrionidae). Odonatologica, **23** : 115-124.
McGeoch, M. A. and M. J. Samways (1991) Dragonflies and the thermal landscape : implications for their conservation (Anisoptera). Odonatologica, **20** : 303-320.
McMillan, V. E. (1996) Notes on tandem oviposition and other aspects of reproductive behaviour in *Sympetrum vicinum* (Hagen) (Anisoptera : Libellulidae). Odonatologica, **24** : 187-195.
McVey, M. E. (1984) Egg release rates with temperature and body size in libellulid dragonflies (Anisoptera). Odonatologida, **13** : 377-385.
McVey, M. E. (1985) Rates of color maturation in relation to age, diet, and temperature in male *Erythemis simplicicollis* (Say) (Anisoptera : Libellulidae). Odonatologica, **14** : 101-114.
McVey, M. E. and B. J. Smittle (1984) Sperm precedence in the dragonfly *Erythemis simplicollis*. Journal of Insect Physiology, **30** : 619-628.
Michiels, N. K. and A. A. Dhondt (1988) Direct and indirect estimates of sperm precedence and displacement in the dragonfly *Sympetrum danae* (Odonata : Libellulidae). Behavioral Ecology and Sociobiology, **23** : 257-263.
Michiels, N. K. and A. A. Dhondt (1989a) Effects of emergence characteristics on longevity and maturation in the dragonfly *Sympetrum danae* (Anisoptera : Libellulidae). Hydrobiologia, **171** : 149-158.
Michiels, N. K. and A. A. Dhondt (1989b) Difference in male and female activity patterns in the dragonfly *Sympetrum danae* (Sulzer) and their relation to mate-finding (Anisoptera : Libellulidae). Odonatologica, **18** : 349-364.
Michiels, N. K. and A. A. Dhondt (1990) Costs and benefits associated with oviposition site selection in the dragonfly *Sympetrum danae* (Odonata : Libellulidae). Animal Behaviour, **40** : 668-678.
Michiels, N. K. and A. A. Dhondt (1991) Sources of variation in male mating success and female oviposition rate in a nonterritorial dragonfly. Behavioral Ecology and Sociobiology, **29** : 17-25.
Miller, P. L. (1987) *Dragonflies*. Cambridge University Press, Cambridge.
水田國康（1978）アカトンボ属の産卵戦略．インセクタリゥム，**15** : 104-109.
Moore, N. W. (1952) On the so-called "territories" of dragonflies (Odonata-Anisoptera). Behaviour, **4** : 85-99.
森　清和（1995）横浜でのトンボ池づくり戦略．昆虫と自然，**30**（8）: 24-29.
守山　弘・飯島　博（1989）人為環境下における生物相の安定性――都市化の各段

階におけるトンボの種供給ポテンシャル．本谷勲退官記念事業実行委員会編『多摩川の流れ』，新制作社，東京．pp. 100-105.

守山　弘・飯島　博・白木彩子・長田光世（1992）谷津田環境の配置がもつトンボの種供給機能．環境情報科学，**21**（2）: 84-88.

武藤　明（1981）自動車の屋根へのウスバキトンボの"打水"行動．昆虫と自然，**16**（14）: 18.

苗川博史（1986）高等学校における動物行動の教材化に関する基礎的研究．日本私学教育研究所紀要，（22）: 287-314.

Naraoka, H. (1987) Studies on the ecology of *Cercion sieboldi* (Selys) in the Aomori Prefecture, northern Japan. I. Life history and larval regulation (Zygoptera: Coenagrionidae). Odonatologica, **16**: 261-272.

Neville, A. C. (1983) Daily cuticular growth layers and the teneral stage in adult insects: a review. Journal of Insect Physiology, **29**: 211-219.

New, T. R. (1997) *Butterfly Conservation. 2nd ed.* Oxford University Press, Oxford.

New, T. R. (2009) *Insect Species Conservation*. Cambridge University Press, Cambridge.

日本自然保護協会編（1979）雑木林の自然かんさつ．日本自然保護協会，東京．

Nomakuchi, S., K. Higashi and M. Maeda (1988) Synchronization of reproductive period among the two male forms and female of the damselfly *Mnais pruinosa* Selys (Zygoptera: Calopterygidae). Ecological Research, **3**: 75-87.

Oertli, B. (2008) The use of dragonflies in the assessment and the monitoring of aquatic habitats. In (A. Córdoba-Aguilar ed.) *Dragonflies and Damselflies: Model Organisms for Ecological and Evolutionary Research*. Oxford University Press, New York. pp. 79-95.

小形義和（2000）アキアカネが鉄板の上に産卵？　インセクタリゥム，**37**: 187.

大沢尚之・渡辺　守（1984）樹林性イトトンボ類の比較生態学的研究．I．アマゴイルリトンボの日周活動．三重大学教育学部研究紀要，**35**（自然科学）: 61-68.

大谷　剛（1988）「1個体追跡法」によるモンシロチョウの行動．日本鱗翅学会特別報告，（6）: 251-271.

Olberg, R. M., A. H. Worthington, J. L. Fox, C. E. Bessette and M. P. Loosemore (2005) Prey size selection and distance estimation in foraging adult dragonflies. Journal of Comparative Physiololy A, **191**: 791-797.

長田光世・森　清和・田畑貞寿（1993）トンボの種類からみた水辺緑地計画の指標に関する予備的考察．造園雑誌，**56**: 151-156.

O'Tool, C. (1988) *The Dragonfly Over the Water*. Gareth Stevens Publishing, Milwaukee.

Patrick, M. L. and T. J. Bradley (2000) The physiology of salinity tolerance in larvae of two species of *Culex* mosquitoes: the role of compatible solutes. The Journal of Experimental Biology, **203**: 821-830.

Paulson, D. (2006) The importance of forests to neotropical dragonflies. In (A. Cordero Rivera ed.) *Forests and Dragonflies* . Pensoft Publishers, Sofia, pp. 79-101.

Pilon, J.-G., L. Pilon and D. Lagacé (1989) Notes on the effect of temperature on egg development of *Leucorrhinia glacialis* Hagen (Anisoptera : Libellulidae). Odonatologica, **18** : 293-296.

Plaistow, S. and M. T. Siva-Jothy (1996) Energetic constraints and male mate-securing tactics in the damselfly *Calopteryx splendens xanthostoma* (Chaepentier). Proceedings of the Royal Society of London Series B, **263** : 1233-1238.

Plaistow, S. and M. T. Siva-Jothy (1999) The ontogenetic switch between odonate life history stages : effects on fitness when time and food are limited. Animal Behaviour, **58** : 659-667.

Pollard, J. B. and M. Berrill (1992) The distribution of dragonfly nymphs across a pH gradient in south-central Ontario lakes. Canadian Journal of Zoology, **70** : 878-885.

Primack, R. B. (2004) *A Primer of Conservation Biology*. Sinauer Associates, Sunderland.

Pritchard, G., L. D. Harder, A. Kortello and R. Krishnaraj (2000) The response of larval growth rate to temperature in three species of Coenagrionid dragonflies with some comments on *Lestes disjunctus* (Odonata : Coenagrionidae, Lestidae). International Journal of Odonatology, **3** : 105-110.

Reinhardt, K. (2005) Sperm numbers, sperm storage duration and fertility limitation in the Odonata. International Journal of Odonatology, **8** : 45-58.

Richardson, J. M. and B. L. Baker (1997) Effect of body size and feeding on fecundity in the damselfly *Ischnura verticalis* (Odonata : Coenagrionidae). Oikos, **79** : 477-483.

Rüppell, G. and D. Hilfert-Rüppell (2013) Biting in dragonfly fights. International Journal of Odonatology, **16** : 219-229.

Sakagami, S. F., H. Ubukata, M. Iga and M. J. Toda (1974) Observation on the behavior of some Odonata in the Bonin Islands, with considerations on the evolution of reproductive behavior in Libellulidae. Journal of the Faculty of Science, Hokkaido University, Series VI, Zoology, **19** : 722-757.

Samways, M. J. (2006) Threat levels to odonate assemblages from invasive alien tree canopies. *In* (A. Cordero Rivera ed.) *Forests and Dragonflies*. Pensoft Publishers, Sofia. pp. 209-224.

Schenk, K., F. Suhling and A. Martens (2004) Egg distribution, mate-guarding intensity and offspring characteristics in dragonflies (Odonata). Animal Behaviour, **68** : 599-606.

瀬田和明・羽生公康 (1997) トンボ池で羽化殻を調べる. インセクタリゥム, **34** : 110-112.

Shelly, T. E. (1982) Comparative foraging behavior of light-versus shade-seeking adult damselflies in a lowland neotropical forest (Odonata : Zygoptera). Physiological Zoology, **55** : 335-343.

Schultz, T. D. and O. M. Fincke (2009) Structural colours create a flashing cue for sexual recognition and male quality in a Neotropical giant damselfly.

Functional Ecology, **23**: 724-732.
Simmons, L. (2001) *Sperm Competition and Its Evolutionary Consequences in Insects*. Princeton University Press, Princeton.
Siva-Jothy, M. T. (1987) Variation in copulation duration and the resultant degree of sperm removal in *Orthetrum cancellatum* (L.) (Libellulidae : Odonata). Behavioural Ecology and Sociobiology, **20**: 147-151.
Siva-Jothy, M. T., D. W. Gibbons and D. Pain (1995) Female oviposition-site preference and egg hatching success in the damselfly *Calopteryx splendens xanthosyoma*. Behavioral Ecology and Sociobiology, **37**: 39-44.
Soluk, D. A., D. S. Zercher and A. M. Worthington (2011) Influence of roadways on patterns of mortality and flight behavior of adult dragonflies near wetland areas. Biological Conservation, **144**: 1638-1643.
Stoks, R. and A. Córdoba-Aguilar, A. (2012) Evolutionary ecology of Odonata : a complex life cycle perspective. Annual Review of Entomology, **57**: 249-265.
Suling, F., K. Schenk, T. Padeffke and A. Martens (2004) A field study of larval development in a dragonfly assemblage in African desert ponds (Odonata). Hydrobiologia, **528**: 75-85.
Susa, K. and M. Watanabe (2007) Egg production in *Sympetrum infuscatum* (Selys) females living in a forest-paddy field complex (Anisoptera : Libellulidae). Odonatologica, **36**: 159-170.
田口正男・渡辺　守（1984）谷戸水田におけるアカネ属数種の生態学的研究．Ⅰ．成虫個体群の季節消長．三重大学教育学部研究紀要，**35**（自然科学）: 69-76.
田口正男・渡辺　守（1985）谷戸水田におけるアカネ属数種の生態学的研究．Ⅱ．ミヤマアカネの日周期活動．三重大学環境科学研究紀要，**10**: 109-117.
田口正男・渡辺　守（1986）谷戸水田におけるアカネ属数種の生態学的研究．Ⅲ．アキアカネの個体群動態．三重大学教育学部研究紀要，**37**（自然科学）: 69-75.
田口正男・渡辺　守（1987）谷戸水田におけるアカネ属数種の生態学的研究．Ⅳ．マユタテアカネの空間分布と日影域の消長．三重大学教育学部研究紀要，**38**（自然科学）: 57-67.
田口正男・渡辺　守（1992）神奈川県北西部境川源流域におけるヒガシカワトンボの分布と移動．三重大学教育学部研究紀要，**43**（自然科学）: 39-46.
田口正男・渡辺　守（1993）ヒガシカワトンボ幼虫の生活史．昆蟲，**61**: 371-376.
田口正男・渡辺　守（1995）谷戸水田におけるアカネ属数種の生態学的研究．Ⅵ．ナツアカネの連結打空産卵と胸部体温．三重大学教育学部研究紀要，**46**（自然科学）: 25-32.
Tajima, Y. and M. Watanabe (2009) Changes in the number of spermatozoa in the female sperm storage organs of *Ischnura asiatica* (Brauer) during copulation (Zygoptera : Coenagrionidae). Odonatologica, **38**: 141-149.
Tajima, Y. and M. Watanabe (2014) Seasonal variation of genital morphology affecting sperm removal in the damselfly, *Ischnura asiatica* Brauer (Zygoptera : Coenagrionidae). Odonatologica (in press).
高橋佑磨・渡辺　守（2008）直前の交尾経験に依存したアオモンイトトンボの雄の

配偶者選好性. 昆蟲, **11**: 13-17.
Takahashi, Y. and M. Watanabe (2009) Diurnal changes and frequency dependence in male mating preference for female morphs in the damselfly, *Ischnura senegalensis* (Rambur) (Odonata: Coenagrionidae). Entomological Science, **12**: 219-226.
Takahashi, Y. and M. Watanabe (2010) Female reproductive success is affected by selective male harassment in the damselfly *Ischnura senegalensis*. Animal Behaviour, **79**: 211-216.
武内和彦・鷲谷いづみ・恒川篤史 (2001) 里山の環境学. 東京大学出版会, 東京.
田中 章 (1998) 環境アセスメントにおけるミティゲーション規定の変遷. ランドスケープ研究, **61**: 763-768.
田中幸一・浜崎健児・松本公吉・鎌田輝志 (2013) 造成されたビオトープにおける水生昆虫の種数の変化. 昆蟲 (ニューシリーズ), **16**: 189-199.
田中 正 (1983) アキアカネの秋の移動. インセクト, **34** (2): 41-49.
Thompson, D. J. and P. C. Watts (2006) The structure of the southern damselfly, *Coenagrion mercuriale*, population in the New Forest, southern England. *In* (A. Cordero Rivera ed.) *Forests and Dragonflies*. Pensoft Publishers, Sofia.
生方秀紀 (1988) 自然をより深く認識するための理科の野外学習の題材——トンボを例とした昆虫の行動観察の方法. 生物教材, (23): 13-36.
Ueda, T. (1979) Plasticity of the reproductive behaviour in a dragonfly, *Sympetrum parvulum* Barteneff, with reference to the social relationship of males and the density of territories. Researches on Population Ecology, **21**: 135-152.
上田哲行 (1988) アキアカネの生活史の多様性. 石川農短大研報, **18**: 98-110.
Ueda, T. and M. Iwasaki (1982) Changes in the survivorship, distribution and movement pattern during the adult life of a damselfly, *Lestes temporalis* (Zygoptera: Odonata). Advances in Odonatology, **1**: 281-291.
Van Buskirk, J. (1987) Influence of size and date of emergence on male survival and mating success in a dragonfly, *Sympetrum rubicundulum*. American Midland Naturalist, **118**: 169-176.
Vogt, F. D. and B. Heinrich (1983) Thoracic temperature variation in the onset of flight in dragonflies (Odonata: Anisoptera). Physiological Zoology, **56**: 236-241.
Waage, J. K. (1979) Dual function of the damselfly penis: sperm removal and transfer. Science, **203**: 916-918.
Watanabe, M. (1991) Thermoregulation and habitat preference in two wing color forms of *Mnais* damselflies (Odonata: Calopterygidae). Zoological Science, **8**: 983-989.
渡辺 守 (1993) 出身母体や年齢の多様な集団による合同自然環境調査の教育効果. 三重大学教育実践研究指導センター紀要, **13**: 61-67.
渡辺 守 (1999) 学校プールに出現する蜻蛉目昆虫の教材化に関する基礎的研究. 生物教育, **39**: 65-76.
渡辺 守 (2007) 昆虫の保全生態学. 東京大学出版会, 東京.
渡辺 守 (2009) 三重県・宮川河口域におけるヒヌマイトトンボのミチゲーショ

ン・プロジェクト. 昆虫と自然, **44** (10) : 24-28.
Watanabe, M. (2011) Mitigation project of the endangered brackish water damselfly, *Mortonagrion hirosei*. The 10th Asia-Pacific NGOs' Environmental Conference (APNEC-10).
Watanabe, M. and Y. Adachi (1987a) Number and size of eggs in the three emerald damselflies, *Lestes sponsa*, *L. temporalis* and *L. japonicus* (Odonata : Lestidae). Zoological Science, **4** : 575-578.
Watanabe, M. and Y. Adachi (1987b) Fecundity and oviposition pattern in the damselfly *Copera annulata* (Selys) (Zygoptera : Platycnemididae). Odonatologica, **16** : 85-92.
Watanabe, M., N. Ohsawa and M. Taguchi (1987) Territorial behaviour in *Platycnemis echigoana* Asahina at sunflecks in climax deciduous forests (Zygoptera : Platycnemididae). Odonatologica, **16** : 273-280.
Watanabe, M. and M. Taguchi (1988) Community structure of coexisting *Sympetrum* species in the central Japanese paddy fields in autumn (Anisoptera : Libellulidae). Odonatologica, **17** : 249-262.
Watanabe, M. and T. Higashi (1989) Sexual difference of lifetime movement in adults of the Japanese skimmer, *Orthetrum japonicum* (Odonata : Libellulidae), in a forest-paddy field complex. Ecological Research, **4** : 85-97.
Watanabe, M. and E. Matsunami (1990) A lek-like system in *Lestes sponsa* (Hansemann), with special reference to the diurnal changes in flight activity and mate-finding tactics (Zygoptera : Lestidae). Odonatologica, **19** : 47-59.
Watanabe, M. and M. Taguchi (1990) Mating tactics and male wing dimorphism in the damselfly, *Mnais pruinosa costalis* Selys (Odonata : Calopterygidae). Journal of Ethology, **8** : 129-137.
Watanabe, M. and T. Higashi (1993) Egg release and egg load in the Japanese skimmer *Orthetrum japonicum* (Odonata : Libellulidae) with special reference to artificial oviposition. Japanese Journal of Entomology, **61** : 191-196.
Watanabe, M. and M. Taguchi (1993) Thoracic temperatures of *Lestes sponsa* (Hansemann) perching in sunflecks in deciduous forests of the cool temperrate zone of Japan (Zygoptera : Lestidae). Odonatologica, **22** : 179-186.
Watanabe, M. and M. Taguchi (1997) Competition for perching sites in the hyaline-winged males of the damselfly, *Mnais pruinosa costalis* Selys that use sneaky mate-securing tactics (Zygoptera : Calopterygidae). Odonatologica, **26** : 183-191.
渡辺 守・田口正男・大沢尚之 (1998) 環境教育の手法の一つとしての標識再捕獲法を適用した野外のアオハダトンボ個体群の調査. 三重大学教育学部研究紀要, **49** (自然科学) : 29-37.
Watanabe, M., M. Taguchi and N. Ohsawa (1998) Population structure of the damselfly *Calopteryx japonica* Selys in an isolated small habitat in a cool temperate zone of Japan (Zygoptera : Calopterygidae). Odonatologica, **27** : 213-224.

Watanabe, M. and M. Taguchi (2000) Behavioural protandry in the damselfly, *Mnais pruinosa costalis* Selys in relation to territorial behaviour (Zygoptera: Calopterygidae). Odonatologica, **29**: 307-316.

渡辺　守・味村泰代・東　敬義（2002）ヒヌマイトトンボのビオトープ創設に関する基礎的研究――生息地の微気象．環境科学総合研究所年報，(21)：47-58.

Watanabe, M. and Y. Mimura (2003) Population dynamics of *Mortonagrion hirosei* (Odonata: Coenagrionidae). International Journal of Odonatology, **6**: 65-78.

Watanabe, M., H. Matsuoka and M. Taguchi (2004) Habitat selection and population parameters of *Sympetrum infuscatum* (Selys) during sexually mature stages in a cool temperate zone of Japan (Anisoptera: Libellulidae). Odonatologica, **33**: 169-179.

Watanabe, M. and Y. Mimura (2004) Diurnal changes in perching sites and low mobility of adult *Mortonagrion hirosei* Asahina inhabiting understory of dense reed community (Zygoptera: Coenagrionidae). Odonatologica, **33**: 411-421.

Watanabe, M., H. Matsuoka, K. Susa and M. Taguchi (2005) Thoracic temperature in *Sympetrum infuscatum* (Selys) in relation to habitat and activity (Anisoptera: Libellulidae). Odonatologica, **34**: 271-283.

Watanabe, M. and S. Matsu'ura (2006) Fecundity and oviposition in *Mortonagrion hirosei* Asahina, *M. selenion* (Ris), *Ischnura asiatica* (Brauer) and *I. senegalensis* (Rambur), coexisting in estuarine landscapes of the warm temperate zone of Japan (Zygoptera: Coenagrionidae). Odonatologica, **35**: 159-166.

Watanabe, M. and S. Iwata (2007) Evaluation of line transect method for estimating *Mortonagrion hirosei* Asahina abundance in a dense reed community (Zygoptera: Coenagrionidae). Odonatologica, **36**: 275-283.

Watanabe, M., S. Matsu'ura and M. Fukaya (2008) Changes in distribution and abundance of the endangered damselfly *Mortonagrion hirosei* Asahina (Zygoptera: Coenagrionidae) in a reed community artificially established for its conservation. Journal of Insect Conservation, **12**: 663-670.

Watanabe, M., D. Suda and H. Iwasaki (2011) The number of eggs developed in the ovaries of the dragonfly *Sympetrum infuscatum* (Selys) in relation to daily food intake in forest gaps (Anisoptara: Libellulidae). Odonatologica, **40**: 317-325.

Watanabe, M. and K. Kato (2012) Oviposition behaviour of the dragonfly, *Sympetrum infuscatum* (Selys), mistaking dried-up rice paddy fields as suitable oviposition sites (Anisoptera: Libellulidae). Odonatologica, **41**: 159-168.

Wildermuth, H. and G. Horvath (2005) Visual deception of a male *Libellula depressa* by the shiny surface of a parked car (Odonata: Libellulidae). International Journal of Odonatology, **8**: 97-105.

Wilson, E. O. (1975) *Sociobiology*. Harvard University Press, Cambridge.

Wilson, E. O. and W. H. Bossert (1971) *A Primer of Population Biology*. Sinauer Associates, Sunderland.

Worthington, A., K. Haggert and M. Loosemore (2005) Seasonality of prey size selection in adult *Sympetrum vicinum* (Odonata : Libellulidae). International Journal of Odonatology, **8** : 169-176.

山根爽一・小島重次・佐藤新司（2004）利根かもめ大橋（利根川）の建設に伴うヒヌマイトトンボ *Mortonagrion hirosei*（トンボ目，イトトンボ科）の代替生息地の創成．茨城県自然博物館研究報告，(7) : 45-61.

やってみようトンボ池ワーキンググループ（1998）やってみようトンボ池．横浜市環境保全局調整部環境政策課．p 41.

おわりに

　今から三十数年前，アキアカネとナツアカネの区別さえ満足にできず，環境アセスメントのアルバイトでは図鑑と首っ引きで種を同定していたころ，「蜻蛉目の生態学」をまとめるような「トンボの専門家」になるとは，夢にも思わなかったといっても過言ではない．非常勤で引き受けた私立大学の野外実習の授業において，相模原の谷戸水田でアカトンボの標識再捕獲を行なったり，環境庁（当時）に依頼されて裏磐梯の森に囲まれた湖でアマゴイルリトンボの行動観察をしたりするときは，県立橋本高校・田口正男教諭（当時）や日本自然保護協会・大沢尚之氏（当時），国立公園協会・富田国男氏（当時）がつねに側にいてくれた．研究室に入ってきた学生たちにトンボ捕りの手ほどきをするときも，彼らに負うところが大きく，感謝してもしきれない．そうこうするうちに，本文中で頻繁に引用した *Dragonflies: Behavior and Ecology of Odonata*（Corbet, 1999）という大著の翻訳の仲間に入れていただき，蜻蛉目関係の国際誌の編集委員や理事を引き受けるようになり，気がつけば，毎年のように国際シンポジウムで蜻蛉目の生態学の講演を行なっている．蜻蛉目関係の国際学会に行き始めたころは，まだ植物と昆虫（≒蝶）の相互作用の研究者という矜持をもっていたので，「蜻蛉目のパートタイム研究者」と自己紹介して失笑を買っていたのが，いつのころからか「パートタイム」という言葉を使わなくなってしまった．しかし，今でもときどき「日本では Watanabe という苗字は common なのか？　蝶の論文でときどき見かけるのだが……」という質問をもらえるのが楽しみではある．

　本書の執筆は苦しかった．約束した期限ギリギリまでかかってしまい，東京大学出版会編集部の光明義文さんには多大のご心配をかけてしまった．お礼とともにお詫び申し上げる．しかし，問題はそれだけでなく，私自身の能力不足だったといえよう．Corbet の大著の翻訳書『トンボ博物学』がいつも頭の上にのしかかっていたからである．この翻訳書を前にすると，写真集のようなビジュアル系でなければ，どんなトンボの記述本も霞んでしまうに

ちがいない．そういえば，その翻訳書の出版後，わが国では，まとまった蜻蛉目の生態学の本はほとんど出版されていないことに「おわりに」を書き始めて気がついた．とはいえ，本書で使用した専門用語の日本語訳は，原則として，この翻訳書を利用させていただいている．たかが30年ほどトンボを見ていただけでは，翻訳書を超えた「博物学」を書くことができないのは自明であった．しかし，本書の執筆を引き受けたのは「蜻蛉目の生態学」なら書けるかもしれないと，当時は不遜にもそう思ったからである．

わが国のように蝶やトンボの愛好者が多いと，捕獲経験は蓄積され，捕獲時における人とトンボの振る舞いにはうんちくが傾けられており，生息場所の記載も詳細に得ることができる．捕獲技術は高度に発達し（？），それぞれの種の飛翔習性に適合したワザを親切に伝授してくれた方もおられた．しかし，自己責任とはいえ，本書執筆中に痛感したのは蜻蛉目全般の情報不足である．これまで，わが国の蜻蛉目関係の学会にも同好会にも加入していなかったため，情報共有がまったくできていなかった．たぶん，愛好家の常識は私の無知である．ただし，私の「生態学方法論」の常識は愛好家の非常識となることもあると信じたい．本書は「トンボの生態の記載」ではなく「蜻蛉目の生態学」なのである．したがって，それぞれの種は，いろいろな章のいろいろな場面で繰り返し登場させた．「蜻蛉目」を主体とした「生態学という学問」に触れていただけたであろうか．

本書に登場させた蜻蛉目やその生態学的解析結果の大部分は，研究室の学生たちとの協同作業である．彼らは卒業研究や修士論文，博士論文として研究をまとめ，巣立っていった．小林智浩，味村泰代，東　敬義，松波英治，福井幸久，松岡宏樹，松浦聡子，岩田周子，諏佐晃一，田島裕介，高橋佑磨，岩崎洋樹，加藤賢太の各氏にはお礼申し上げる．諸君の研究成果は随所に引用してある．M.T. Siva-Jothy（イギリス）からは精子競争，G. Sahlen（スウェーデン）からは幼虫期の貴重な情報を受けた．生前のP.S. Corbet（イギリス）から蜻蛉目の生態学的研究について評価されたり，A. Cordero Rivera（スペイン）とは蜻蛉目の生活史における森林の重要性について意気投合したりと，多くの海外の研究者からの好意的な支援は私の財産である．A. Córdoba-Aguilar（メキシコ）がいつも私に親切なのは，私の研究室の学生による精子競争の研究の進捗具合が気になっているのかもしれない．B.

Kiauta（オランダ）は Odonatologica 編集長として，私や私の学生たちの書く拙い英文論文を快く受理して校閲し，英語を添削して掲載してくれたことさえある（この文の論理の流れはケアレスミスではありません）．そのおかげで，研究業績を上積みすることができて有利な職を得た関係者は多い．また，三重県の土木関係の職員と玉野総合コンサルタント株式会社の方たちには，ヒヌマイトトンボの保全プロジェクトでお世話になった．世界で唯一の蜻蛉目のミチゲーション成功例は，私の勝手な要求に必死で対応してくれた彼らのおかげであり，感謝にたえない．その成果は M.J. Samways（南アフリカ）が真っ先に評価し世界へ広めてくれた．国内では，生方秀紀（北海道教育大学），椿　宜高（京都大学），松良俊明（京都教育大学），東　和敬（佐賀大学），井上　清（FSIO 会長），山村靖夫（茨城大学），石田　厚（京都大学）の各氏から陰に陽に支援をいただいている．重ねて心よりお礼申し上げたい．

事項索引

flyer　45
$I_δ$ 指数　133
Jolly-Seber 法　141
K-戦略者　8
Manly and Parr 法　143
m^*-m 法　134
percher　45
Petersen 法　142
r-戦略者　8

ア　行

アスペクト比　45
亜成熟卵　82
アリー（Allee）効果　15
アンブレラ種　167
移住飛行（≒渡り）　152
移精　54
一様分布　8
遺伝的多様性　24, 99
オベリスク　72

カ　行

外気温　70
外骨格　92
回避　203
開放水面　30
滑空飛翔　71
学校プール　197
夏眠　153
感覚子　120
環境影響評価法　203
環境収容力　13
乾性休眠　153
汽水　87

キーストーン種　167
季節的退避飛行　152
擬態　122
ギャップ　68, 79
休耕田　231
教材生物　226
胸部体温　77
極相林　184
景観　22
警護　112
交尾成功度　99
交尾嚢　18, 121
混み合い度　133

サ　行

採餌飛翔　174
サイズ依存性　91
里山景観　149
三角格子法　141
産下卵数　42
三面張り　208
産卵基質　100
産卵場所選択　56, 65
産卵板　120
三連結　106
止水　38
集中分布　8
受精嚢　18, 118
受精嚢管　118
種の多様性　24
小卵多産　8, 130
植生遷移　168
植物組織内産卵　36
食物網　22

処女飛翔　30,152
親水公園　209
生活史戦略　16,127
精子競争　117
精子置換　3,18
精子貯蔵器官　117
静止場所　46,173
成熟卵　82
生存曲線　6
生態学的地位　23
生態系の多様性　24
生物多様性　24
生物多様性国家戦略　205
生命表　6
摂食量　42
潜水産卵　139
前繁殖期（＝未熟期）　31
雑木林　149
相対照度　219
走偏光性　57
蔵卵数　42,61,131

タ　行

体温調節　2,68
体温調節機構　69
耐乾性　36
代償　203
太陽輻射熱　68
大卵少産　8,130
大量絶滅　202
田起こし　135
多回交尾　18
多自然型川づくり　208
打水産卵　58
打泥産卵　58
溜池　161,183
探雌飛翔　55
地域個体群　4
抽水植物　139
長距離移動　212
沈水植物　139
通勤飛翔　152

低減　203
停止飛翔　77
テネラル　32,63
田面水　30
橙色翅型雄　107
等比級数則　25
冬眠　153
透明翅型雄　109
共食い　37
トレードオフ　8

ナ　行

内的自然増加率　14
なわばり　8
二次遷移　168
二者択一実験　125
日光浴　71
熱生産　68
ノーネットロス　203

ハ　行

配偶者選好性　123
翅2型　107
反射光　56
繁殖期（＝成熟期）　32
繁殖成功度　4,99
ビオトープ　203
光環境　219
飛翔筋　92
ピストン運動　101
ヒースの草原　154
非接触警護　112
標識再捕獲法　222
複合生態系　22
分布様式　8
偏光　56
防火用水　198
捕獲成功率　176

マ　行

麻酔　222
待ち伏せ型　46

未熟卵　82
水入れ　135
水落とし　190
ミチゲーション　203
密度効果　13
群れ　9
メタ個体群　5

ヤ　行

谷戸水田　138
雄性先熟　61
優占種　171
陽斑点　68
予測可能性　50

ラ　行

ライントランセクト法　222
卵殻　82
卵巣　81
卵巣小管　81
ランダム分布　9
卵放出速度　86
利己的遺伝子　3
流水　38
林床　79
林内ギャップ　62
レッドデータブック　202
連結打空産卵　59

生物名索引

Argia difficilis 96
Argia moesta 143
Calopteryx haemorrhoidalis asturica 120
Calopteryx maculata 42, 105
Calopteryx splendens 36, 104, 105
Coenagrion mercuriale 154, 205
Enallagma boreale 96
Enallagma hageni 58, 64
Erythemis simplicicollis 33, 117
Hemianax ephippiger 50
Heteragrion erythrogastrum 96
Ischnura graellsii 58
Ischnura pumilio 167
Leucorrhinia glacialis 67
Libellula depressa 57
Libellula luctuosa 176
Megaloprepus caerulatus 38, 122
Plathemis lydia 60
Pyrrhosoma nymphula 36
Somatochlora hineana 60
Sympetrum rubicundulum 34
Sympetrum vicinum 176

ア 行

アオハダトンボ 48
アオモンイトトンボ 30, 55, 135
アキアカネ 30
アジアイトトンボ 84, 135
アマゴイルリトンボ 48
アメイロトンボ 88
アメンボ 200
アリ類 37
イカロスルリシジミ 141
イトミミズ 37
イヌシデ 187
ウスバキトンボ 38
ウチワヤンマ 31
ウミアメンボ類 87
エゾアカネ 113
オオアオイトトンボ 35, 56
オオイトトンボ 67
オオキトンボ 200
オオシオカラトンボ 34
オゼイトトンボ 204
オタマジャクシ 37
オニヤンマ 46

カ 行

カエル 37
カゲロウ類 200
ガムシ 200
カワトンボ 44
キトンボ 113
ギンヤンマ 58
クロスジギンヤンマ 188
ゲンゴロウ 200
コウホネ 187
コシアキトンボ 107
コナラ 187
コノシメトンボ 56, 59

サ 行

ザリガニ 37
シオカラトンボ 34, 82
シオヤアブ 34
シオヤトンボ 82
樹林性イトトンボ類 78
ショウジョウトンボ 200

セイタカアワダチソウ　231

タ　行

タイコウチ　200
タイリクアカネ　34,113,114
タイリクシオカラトンボ　117
タベサナエ　188
タマゴコバチ科　37
ツバメ　34

ナ　行

ナツアカネ　56,59
ナミアゲハ　133
ノシメトンボ　34,56,59

ハ　行

ハラビロトンボ　200
ヒツジキンバエ　93
ヒヌマイトトンボ　31
ヒメアカネ　59,110,113
ヒメコバチ科　37
ヒルムシロ　187
ボウフラ　37
ホソハネコバチ科　37
ホソミオツネントンボ　35,42

マ　行

マツモムシ　200
マユタテアカネ　30,59,113
ミジンコ　37
ミズカマキリ　200
ミズギワゴミムシ　87
ミズスマシ　188,200
ミズダニ類　37
ミヤジマトンボ　88
ミヤマアカネ　31,52
ムギワラトンボ　192
ムツアカネ　34,60
メガネウラ　225
モートンイトトンボ　84,135
モンシロチョウ　133

ヤ　行

ヤドリバエ類　37
ユスリカ　37,200
ヨシ　135

ラ　行

リスアカネ　113

ワ　行

ワムシ　37

著者略歴

1950 年　東京都に生まれる.
1978 年　東京大学大学院農学系研究科博士課程修了.
1994 年　三重大学教育学部教授.
2002 年　筑波大学生物科学系教授.
現　在　筑波大学生命環境系教授,三重大学名誉教授,農学博士.
専　門　動物生態学——トンボやチョウの生活史戦略などの保全生態学的研究.

主要著書

『チョウの生物学』(分担執筆, 2005 年, 東京大学出版会)
『トンボ博物学——行動と生態の多様性』(共訳, 2007 年, 海游舎)
『昆虫の保全生態学』(2007 年, 東京大学出版会)
『身近な自然の保全生態学——生物の多様性を知る』(分担執筆, 2010 年, 培風館)
『生態学入門［第 2 版］』(2012 年, 日本生態学会編, 東京化学同人)
『生態学のレッスン——身近な言葉から学ぶ』(2012 年, 東京大学出版会) ほか

トンボの生態学

2015 年 1 月 15 日　初　版

［検印廃止］

著　者　渡辺　守
　　　　わたなべ　まもる

発行所　一般財団法人　東京大学出版会
　　　　代表者　渡辺　浩
　　　　153-0041　東京都目黒区駒場 4-5-29
　　　　電話 03-6407-1069・振替 00160-6-59964

印刷所　三美印刷株式会社
製本所　誠製本株式会社

Ⓒ 2015 Mamoru Watanabe
ISBN 978-4-13-060196-2　Printed in Japan

JCOPY 〈(社)出版者著作権管理機構 委託出版物〉
本書の無断複写は著作権法上での例外を除き禁じられています.複写される場合は,そのつど事前に,(社)出版者著作権管理機構(電話 03-3513-6969,FAX 03-3513-6979,e-mail:info@jcopy.or.jp)の許諾を得てください.

Natural History Series（継続刊行中）

日本の自然史博物館　糸魚川淳二著　── A5判・240頁/4000円（品切）
●理論と実際とを対比させながら自然史博物館の将来像をさぐる．

恐竜学　小畠郁生編　── A5判・368頁/4500円（品切）
犬塚則久・山崎信寿・杉本剛・瀬戸口烈司・木村達明・平野弘道著
●7人の日本の研究者がそれぞれ独特の研究視点からダイナミックに恐竜像を描く．

樹木社会学　渡邊定元著　── A5判・464頁/5600円
●永年にわたり森林をみつめてきた著者が描き上げた森林と樹木の壮大な自然史．

動物分類学の論理　馬渡峻輔著　── A5判・248頁/3800円
多様性を認識する方法
●誰もが知りたがっていた「分類することの論理」について気鋭の分類学者が明快に語る．

花の性　その進化を探る　矢原徹一著　── A5判・328頁/4800円
●魅力あふれる野生植物の世界を鮮やかに読み解く．発見と興奮に満ちた科学の物語．

民族動物学　周達生著　── A5判・240頁/3600円
アジアのフィールドから
●ヒトと動物たちをめぐるナチュラルヒストリー．

海洋民族学　秋道智彌著　── A5判・272頁/3800円（品切）
海のナチュラリストたち
●太平洋の島じまに海人と生きものたちの織りなす世界をさぐる．

両生類の進化　松井正文著　── A5判・312頁/4800円
●はじめて陸に上がった動物たちの自然史をダイナミックに描く．

シダ植物の自然史　岩槻邦男著　── A5判・272頁/3400円（品切）
●「生きているとはどういうことか」を解く鍵を求め続けてきたあるナチュラリストの軌跡．

太古の海の記憶　池谷仙之・阿部勝巳著　── A5判・248頁/3700円（品切）
オストラコーダの自然史
●新しい自然史科学へ向けて地球科学と生物科学の統合が始まる．

哺乳類の生態学　土肥昭夫・岩本俊孝・三浦慎悟・池田啓著　── A5判・272頁/3800円
［POD版］
●気鋭の生態学者たちが描く〈魅惑的〉な野生動物の世界．

高山植物の生態学　増沢武弘著　A5判・232頁/3800円（品切）
●極限に生きる植物たちのたくみな生きざまをみる．

サメの自然史　谷内透著　A5判・280頁/4200円（品切）
●「海の狩人たち」を追い続けた海洋生物学者がとらえたかれらの多様な世界．

生物系統学　三中信宏著　A5判・480頁/5800円
●より精度の高い系統樹を求めて展開される現代の系統学．

テントウムシの自然史　佐々治寛之著　A5判・264頁/4000円（品切）
●身近な生きものたちに自然史科学の広がりと深まりをみる．

鰭脚類［ききゃくるい］　和田一雄・伊藤徹魯著　A5判・296頁/4800円（品切）
アシカ・アザラシの自然史
●水生生活に適応した哺乳類の進化・生態・ヒトとのかかわりをみる．

植物の進化形態学　加藤雅啓著　A5判・256頁/4000円
●植物のかたちはどのように進化したのか．形態の多様性から種の多様性にせまる．

新しい自然史博物館　糸魚川淳二著　A5判・240頁/3800円
●これからの自然史博物館に求められる新しいパラダイムとはなにか．

地形植生誌　菊池多賀夫著　A5判・240頁/4400円
●精力的なフィールドワークと丹念な植生図の読解をもとに描く地形と植生の自然史．

日本コウモリ研究誌　前田喜四雄著　A5判・216頁/3700円
翼手類の自然史
●北海道から南西諸島まで，精力的にコウモリを訪ね歩いた研究者の記録．

爬虫類の進化　疋田努著　A5判・248頁/4400円
●トカゲ，ヘビ，カメ，ワニ……多様な爬虫類の自然史を気鋭のトカゲ学者が描写する．

生物体系学　直海俊一郎著　A5判・360頁/5200円（品切）
●生物体系学の構造・論理・歴史を分類学はじめ5つの視座から丹念に読み解く．

生物学名概論　平嶋義宏著　A5判・272頁/4600円
●身近な生物の学名をとおして基礎を学び，命名規約により理解を深める．

哺乳類の進化　遠藤秀紀著　── A5判・400頁/5400円
●地球史を飾る動物たちの〈歴史性〉にナチュラルヒストリーが挑む．

動物進化形態学　倉谷滋著　── A5判・632頁/7400円
●進化発生学の視点から脊椎動物のかたちの進化にせまる．

日本の植物園　岩槻邦男著　── A5判・264頁/3800円
●植物園の歴史や現代的な意義を論じ，長期的な将来構想を提示する．

民族昆虫学　野中健一著　── A5判・224頁/4200円
昆虫食の自然誌
●人間はなぜ昆虫を食べるのか──人類学や生物学などの枠組を越えた人間と自然の関係学．

シカの生態誌　高槻成紀著　── A5判・496頁/7800円
●動物生態学と植物生態学の2つの座標軸から，シカの生態を鮮やかに描く．

ネズミの分類学　金子之史著　── A5判・320頁/5000円
生物地理学の視点
●分類学的研究の集大成として，さらに自然史研究のモデルとして注目のモノグラフ．

化石の記憶　矢島道子著　── A5判・240頁/3200円
古生物学の歴史をさかのぼる
●時代をさかのぼりながら，化石をめぐる物語を読み解こう．

ニホンカワウソ　安藤元一著　── A5判・248頁/4400円
絶滅に学ぶ保全生物学
●身近な水辺の動物であったニホンカワウソ──かれらはなぜ絶滅しなくてはならなかったのか．

フィールド古生物学　大路樹生著　── A5判・164頁/2800円
進化の足跡を化石から読み解く
●フィールドワークや研究史上のエピソードをまじえながら，古生物学の魅力を語る．

日本の動物園　石田戢著　── A5判・272頁/3600円
●動物園学のすすめ──多様な視点からこれからの動物園を論じた決定版テキスト．

貝類学　佐々木猛智著　── A5判・400頁/5400円
●化石種から現生種まで，軟体動物の多様な世界を体系化．著者撮影の精緻な写真を多数掲載．

リスの生態学　田村典子著 ── A5判・224頁/3800円
●行動生態，進化生態，保全生態など生態学の主要なテーマにリスからアプローチ．

イルカの認知科学　村山司著 ── A5判・224頁/3400円
異種間コミュニケーションへの挑戦
●イルカと話したい──「海の霊長類」の知能に認知科学の手法で迫る．

海の保全生態学　松田裕之著 ── A5判・224頁/3600円
●マグロやクジラはどれだけ獲ってよいのか？　サンマやイワシはいつまで獲れるのか？

日本の水族館　内田詮三・荒井一利・西田清徳 著 ── A5判・240頁/3600円
●日本の水族館を牽引する名物館長たちが熱く語るユニークな水族館論．

ここに表記された価格は本体価格です．ご購入の際には消費税が加算されますのでご了承下さい．